Aufgabensammlung Fertigungstechnik

Ulrich Wojahn

Aufgabensammlung Fertigungstechnik

Mit ausführlichen Lösungswegen und Formelsammlung

2., überarbeitete und erweiterte Auflage

Unter Mitarbeit von Thomas Zipsner

Springer Vieweg

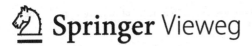

Ulrich Wojahn
Mühltal, Deutschland

ISBN 978-3-658-04800-6 ISBN 978-3-658-04801-3 (eBook)
DOI 10.1007/978-3-658-04801-3

Die Deutsche Nationalbibliothek verzeichnet diese Publikation in der Deutschen Nationalbibliografie; detaillierte bibliografische Daten sind im Internet über http://dnb.d-nb.de abrufbar.

Springer Vieweg

Gedruckt auf säurefreiem und chlorfrei gebleichtem Papier.

Springer Vieweg ist eine Marke von Springer DE. Springer DE ist Teil der Fachverlagsgruppe Springer Science+Business Media
www.springer-vieweg.de

Vorwort

Der Aufbau ist nach Fertigungsverfahren geordnet und so ausgeführt, dass jede Aufgabe eine Fragestellung für sich darstellt und somit unabhängig von anderen gelöst werden kann. Der Lösungsgang zu jeder Aufgabe ist schrittweise für jeden Übenden nachvollziehbar aufbereitet und strukturiert. Somit eignet sich dieses Buch besonders gut für das Selbststudium.

In einer Projektaufgabe wird eine komplexe Aufgabenstellung behandelt, bei der verschiedene Fertigungsverfahren zum Einsatz kommen.

Eine Zusammenstellung der verwendeten Formelzeichnungen und eine Auswahl der gebräuchlichsten Formeln zur Lösung sind in jedem Kapitel vorangestellt. Gleichzeitig sind die Dimensionen angezeigt, die bei der Nutzung der jeweiligen Formel eingesetzt werden sollten, um das Ergebnis des vorgeschlagenen Lösungswegs vergleichen zu können. Im Anhang befindet sich eine Auswahl von Diagrammen und Tabellen, die nicht nur das Bearbeiten der gestellten Aufgaben erleichtert, sondern auch bei anderen fertigungstechnischen Fragen Hilfestellung bietet.

In der aktuellen Auflage wurden bei der Projektaufgabe die jeweiligen Einheiten bei der Berechnung zum besseren Verständnis ergänzt. Zum schnelleren Auffinden wurde ein Sachwortverzeichnis erstellt sowie die Größe einiger Bilder optimiert und die Listen der verwendeten Formelzeichen vervollständigt.

Für Hinweise zur Gestaltung des Buches und für die präzise Ausführung, wie auch für die ausgezeichnete Zusammenarbeit danke ich dem Verlag. Vielen Dank für seine intensive Mitarbeit, besonders als Korrektor, sage ich dem Lektor Thomas Zipsner vom Verlag Springer Vieweg.

Für Anregungen, die zur Verbesserung und Vervollständigung des Buches beitragen, bin ich stets offen. Bitte senden Sie diese an thomas.zipsner@springer.com.

Mühltal, Januar 2014 Ulrich Wojahn

Inhaltsverzeichnis

Urformverfahren

1

1.1 Gießen

1.1.1 Verwendete Formelzeichen

α	[°]	Formschrägenwinkel
ρ_G	[kg/dm^3]	Werkstoffdichte
ρ_K	[kg/dm^3]	Dichte des Kerns
A_B	[mm^2]	Bodenfläche (projiziert)
A_o	[dm^2]	Oberfläche des Teilkörpers
b_{Fs}	[mm]	Formschrägenbreite
F_A	[N]	Kernauftriebskraft
F_B	[N]	Bodendruckkraft
F_D	[N]	Druckkraft
F_G	[N]	Gesamtauftriebskraft
F_K	[N]	Kerngewicht (Gewichtskraft des Kerns)
F_{OK}	[N]	Oberkastenauftriebskraft
F_W	[N]	wirksame Auftriebskraft
g	[m/s^2]	Fallbeschleunigung
H	[mm]	Oberkastenhöhe
h_B	[mm]	Druckhöhe, Eingusshöhe, Füllhöhe
h_M	[mm]	Modellhöhe
h_W	[mm]	Werkstückhöhe
l_G	[mm]	Gussstücklänge
l_K	[mm]	Länge des Kerns
l_M	[mm]	Modelllänge
l_m	[mm]	Modellmaß
m_E	[mm]	Erstarrungsmodul

p_B	[N/mm²]	Bodendruck
s	[%]	Schwindmaß
V	[dm³]	Volumen des Teilkörpers
V_0	[dm³]	Volumen des Oberkastens
V_G	[dm³]	verdrängtes Metallvolumen
V_K	[dm³]	Kernvolumen
V_W	[dm³]	Volumen des Gussstücks

1.1.2 Auswahl verwendeter Formeln

Bodendruckkraft

$$F_B = A_B \cdot h_B \cdot \rho_G \cdot g$$

Kernauftriebskraft

$$F_A = V_G \cdot \rho_G \cdot g$$

Kerngewicht

$$F_K = V_K \cdot \rho_K \cdot g$$

Oberkastenauftriebskraft

$$F_{OK} = V_G \cdot \rho_G \cdot g$$

Gesamtauftriebskraft

$$F_G = F_A + F_{OK} - F_K$$

Bodendruck

$$p_B = h_B \cdot g \cdot \rho_G$$

Kernvolumen

$$V_K = A \cdot l$$

Druckkraft

$$F_D = p_B \cdot A_B$$

Modellmaß

$$l_m = \frac{l_G \cdot 100\%}{100\% - s}$$

Formschrägenwinkel

$$b_{FS} = \tan\alpha \cdot h_m$$

Erstarrungsmodul

$$m_E = \frac{V}{A_o}$$

1.1.3 Berechnungsbeispiele

1. Das skizzierte Gussstück aus G-CuZn30, Dichte 7,8 kg/dm³, wird mit einem liegenden Kern gegossen. Die Dichte des Kernsandes beträgt 1,2 kg/dm³.

   Berechnen Sie:

   a) die Bodenkraft
   b) die Kernauftriebskraft
   c) das Kerngewicht
   d) die Oberkastenauftriebskraft
   e) die Gesamtauftriebskraft.

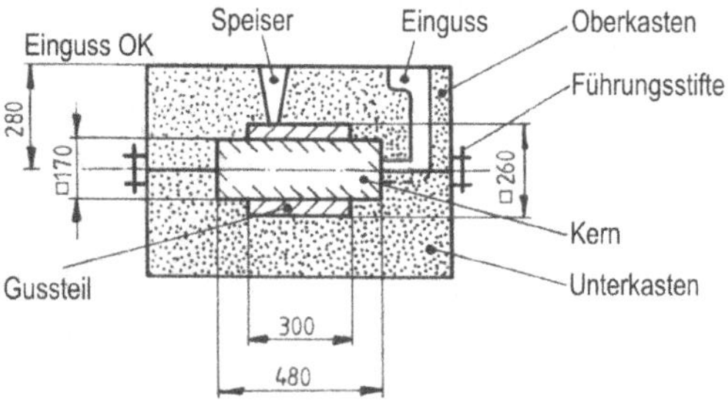

eingeformtes Gussteil

2. In einem Formkasten ist eine mit Flanschen versehene Buchse eingeformt (s. Skizze). Die Buchse hat eine Länge von 540 mm, einen Innendurchmesser von 160 mm und eine Wandstärke von 50 mm.

   Die Flansche haben einen Außendurchmesser von 420 mm, die Flanschdicke beträgt 60 mm. Der Oberkasten ist 300 mm hoch. Der Kern wiegt 240 N, Dichte des Gusseisens 7,2 kg/dm³.

   Berechnen Sie die Gesamtauftriebskraft.

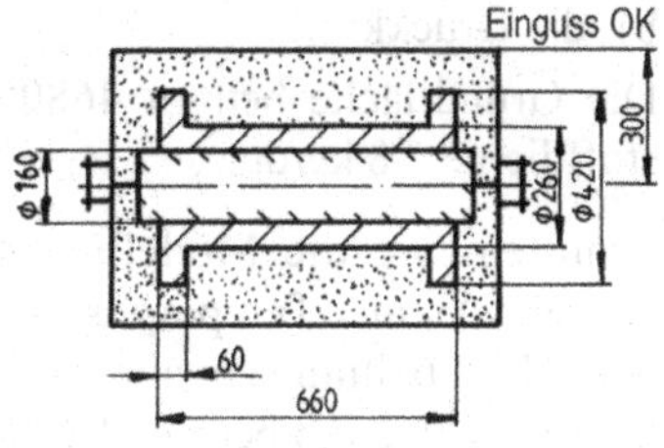

eingeformte Buchse

3. Das skizzierte Distanzstück aus E 360 (St 70-2) soll durch Schwerkraftgießen hergestellt werden.
   a) Skizzieren Sie das eingeformte Werkstück im Formkasten, die Oberkastenhöhe beträgt 400 mm.
   b) Berechnen Sie den Bodendruck.
   c) Ermitteln Sie die Auftriebskraft beim Gießen, wenn die Dichte von Stahl 7,8 kg/dm³ und die Dichte des Kernwerkstoffs 3,6 kg/dm³ beträgt.

Distanzstück

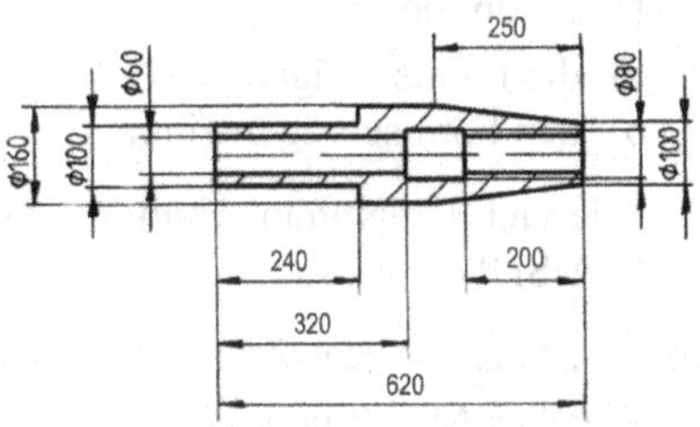

4. Die abgebildete Walze aus EN-GJL-300 soll durch Gießen hergestellt werden.
   a) Welches Gießverfahren ist anzuwenden, wenn 20 Walzen benötigt werden?
   b) Skizzieren Sie für das Gussstück die Gießform mit allen wesentlichen Merkmalen.
   c) Berechnen Sie die Auftriebskraft gegen den Oberkasten bei vollständig gefüllter Gießform. Höhe des Oberkastens 280 mm, Dichte des Gusseisens 7,2 kg/dm³.

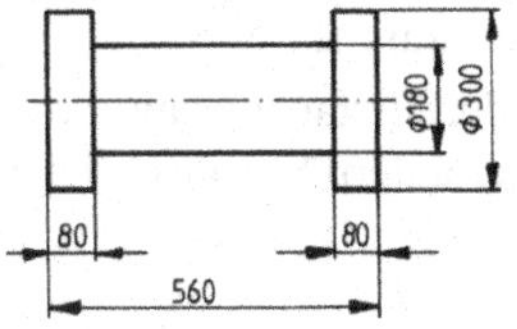

Walze

5. In einem Formkasten ist die skizzierte Scheibe mit einem Durchmesser von 550 mm zum Gießen eingeformt. Höhe des Oberkastens 130 mm, Dichte des Gusswerkstoffs 6,9 kg/dm³.
   a) Skizzieren Sie die Gussform.
   b) Berechnen Sie die Auftriebskraft gegen den Oberkasten bei vollständig gefüllter Gießform.

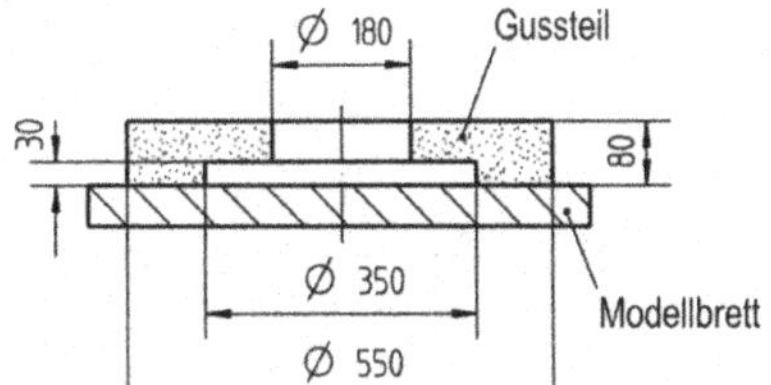

6. Ermitteln Sie:
   a) den Bodendruck (in bar) in einer Gießform, wenn das Werkstück aus Stahl gegossen wird.
   b) die Druckkraft.

   Die Grundfläche beträgt 46800 mm^2, die Eingusshöhe wurde mit 0,4 m gewählt, Werkstoffdichte 7,8 kg/dm^3.

7. Ermitteln Sie die Modellmaße des skizzierten Gussstücks aus Temperguss EN-GJMW-350-4, ohne Bearbeitungszugaben und Formschrägen. Das Schwindmaß beträgt 1,6 % (DIN 1511).

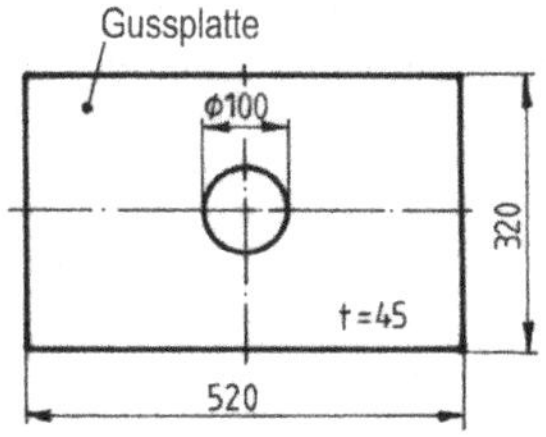

8. Die Höhe eines Modells beträgt 320 mm.

   Ermitteln Sie:
   a) die Formschrägenbreite
   b) den Formschrägenwinkel.

9. Wie viel Kilogramm Aluminium und Silizium sind in 50 kg der Aluminium-Gusslegierung G-AlSi 9 enthalten?

10. Eine Guss-Kupfer-Zinn-Legierung G-CuSn 20 soll in G-CuSn 10 umlegiert werden.

    Welches Metall und wie viel davon müssen zugegeben werden, wenn 120 kg G-CuSn 20 vorhanden sind?

11. Ermitteln Sie:
    a) den Erstarrungsmodul der skizzierten Teile
    b) erläutern Sie anschließend die Ergebnisse.

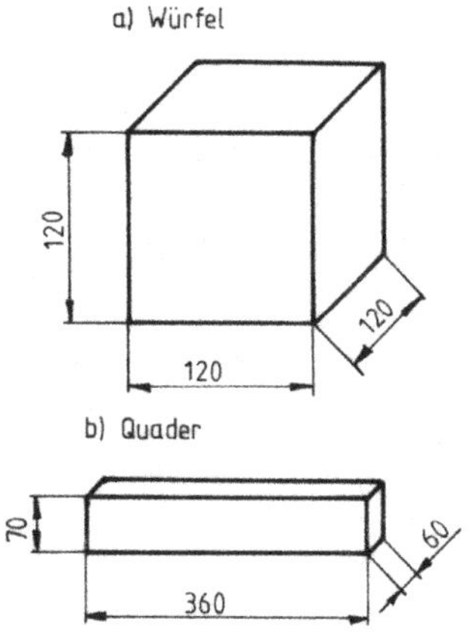

1.1.4 Lösungen

Lösung zu Beispiel 1

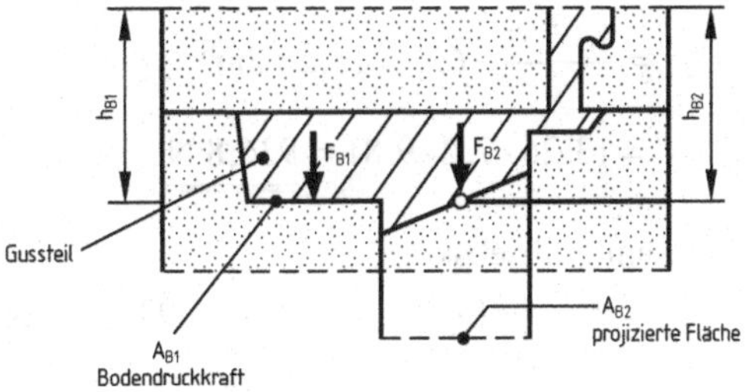

a) Bodenkraft

$F_B = A_B \cdot h_B \cdot \rho_G \cdot g$

$A_B = 3 \cdot 2{,}6 = 7{,}8\ \text{dm}^2$

$h_B = 2{,}8 + 2{,}6 / 2 = 4{,}1\ \text{dm}$

$\rho_G = 7{,}8\ \text{kg/dm}^3$

$F_B = 7{,}8 \cdot 4{,}1 \cdot 7{,}8 \cdot 9{,}81 = \underline{\underline{2447\ \text{N}}}$

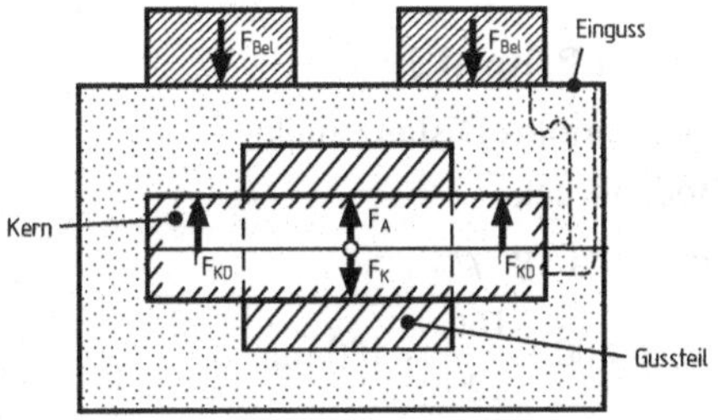

b) Kernauftriebskraft

$F_A = V_G \cdot \rho_G \cdot g$

$V_G = 3 \cdot 1{,}7 \cdot 1{,}7 = 8{,}67\ \text{dm}^3$

$F_A = 8{,}67 \cdot 7{,}8 \cdot 9{,}81 = \underline{\underline{663{,}4\ \text{N}}}$

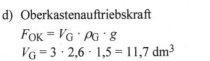

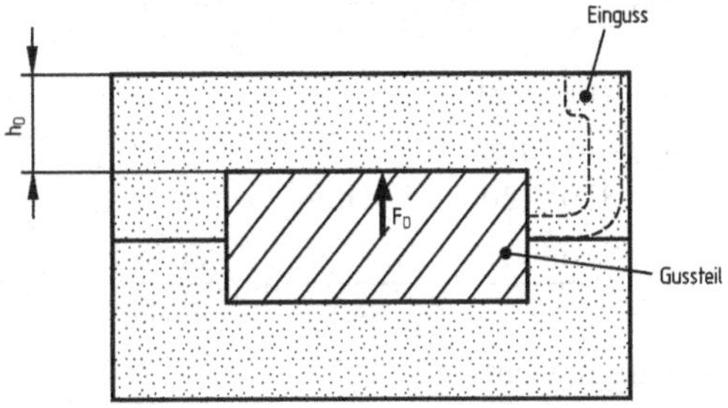

c) Kerngewicht

$F_K = V_K \cdot \rho_K \cdot g$

$V_K = 4{,}8 \cdot 1{,}7 \cdot 1{,}7 = 13{,}87\ \text{dm}^3$

$F_K = 13{,}87 \cdot 1{,}2 \cdot 9{,}81 = \underline{\underline{163{,}3\ \text{N}}}$

d) Oberkastenauftriebskraft

$F_{OK} = V_G \cdot \rho_G \cdot g$

$V_G = 3 \cdot 2{,}6 \cdot 1{,}5 = 11{,}7\ \text{dm}^3$

$F_{OK} = 11{,}7 \cdot 7{,}8 \cdot 9{,}81 = \underline{\underline{895{,}3\ \text{N}}}$

e) Gesamtauftriebskraft

$F_G = F_A + F_{OK} - F_K = 663{,}4 + 895{,}3 - 163{,}3 = \underline{\underline{1395{,}4\ \text{N}}}$

Lösung zu Beispiel 2

a) Oberkastenauftriebskraft

$$F_{OK} = V_G \cdot \rho_G \cdot g = \left(b_1 \cdot h_1 - \frac{\pi \cdot d_1^2}{2 \cdot 4} \right) \cdot l_1 + 2 \left(b_2 \cdot h_2 - \frac{\pi \cdot d_1^2}{2 \cdot 4} \right) \cdot l$$

$$V_G = \left(2{,}6 \cdot 3 - \frac{\pi \cdot 2{,}6^2}{2 \cdot 4} \right) \cdot 5{,}4 + 2 \left(4{,}2 \cdot 3 - \frac{\pi \cdot 4{,}2^2}{2 \cdot 4} \right) \cdot 0{,}6 = 34{,}59\ \text{dm}^3$$

$$F_{OK} = 34{,}59 \cdot 7{,}2 \cdot 9{,}81 = \underline{\underline{2443\ \text{N}}}$$

b) Kernauftriebskraft

$$F_A = V_G \cdot \rho_G \cdot g$$

$$V_G = \frac{1,6^2 \cdot \pi}{4} \cdot 6,6 = 13,26\ \text{dm}^3$$

$$F_A = 13,26 \cdot 7,2 \cdot 9,81 = \underline{\underline{936,8\ \text{N}}}$$

c) Gesamtauftriebskraft

$$F_G = F_{OK} + F_A - F_K = 2446 + 936,8 - 240 = \underline{\underline{3143\ \text{N}}}$$

Lösung zu Beispiel 3

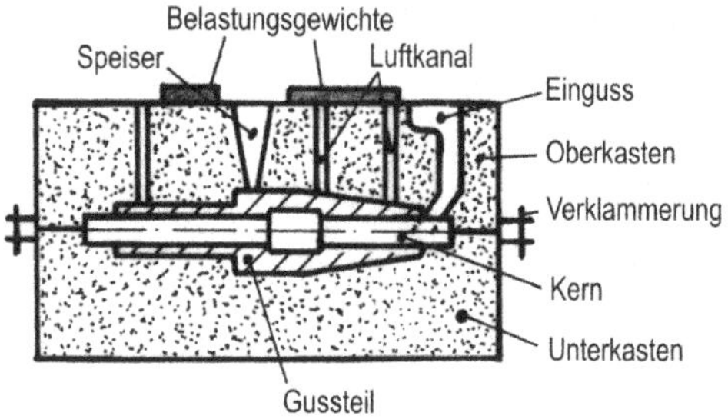

a) eingeformtes Distanzstück

b) Bodendruck

$$p_B = h_B \cdot g \cdot \rho_G$$

$$h_B = 400 + \frac{160}{2} = 480\ \text{mm}$$

$$p_B = 0,48 \cdot 9,81 \cdot 7,8 = 0,3673\ \text{bar} \approx \underline{\underline{0,37\ \text{bar}}}$$

c) Auftriebskraft

Kernvolumen

L = 320 + 200 = 520 mm

$$V_K = \frac{d^2 \cdot \pi}{4} \cdot l + \frac{D^2 \cdot \pi}{4} \cdot l_1 = \frac{60^2 \cdot \pi}{4} \cdot 520 + \frac{80^2 \cdot \pi}{4} \cdot 100 = 1971920\ \text{mm}^3 \approx \underline{\underline{1,972\ \text{dm}^3}}$$

Kerngewicht

$$F_K = V_K \cdot \rho_K \cdot g = 1,972 \cdot 3,6 \cdot 9,81 = \underline{\underline{71\ \text{N}}}$$

Kernauftriebskraft

$$F_A = V_G \cdot \rho_G \cdot g = 1,972 \cdot 7,8 \cdot 9,81 = \underline{\underline{151\ \text{N}}}$$

Wirksame Auftriebskraft

$$F_W = F_A - F_K = 151 - 71 = \underline{\underline{80\ \text{N}}}$$

Oberkastenauftriebskraft

$$F_{OK} = V_G \cdot \rho_G \cdot g$$

$$V_W = \frac{d_1^2 \cdot \pi}{4 \cdot 2} \cdot l_1 + \frac{d_2^2 \cdot \pi}{4 \cdot 2} \cdot l_2 + \frac{\pi \cdot h}{12 \cdot 2} \cdot (D^2 + d^2 + D \cdot d) - V_K$$

$$= \frac{1,2^2 \cdot \pi}{4 \cdot 2} \cdot 2,4 + \frac{1,6^2 \cdot \pi}{4 \cdot 2} \cdot 1,3 + \frac{3,14 \cdot 2,5}{12 \cdot 2} \cdot (1^2 + 1,6^2 + 1 \cdot 1,6) - 1,972$$

$$= 0,942 + 1,306 + 1,688 - 1,972 = 3,936\ \text{dm}^3$$

$$V_O = d_1 \cdot l_1 \cdot H + d_2 \cdot l_2 \cdot H + \left[\frac{D+d}{2} \cdot h \cdot H\right] =$$

$$= 1 \cdot 2{,}4 \cdot 4 + 1{,}6 \cdot 1{,}3 \cdot 4 + \left[\frac{1{,}6+1}{2} \cdot 2{,}5 \cdot 4\right] = 30{,}92\ \text{dm}^3$$

$$V_G = V_O - V_W = 30{,}92 - 3{,}936 = 26{,}984\ \text{dm}^3$$

$$F_{OK} = 26{,}984 \cdot 7{,}8 \cdot 9{,}81 = \underline{\underline{2064{,}8\ \text{N}}}$$

Gesamtauftriebskraft

$$F_G = F_{OK} + F_W = 2064{,}8 + 80 = 2144{,}8\ \text{N} \approx \underline{\underline{2145\ \text{N}}}$$

Lösung zu Beispiel 4

a) gewähltes Gießverfahren: Schwerkraftgießen
⇒ Gießen mit verlorener Form
⇒ Herstellung durch Handformen

b) Abb: eingeformte Walze, EN-GJL-300

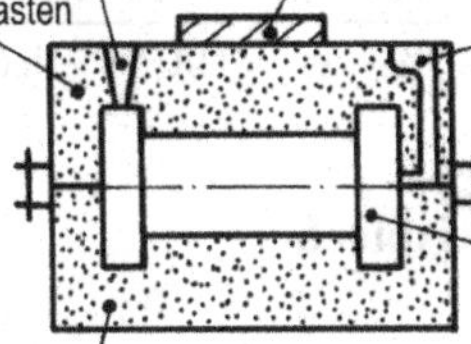

c) Oberkastenauftriebskraft

$$F_{OK} = V_G \cdot \rho_G \cdot g$$

$$V_G = \left(1{,}8 \cdot 2{,}8 - \frac{1{,}8^2 \cdot \pi}{4 \cdot 2}\right) \cdot 4 + 2\left(3 \cdot 2{,}8 - \frac{3^2 \cdot \pi}{4 \cdot 2}\right) \cdot 0{,}8 = 22{,}86\ \text{dm}^3$$

$$F_{OK} = 22{,}86 \cdot 7{,}2 \cdot 9{,}81 = \underline{\underline{1614{,}4\ \text{N}}}$$

Lösung zu Beispiel 5

a) Abbildung eingeformte Scheibe, EN-GJL-300

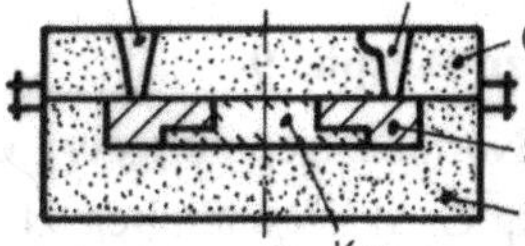

b) Oberkastenauftriebskraft

$$F_{OK} = V_G \cdot \rho_G \cdot g$$

$$V_G = (D^2 - d^2) \cdot \frac{\pi}{4} \cdot h = (5{,}5^2 - 1{,}8^2) \cdot \frac{\pi}{4} \cdot 1{,}3 = 27{,}58\ \text{dm}^3$$

$$F_{OK} = 27{,}58 \cdot 6{,}9 \cdot 9{,}81 = \underline{\underline{1867\ \text{N}}}$$

Lösung zu Beispiel 6

a) Bodendruck

$$p_B = h_B \cdot \rho_G \cdot g = 0{,}4 \cdot 7{,}8 \cdot 9{,}81 = \underline{\underline{0{,}31\ \text{bar}}} \left[\text{m} \cdot \frac{\text{kg}}{\text{dm}^3} \cdot \frac{\text{m}}{\text{s}^2} \right]; \quad 10\frac{\text{N}}{\text{cm}^2} = 1\ \text{bar}$$

b) Druckkraft

$$F_D = p_B \cdot A_B = 0{,}31 \cdot 468 = \underline{\underline{1451\ \text{N}}}$$

Lösung zu Beispiel 7

Modellmaß

$$l_m = \frac{l_G \cdot 100\,\%}{100\,\% - s}$$

$$l_{m1} = \frac{l_{G1} \cdot 100\,\%}{100\,\% - s} = \frac{320 \cdot 100\,\%}{100\,\% - 1{,}6\,\%} = \underline{\underline{325{,}2\ \text{mm}}}$$

$$l_{m2} = \frac{l_{G2} \cdot 100\,\%}{100\,\% - s} = \frac{520 \cdot 100\,\%}{100\,\% - 1{,}6\,\%} = \underline{\underline{528{,}46\ \text{mm}}}$$

Lösung zu Beispiel 8

aus Tabelle 1: Formschrägenbreite bei $h_M > 315$ mm $\Rightarrow b_{FS} = 2{,}5$ mm

a) Formschrägenbreite

$b_{FS} = 2{,}5$ mm

b) Formschrägenwinkel

$b_{FS} = \tan \alpha \cdot h_M$

$$\tan \alpha = \frac{b_{FS}}{h_M} = \frac{2{,}5}{320} = 0{,}00781$$

$$\alpha = 0{,}447° \approx \underline{\underline{0{,}45°}}$$

Lösung zu Beispiel 9

Aus der Normbezeichnung der Legierung G-AlSi9 ergibt sich:

100 kg G-AlSi 9 enthalten 91 kg Al und 9 kg Si

50 kg G-AlSi 9 enthalten $\dfrac{91 \cdot 50}{100} = \underline{\underline{45{,}5\ \text{kg Al}}}$

50 kg G-AlSi 9 enthalten $\dfrac{9 \cdot 50}{100} = \underline{\underline{4{,}5\ \text{kg Si}}}$

Lösung zu Beispiel 10

Aus der Normbezeichnung der Legierung G-CuSn20 ergibt sich:

100 kg G-CuSn 20 enthalten 80 kg Cu und 20 kg Sn

120 kg G-CuSn 20 enthalten $\frac{80 \cdot 120}{100} = \underline{\underline{96 \text{ kg Cu}}}$

120 kg G-CuSn 20 enthalten $\frac{20 \cdot 120}{100} = \underline{\underline{24 \text{ kg Sn}}}$

$\Rightarrow$ in G-CuSn 10 sind 90 % Cu enthalten

nach der obigen Rechnung sind in 24 kg $\Rightarrow$ 10 % Zinn enthalten,

somit 90 % $\cong \frac{24 \cdot 90\%}{10\%} = 216 \text{ kg Cu}$

98 kg Cu sind vorhanden, es müssen also: $x = 216 \text{ kg} - 96 \text{ kg} = 120 \text{ kg}$ Cu zugegeben werden.

oder

$$120 \cdot \frac{80}{100} + x = (120 + x)\frac{90}{100}$$

$$96 + x = 180 + 0{,}9x$$

$$0{,}1x = 12$$

$x = 120$ kg Cu müssen zugegeben werden.

Lösung zu Beispiel 11

a) Erstarrungsmodul beim Würfel

$$m_E = \frac{V}{A_0}$$

$V = a^3$

$V = 1{,}2^3 = 1{,}728 \text{ dm}^3$

$A_0 = 6\,a^2 = 6 \cdot 1{,}2^2 = 8{,}64 \text{ dm}^2$

$$m_E = \frac{1{,}728}{8{,}64} = \underline{\underline{0{,}2 \text{ dm}}}$$

b) Erstarrungsmodul beim Quader

$V = l \cdot b \cdot h = 3{,}6 \cdot 0{,}6 \cdot 0{,}7 = 1{,}512 \text{ dm}^3$

$A_0 = 2 \cdot l \cdot b + 2 \cdot b \cdot h + 2 \cdot l \cdot h = 2 \cdot 3{,}6 \cdot 0{,}6 + 2 \cdot 0{,}6 \cdot 0{,}7 + 2 \cdot 3{,}6 \cdot 0{,}7 = 10{,}2 \text{ dm}^2$

$$m_E = \frac{1{,}512}{10{,}2} = 0{,}148 = \underline{\underline{0{,}15 \text{ dm}}}$$

Hinweis: Das Stück mit dem kleinsten Erstarrungsmodul erstarrt zuerst. Dies gilt für jeden einzelnen Teilbereich eines Gussstückes. Liegt nun bei einem Gussstück ein Teil mit größeren m_E zwischen Stellen mit niedrigerem m_E, so erstarren diese zuerst!

1.2 Sintern

1.2.1 Verwendete Formelzeichen

h	$[mm]$	Füllhöhe
h_W	$[mm]$	gepresste Höhe
q		Füllfaktor

1.2.2 Auswahl verwendeter Formeln

$$h = h_W \cdot q \qquad q = \frac{\text{Dichte des gepressten Körpers}}{\text{Scheindichte des Pulvers}}$$

1.2.3 Berechnungsbeispiel

1. Ein Körper aus Eisenpulver soll auf 20 mm Höhe gepresst werden. Die Dichte im gepressten Zustand beträgt 6,8 g/cm^3. 100 g des Eisenpulvers nehmen 35 cm^3 Füllvolumen ein.
   Ermitteln Sie:
   a) den Füllfaktor
   b) die Füllhöhe.

1.2.4 Lösung

Lösung zu Beispiel 1

a) Füllfaktor

Hinweis: Beim Herstellen von Presslingen spielt der Füllfaktor eine wesentliche Rolle. Komplizierte Teile müssen in verschiedene Füllräume aufgeteilt werden. Für jeden Körperquerschnitt ergibt sich der Füllraum durch die Füllhöhe.

$$q = \frac{\text{Dichte des gepressten Körpers}}{\text{Scheindichte des Pulvers}}$$

$$100\ g \mathrel{\hat{=}} 35\ \text{cm}^3 \mathrel{\hat{=}} 2{,}86\ g\ /\ \text{cm}^3$$

$$q = \frac{6{,}8}{2{,}86} = \underline{\underline{2{,}38}}$$

oder

$$q = \frac{\text{Dichte des gepressten Körpers} \cdot \text{Füllvolumen}}{100\,\%}$$

$$q = \frac{6{,}8 \cdot 35}{100} = \underline{\underline{2{,}38}}$$

b) Füllhöhe

$$h = h_{\mathrm{W}} \cdot q = 20\ \text{mm} \cdot 2{,}38 = \underline{\underline{47{,}6\ \text{mm}}}$$

Umformverfahren 2

2.1 Walzen

2.1.1 Verwendete Formelzeichen

α_0	[°]	Greifwinkel
ε	[%]	bezogene Stauchung
η_f	[%]	Formänderungswirkungsgrad
μ		Reibungszahl
ρ	[°]	Reibungswinkel
φ	[%]	Umformgrad
ω	[s^{-1}]	Winkelgeschwindigkeit
a	[Nmm/mm^3]	bezogene Formänderungsarbeit
A_0	[mm^2]	Ausgangsquerschnitt
A_1	[mm^2]	umgeformter Querschnitt
d_0	[mm]	Ausgangsdurchmesser
d_1	[mm]	Durchmesser nach dem Umformen
F	[N]	Umformkraft
F_m	[N]	mittlere Stauchkraft
F_N	[N]	Normalkraft
F_{NW}	[N]	waagerechte Komponente der Normalkraft
F_R	[N]	Reibkraft
F_{RW}	[N]	waagerechte Komponente der Reibkraft
h_0	[mm]	Werkstückdicke vor der Bearbeitung
h_1	[mm]	Werkstückdicke nach der Bearbeitung
Δh	[mm]	maximale Dickenabnahme
k_{f0}	[N/mm^2]	Ausgangsformänderungsfestigkeit
k_{fE}	[N/mm^2]	Endformänderungsfestigkeit
k_{fm}	[N/mm^2]	mittlere Formänderungsfestigkeit

l	[mm]	Walzlänge, Rohlingslänge
M	[Nm]	Drehmoment
P_a	[kW]	Antriebsleistung
r	[mm]	Walzenradius
s		Stauchverhältnis
$T(\vartheta)$	[°]	Temperatur des Walzgutes
v	[m/s]	Walzengeschwindigkeit
V	[mm³]	umgeformtes Volumen
V_0	[mm³]	Volumen des Rohlings
W	[Nm]	Umformarbeit

2.1.2 Auswahl verwendeter Formeln

Umformgrad

$$\varphi = \ln \frac{A_0}{A_1}$$

Mittlere Formänderungsfestigkeit

$$k_{fm} = \frac{a}{\varphi}$$

Umformkraft

$$F = \frac{A_1}{2} \cdot \frac{k_{fm}}{\eta_f} \cdot \varphi$$

Umformarbeit

$$W = 2 \cdot F \cdot l_1$$

Drehmoment je Walze

$$M = F \cdot r$$

Antriebsleistung

$$P_a = \frac{2 \cdot F \cdot v}{60 \cdot 10^3} = 2 \cdot M \cdot \omega$$

$$1\ \mathrm{W} = 1 \frac{\mathrm{Nm}}{\mathrm{s}};\ P_a \text{ in kW}$$

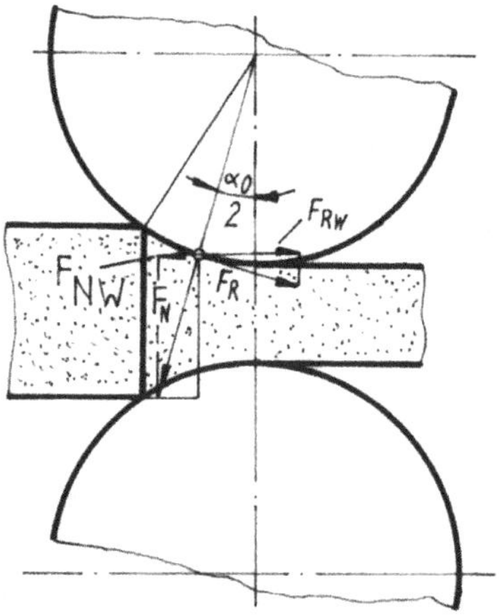

Kräfte beim Walzen

Reibungszahl beim Warmwalzen (700 °C – 1200 °C)

$$\mu = 1{,}05 - 0{,}5 \cdot 10^{-3} \cdot T - 0{,}056 \cdot v$$

Maximale Dickenabnahme

$$\Delta h = h_0 - h_1 = 4 \cdot r \cdot \sin^2 \cdot \frac{\alpha_0}{2}$$

Waagerechte Komponente der Normalkraft

$$F_{NW} = F_N \cdot \sin \frac{\alpha_0}{2}$$

Waagerechte Komponente der Reibkraft

$$F_{RW} = F_R \cdot \cos \frac{\alpha_0}{2}$$

Reibkraft

$$F_R = \mu \cdot F_N$$

Druckwalzbedingung

$$a_0 < 2 \cdot \rho$$

2.1.3 Berechnungsbeispiele

1. Eine durch Wärmebehandlung weichgeglühte Stange aus E 360 (St 70-2) mit dem Durchmesser von 25 mm soll auf einen Durchmesser von 20 mm gewalzt werden, der Formänderungswirkungsgrad beträgt 60 %. Die Stange längt sich dabei auf 20 m.
   Ermitteln Sie:
   a) die Umformkraft
   b) die Umformarbeit.
2. Durch Kaltwalzen wird ein 1000 mm breites Stahlblech aus C35 normal-geglüht von 10 mm Dicke auf 5 mm verformt. Die Walzen, 600 mm Durchmesser, laufen mit einer Umfanggeschwindigkeit von 0,12 m/s.
   Der Formänderungswirkungsgrad beträgt 55 %.
   Ermitteln Sie:
   a) die Walzenkraft
   b) das Walzendrehmoment
   c) die Leistung am Walzenpaar.
3. Ein Blechstreifen aus S275JR (St 42-2), 200 mm breit, wird auf eine Dicke von 22 mm kaltgewalzt. Die Ausgangstemperatur beträgt 50 °C, die Walzgeschwindigkeit 1,5 m/min, Walzenradius 40 mm, der Formänderungswirkungsgrad beträgt 60 %.
   Ermitteln Sie:
   a) die Umformkraft
   b) das Walzendrehmoment
   c) die Antriebsleistung, wenn mit größtmöglichem Eingriffswinkel gearbeitet wird.
   d) Wie verändern sich die Daten, wenn bei einer Walztemperatur von 1000 °C auf eine Blechdicke von 6 mm gewalzt wird?

2.1.4 Lösungen

Lösung zu Beispiel 1

a) Umformkraft

$$F = \frac{A_1}{2} \cdot \frac{k_{fm}}{\eta_f} \cdot \varphi$$

Umformgrad

$$\varphi = \ln\frac{A_0}{A_1} = \ln\frac{d_0^2}{d_1^2} = \ln\frac{25^2}{20^2} = \ln\frac{625}{400} = 0,446 \mathrel{\hat{=}} 44,6\,\%$$

Fließkurven aus Anhang 4.1.2
E 360 (St 70-2):
bei $\varphi = 46\,\% \Rightarrow$
$a = 310$ Nmm/mm^3

Mittlere Formänderungsfestigkeit

$$k_{fm} = \frac{a}{\varphi} = \frac{310}{0,446} = 695,1\ \text{N/mm}^2$$

Umformkraft je Walze

$$F = \frac{A_1}{2} \cdot \frac{k_{\text{fm}}}{\eta_{\text{f}}} \cdot \varphi = \frac{20^2 \cdot \pi}{2 \cdot 4} \cdot \frac{695{,}1}{0{,}6} \cdot 0{,}446 = \underline{\underline{81161{,}6\ \text{N}}}$$

b) Umformarbeit

$$W = 2 \cdot F \cdot l_1 = 2 \cdot 81161{,}6 \cdot 20 = 3246465\ \text{Nm} \approx \underline{\underline{3246{,}5\ \text{kNm}}}$$

Lösung zu Beispiel 2

a) Walzenkraft je Walze

$$F = \frac{A_1}{2} \cdot \frac{k_{\text{fm}}}{\eta_{\text{f}}} \cdot \varphi$$

$$\varphi = \left|\ln \frac{h_1}{h_0}\right| = \left|\ln \frac{5}{10}\right| = 0{,}693 \mathrel{\widehat{=}} 69{,}3\ \%$$

$$k_{\text{fm}} = \frac{a}{\varphi} = \frac{540}{0{,}693} = 779{,}2\ \text{N/mm}^2$$

aus Anhang 4.1.2, C35:
⇒ $a = 540\ \text{Nmm/mm}^3$

$$F = \frac{1000 \cdot 5}{2} \cdot \frac{779{,}2}{0{,}55} \cdot 0{,}693 = 2454480\ \text{N} \approx \underline{\underline{2454{,}5\ \text{kN}}}$$

Querschnittsfläche:
$A_1 = l \cdot b = 1000 \cdot 5 = 5000\ \text{mm}^2$

b) Drehmoment der Walze

$$M = F \cdot r = 2454{,}5 \cdot \frac{600}{2} = \underline{\underline{736{,}35\ \text{kNm}}}$$

c) Antriebsleistung

$$P_{\text{a}} = \frac{2 \cdot F \cdot v}{60 \cdot 10^3} = \frac{2 \cdot 2454{,}5 \cdot 0{,}12 \cdot 60 \cdot 1000}{60 \cdot 10^3} = \underline{\underline{589{,}1\ \text{kW}}}$$

Lösung zu Beispiel 3

a) Umformkraft beim Kaltwalzen

Für das Greifen des Walzgutes ist die Reibung eine wesentliche Voraussetzung, es gilt:

Gleichgewichtsbedingungen

$$F_{\text{NW}} \leq F_{\text{RW}}$$

$$F_{\text{NW}} = F_{\text{N}} \cdot \sin \frac{\alpha_0}{2}$$

$$F_{\text{RW}} = F_{\text{R}} \cdot \cos \frac{\alpha_0}{2}$$

Durchwalzbedingung:

$$a_0 \leq 2\rho$$

aus der Gleichgewichtsbedingung ergibt sich mit $F_{\text{R}} = \mu \cdot F_{\text{N}}$

$$\tan \frac{\alpha}{2} \leq \mu = \tan \rho$$

Zwischen Dickenabnahme des Walzgutes und Eingriffswinkel gilt folgende Beziehung:

$$\Delta h = h_0 - h_1 = 4 \cdot r \cdot \sin^2 \cdot \frac{\alpha_0}{2}$$

$$\alpha_0 \leq 2\,\rho = 2 \cdot 43{,}3° = 86{,}6°$$

$$\Delta h = h_0 - h_1 = 4 \cdot r \cdot \sin^2 \cdot \frac{\alpha_0}{2} = 4 \cdot 40 \cdot \sin^2 \cdot \frac{86{,}6}{2} = 75{,}26 \text{ mm}$$

aus Anhang 4.1.2, S 275 JR (St 42–2):
$\Rightarrow a = 1150 \text{ Nmm/mm}^3$

$$h_0 = \Delta h + h_1 = 75{,}26 + 22 = 97{,}26 \text{ mm}$$

$$\varphi = \ln \frac{h_0}{h_1} = \ln \frac{97{,}26}{22} = 1{,}48 \triangleq 148\,\%$$

$$k_{fm} = \frac{a}{\varphi} = \frac{1150}{1{,}48} = 777 \text{ N/mm}^2$$

Walzenkraft je Walze

$$F = \frac{A_1}{2} \cdot \frac{k_{fm}}{\eta_f} \cdot \varphi = \frac{200 \cdot 22}{2} \cdot \frac{777}{0{,}6} \cdot 1{,}48 = 4216520 \text{ N} \approx \underline{\underline{4217 \text{ kN}}}$$

b) Walzendrehmoment je Walze

$$M = F \cdot r = 4217 \cdot 40 = 168680 \text{ kNmm} \approx \underline{\underline{169 \text{ kNm}}}$$

c) Antriebsleistung

$$P_a = \frac{2 \cdot F \cdot v}{60 \cdot 10^3} = \frac{2 \cdot 4217000 \cdot 1{,}5}{60 \cdot 10^3} = \underline{\underline{211 \text{ kW}}}$$

d) Umformkraft beim Warmwalzen

$$\mu = 1{,}05 - 0{,}5 \cdot 10^{-3} \cdot T - 0{,}056 \cdot v = 1{,}05 - 0{,}5 \cdot 10^{-3} \cdot 1000 - 0{,}056 \cdot 1{,}5 = 0{,}466$$

$$\mu = \tan \rho = 0{,}466 \mathrel{\hat{=}} 24{,}99°$$

$$2 \cdot \rho = 2 \cdot 24{,}99° = 49{,}98°$$

$$\Delta h = h_0 - h_1 = 4 \cdot 40 \cdot \sin^2 \cdot \frac{49{,}98}{2} = 28{,}55 \text{ mm}$$

$$h_0 = \Delta h + h_1 = 28{,}55 + 6 = 34{,}5 \text{ mm}$$

aus Anhang 4.1.2, S275JR (St 42-2):
$\Rightarrow k_{f0} = 380 \text{ N/mm}^2$
$\Rightarrow k_{f1} = 890 \text{ N/mm}^2$

$$\varphi = \ln \frac{h_0}{h_1} = \ln \frac{34{,}5}{6} = 1{,}75 \mathrel{\hat{=}} 175\,\%$$

$$k_{fm} = \frac{k_{f0} + k_{f1}}{2} = \frac{380 + 890}{2} = 635 \text{ N/mm}^2$$

Walzenkraft je Walze

$$F = \frac{A_1}{2} \cdot \frac{k_{fm}}{\eta_f} \cdot \varphi = \frac{200 \cdot 6}{2} \cdot \frac{635 \cdot 1{,}75}{0{,}6} = 1111250 \text{ N} \approx \underline{\underline{1111{,}3 \text{ kN}}}$$

Walzendrehmoment

$$M = F \cdot r = 1111{,}3 \cdot 40 = 44452 \text{ kNmm} \approx \underline{\underline{44{,}5 \text{ kNm}}}$$

Antriebsleistung

$$P_a = \frac{2 \cdot F \cdot v}{60 \cdot 10^3} = \frac{2 \cdot 1111250 \cdot 1{,}5}{60 \cdot 10^3} = \underline{\underline{55{,}6\ \text{kW}}}$$

oder

$$P_a = 2 \cdot M \cdot \omega$$

$$\omega = \frac{\pi \cdot n}{30}$$

$$n = \frac{v \cdot 1000}{\alpha \cdot \pi} = \frac{1{,}5 \cdot 1000}{2 \cdot 40 \cdot \pi} = 5{,}97\ \text{min}^{-1}$$

$$\omega = \frac{\pi \cdot 5{,}97}{30} = 0{,}625\ s^{-1}$$

$$P_a = 2 \cdot M \cdot \omega$$

$$= 2 \cdot 44{,}5 \cdot 0{,}625 = \underline{\underline{55{,}6\ \text{kW}}}$$

2.2 Stauchen

2.2.1 Verwendete Formelzeichen

ε	[%]	bezogene Stauchung
η_f	[%]	Formänderungswirkungsgrad
η_M	[%]	Maschinenwirkungsgrad
μ		Reibwert
φ	[%]	Umformgrad
a	[Nmm/mm^2]	bezogene spezifische Formänderungsarbeit
A_0	[mm^2]	Ausgangsquerschnitt
A_1	[mm^2]	umgeformter Querschnitt
b_0	[mm]	Ausgangsbreite
b_1	[mm]	Breite am Ende des Stauchens
d_0	[mm]	Ausgangsdurchmesser
d_1	[mm]	Durchmesser nach dem Umformen
D	[mm]	Durchmesser
F	[N]	Umformkraft
F_m	[N]	mittlere Stauchkraft
h_0	[mm]	Werkstückdicke vor der Bearbeitung
h_1	[mm]	Werkstückdicke nach der Bearbeitung
k_{f0}	[N/mm^2]	Formänderungsfestigkeit vor der Umformung

k_{fE}	[N/mm²]	Formänderungsfestigkeit am Ende der Umformung
k_{fm}	[N/mm²]	mittlere Formänderungsfestigkeit
l	[mm]	Rohlingslänge
l_0	[mm]	Ausgangslänge
l_1	[mm]	Länge am Ende des Stauchens
n	[min⁻¹]	Drehzahl
P_a	[W]	Leistungsbedarf
s		Stauchverhältnis
V	[mm³]	an der Umformung beteiligtes Volumen
V_0	[mm³]	Volumen des Rohlings
V_1	[mm³]	Volumen nach dem Umformen
V_d	[mm³]	Volumen des Drahtabschnittes
V_k	[mm²]	Volumen der Kugel
W	[Nm]	Umformarbeit

2.2.2 Auswahl verwendeter Formeln

Rohlänge

$$h_0 = h_1 \cdot \frac{d_1^2}{d_0^2}$$

$$h_0 = \frac{h_1 \cdot l_1 \cdot b_1}{l_0 \cdot b_0}$$

Stauchverhältnis

$$s = \frac{h_0}{d_0} = \frac{h_0}{h_1} = \frac{l}{d_0}$$

Stauchungsgrad

$$\varphi = \left(\ln \frac{h_0}{h_1}\right) \cdot 100$$

mittlere Stauchkraft

$$F_m = A_1 \cdot k_{fm}\left(1 + \frac{1}{3} \cdot \mu \cdot \frac{d_1}{h_1}\right)$$

Umformarbeit

$$W = \frac{V \cdot k_{fm} \cdot \varphi}{\eta_f}$$

Ausgangsdurchmesser

$$d_0 = \sqrt[3]{\frac{4 \cdot V}{\pi \cdot s}}$$

Leistungsbedarf

$$P_a = \frac{W \cdot n}{\eta_M \cdot 60}$$

mittlere Formänderungsfestigkeit

$$k_{fm} = \frac{k_{f0} + k_{fE}}{2} = \frac{a}{\varphi}$$

Volumen des Drahtabschnitts

$$V_d = \frac{d_0^2 \cdot \pi}{4} \cdot l$$

Volumen der Kugel

$$V_K = \frac{D^3 \cdot \pi}{6}$$

$$k_{fe} \mathrel{\hat{=}} k_{f1}$$

Ausgangslänge

$$l_0 = \frac{d_1^2}{d_0^2} \cdot h_1$$

bezogene Stauchung

$$\varepsilon = \frac{h_0 - h_1}{h_1} \cdot 100$$

zulässiges Stauchverhältnis:

eine Operation $s \leq 2{,}6$
zwei Operationen $s \leq 4{,}5$
drei Operationen $s \leq 8$

2.2.3 Berechnungsbeispiele

1. Der skizzierte Bolzen aus C10E (Ck10) wird durch Kaltstauchen gefertigt. Der Rohlingsdurchmesser beträgt 10 mm, Reibwert $\mu = 0{,}2$, Formänderungswirkungsgrad 80 %.
   Ermitteln Sie:
   a) die Länge des Rohlings
   b) das Stauchverhältnis
   c) Stauchungsgrad
   d) die gesamte Umformkraft
   e) die Umformarbeit.

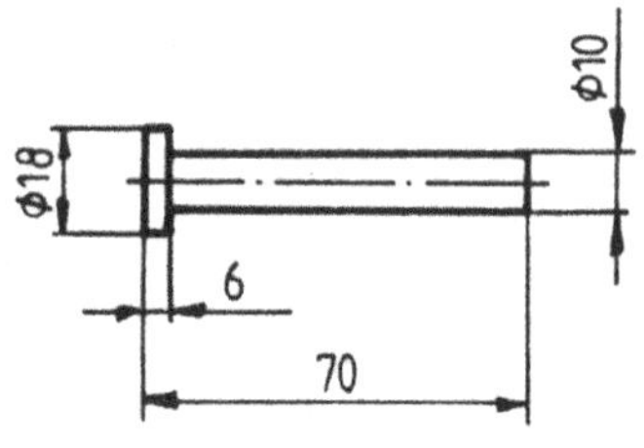

Bolzen

2. Der Rohling des skizzierten Schiebers soll gestaucht werden. Werkstoff C10E (Ck 10), Reibwert $\mu = 0{,}15$, Formänderungswirkungsgrad 65 %.
   Ermitteln Sie:
   a) die Rohlingslänge
   b) das Stauchverhältnis
   c) die Umformkraft
   d) die Umformarbeit.

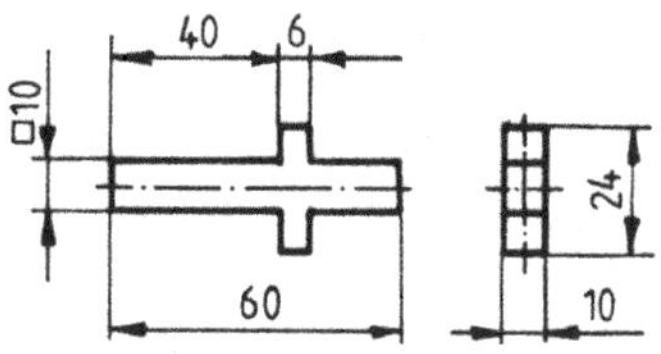

Schieber

3. Aus Stangenmaterial E 360 (St 70-2) sollen Schraubenrohlinge hergestellt werden. Die Rohlingslänge ist so festzulegen, dass das Stauchverhältnis 1,2 nicht überschritten wird. Reibwert $\mu = 0{,}15$, Formänderungswirkungsgrad 80 %.
   Ermitteln Sie:
   a) den Stangendurchmesser (aufgerundet)
   b) die Gewindegröße (Kerndurchmesser)
   c) die Länge des Stangenabschnitts
   d) das Formänderungsverhältnis (Stauchungsgrad)
   e) die maximale Stauchkraft
   f) die mittlere Staucharbeit.

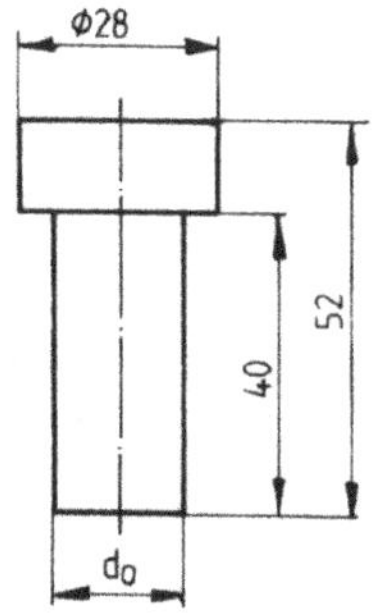

Schraubenrohling

4. Wälzlagerkugeln sollen durch Kaltstauchen hergestellt werden.
   Ermitteln Sie:
   a) den Drahtdurchmesser, wenn das günstige Stauchverhältnis l/d zwischen 2,2 und 2,3 liegt. Das Volumen vor und nach dem Stauchvorgang ist gleich!
   b) die notwendige Rohlingslänge.

5. Sechskantschrauben, DIN 931 - M 10×50 - 8.8, aus C35 C sollen durch Stauchen hergestellt werden.
   Schraubendurchmesser $d_0 = 10$ mm, das Eckenmaß entspricht dem Durchmesser des gestauchten Kopfes $d_1 = 18{,}9$ mm, Kopfhöhe 7 mm, Reibwert $\mu = 0{,}15$, Formänderungswirkungsgrad 60 %.

Ermitteln Sie:

a) die Ausgangslänge
b) die maximale Umformkraft
c) die Umformarbeit.

6. Der skizzierte Kegelstumpf aus C35 C soll durch Anstauchen hergestellt werden.
Reibwert $\mu = 0,15$, Formänderungswirkungsgrad 80 %.
Berechnen Sie:
a) die Rohlingshöhe
b) den Stauchungsgrad
c) die bezogene Stauchung
d) das Stauchverhältnis
e) die Stauchkraft
f) die Staucharbeit.

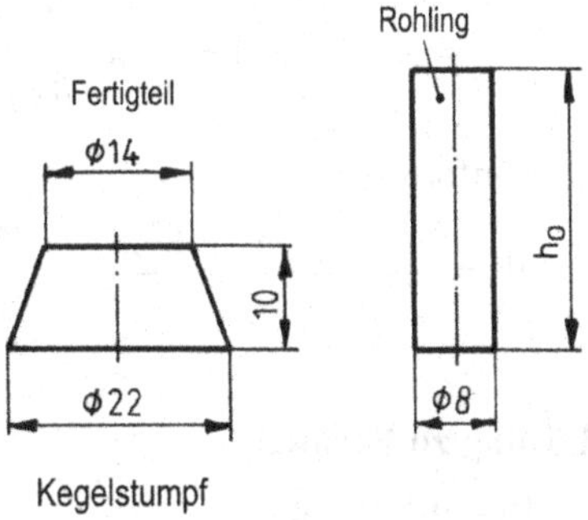

2.2.4 Lösungen

Lösung zu Beispiel 1

a) Länge des Rohlings

$$h_0 = \frac{D^2}{d^2} \cdot h_1 = \frac{18^2}{10^2} \cdot 6 = 19,44 \text{ mm}$$

$$L = h_1 + h_0 = 19,44 + 64 = \underline{\underline{83,44 \text{ mm}}}$$

b) Stauchverhältnis

$$s = \frac{h_0}{d_0} = \frac{19,44}{10} = \underline{\underline{1,94}} \qquad s_{vorh} \leq s_{zul}$$

1,94 ≤ 2,6 ⇒ Fertigung mit einer Operation möglich!

c) Stauchungsgrad

$$\varphi = \ln\frac{h_0}{h_1} = \ln\frac{19,44}{6} = 1,176 \mathrel{\hat{=}} \underline{\underline{117,6\%}}$$

d) Mittlere Stauchkraft

aus Anhang 4.1.2, C10E (Ck10):
bei $\varphi = 117,6\,\% \Rightarrow a = 620$ Nmm/mm^3

$$F_m = A_1 \cdot k_{fm}\left(1 + \frac{1}{3} \cdot \mu \cdot \frac{d_1}{h_1}\right)$$

$$k_{fm} = \frac{a}{\varphi} = \frac{620}{1,176} = 527,2 \text{ N/mm}^2$$

oder

$$k_{fm} = \frac{k_{f0} + k_{fE}}{2} = \frac{280 + 690}{2} = 485\ \text{N/mm}^2$$

aus Anhang 4.1.2, C10E (Ck10):
$k_{f0} = 280\ \text{N/mm}^2$ $k_{f1} = 690\ \text{N/mm}^2$

Hinweis: Die Berechnung des k_{fm}-Wertes mittels der spezifischen Formänderungsfestigkeit a ist genauer, da bei der Ermittlung über k_{f0} und k_{fE} ein linearer Kurvenverlauf unterstellt wird!

$$F_m = A_1 \cdot k_{fm} \cdot \left(1 + \frac{1}{3} \cdot \mu \cdot \frac{d_1}{h_1}\right) = \frac{18^2 \cdot \pi}{4} \cdot 527{,}2 \cdot \left(1 + \frac{1}{3} \cdot 0{,}2 \cdot \frac{18}{6}\right) = 160987\ \text{N} \approx \underline{\underline{161\ \text{kN}}}$$

e) Umformarbeit

$$W = \frac{V_1 \cdot k_{fm} \cdot \varphi}{\eta_f} = \frac{18^2 \pi}{4} \cdot 6 \cdot \frac{527{,}2 \cdot 1{,}176}{0{,}8} = 1183256\ \text{Nmm} \approx \underline{\underline{1183{,}3\ \text{Nm}}}$$

Lösung zu Beispiel 2

a) Rohlingslänge

$$h_0 = \frac{h_1 \cdot l_1 \cdot b_1}{l_0 \cdot b_0} = \frac{6 \cdot 10 \cdot 24}{10 \cdot 10} = 14{,}4\ \text{mm}$$

$$h_0 + l' = 14{,}4 + 54 = \underline{\underline{68{,}4\ \text{mm}}}$$

b) Stauchverhältnis

$$s = \frac{h_0}{h_1} = \frac{14{,}4}{6} = \underline{\underline{2{,}4}}$$

$s_{vorh} \leq s_{zul}$

2,4 ≤ 2,6 ⇒ Fertigung mit **einer** Operation möglich!

c) Stauchungsgrad

$$\varphi = \ln\frac{h_0}{h_1} = \ln\frac{14{,}4}{6} = 0{,}875 \mathrel{\hat{=}} \underline{\underline{87{,}5\ \%}}$$

Mittlere Stauchkraft

aus Anhang 4.1.2, C10E (Ck10):
bei $\varphi = 87{,}5\ \%$ ⇒ $a = 450\ \text{Nmm/mm}^3$

$$F_m = A_1 \cdot k_{fm} \cdot \left(1 + \mu \cdot \frac{l_1}{h_1}\right)$$

$$F_m = b_1 \cdot l_1 \cdot k_{fm} \cdot \left(1 + \mu \cdot \frac{l_1}{h_1}\right)$$

$$k_{fm} = \frac{a}{\varphi} = \frac{450}{0{,}875} = 514\ \text{N/mm}^2$$

$$F_m = 10 \cdot 24 \cdot 514 \cdot \left(1 + 0{,}15 \cdot \frac{24}{6}\right) =$$

$$= 197376\ \text{N} \approx \underline{\underline{197{,}4\ \text{kN}}}$$

d) Umformarbeit

$$W = \frac{V \cdot k_{fm} \cdot \varphi}{\eta_f} = 6 \cdot 10 \cdot 24 \cdot 514 \cdot \frac{0,875}{0,65} = 996369 \text{ Nmm} \approx \underline{\underline{996,4 \text{ Nm}}}$$

Lösung zu Beispiel 3

a) Ausgangsdurchmesser

$$d_0 = \sqrt[3]{\frac{4 \cdot V}{\pi \cdot s}} = \sqrt[3]{\frac{4 \cdot 28^2 \cdot \pi \cdot 12}{4 \cdot \pi \cdot 1,2}} = 19,9 \text{ mm} \quad \text{gewählt} \Rightarrow d_0 = \underline{\underline{20 \text{ mm}}}$$

b) geeignet für M 24: Kerndurchmesser 20,32 mm (s. Tabellenbuch)

c) Rohlingslänge

$$l_0 = l' + \frac{V}{A} = 40 + \frac{28^2 \cdot \pi \cdot 12 \cdot 4}{4 \cdot 20^2 \cdot \pi} = 40 + 23,52 = \underline{\underline{63,52 \text{ mm}}}$$

d) Formänderungsverhältnis

$$\varphi = \ln\frac{h_0}{h_1} = \ln\frac{23,52}{12} = 0,673 \mathrel{\hat{=}} \underline{\underline{67,3\,\%}}$$

e) Stauchkraft

aus Anhang 4.1.2, E360 (St 70-2):
bei $\varphi = 67,3\,\% \Rightarrow k_{fE} = 920 \text{ N/mm}^2$

$$F = A_1 \cdot k_{fE} \cdot \left(1 + \frac{1}{3} \cdot \mu \cdot \frac{d_1}{h_1}\right)$$

$$= \frac{28^2 \cdot \pi}{4} \cdot 920 \cdot \left(1 + \frac{1}{3} \cdot 0,15 \cdot \frac{28}{12}\right)$$

$$= 634471 \text{ N} \approx \underline{\underline{634,5 \text{ kN}}}$$

f) Umformarbeit

aus Anhang 4.1.2, E360 (St70-2):
$\Rightarrow a = 440 \text{ Nmm/mm}^3$

$$k_{fm} = \frac{a}{\varphi} = \frac{440}{0,673} = 653 \text{ N/mm}^2$$

$$W = \frac{V \cdot k_{fm} \cdot \varphi}{\eta_f}$$

$$W = \frac{28^2 \cdot \pi}{4} \cdot 12 \cdot \frac{653 \cdot 0,673}{0,8} = 4059059,8 \text{ Nmm}$$

$$= \underline{\underline{4,1 \text{ kNm}}}$$

Lösung zu Beispiel 4

a) Drahtdurchmesser

Volumen des Drahtabschnitts

bei konstantem Umformvolumen gilt:

$V_d = V_k$

Zylinder: $V_d = \frac{d^2 \cdot \pi}{4} \cdot l$

Kugel: $V_d = \frac{D^3 \cdot \pi}{6}$

$$\frac{d^2 \cdot \pi}{4} \cdot s \cdot d = \frac{D^3 \cdot \pi}{6}$$

$$\frac{d^3 \cdot \pi \cdot s}{4} = \frac{D^3 \cdot \pi}{6}$$

somit:

$$d = \sqrt[3]{\frac{2}{3 \cdot s} \cdot D^3} = \underline{\underline{0{,}662 \cdot D}}$$

b) notwendige Abschnittslänge $l = s \cdot d$

$$l = \underline{\underline{(2{,}2 \div 2{,}3) \cdot 0{,}662 \cdot D}}$$

Lösung zu Beispiel 5

a) Ausgangslänge

$$l_0 = \frac{d_1^2}{d_0^2} \cdot h_1 = \frac{18{,}9^2}{10^2} \cdot 7 = \underline{\underline{25\,\text{mm}}} \mathrel{\hat{=}} h_0$$

b) maximale Umformkraft

$$F_{\max} = A_1 \cdot k_{\text{fm}} \cdot \left(1 + \frac{1}{3} \cdot \mu \cdot \frac{d_1}{h_1}\right)$$

Stauchverhältnis

$$s = \frac{h_0}{d_0} = \frac{25{,}0}{10} = 2{,}5$$

$s_{\text{vorh}} \leq s_{\text{zul}}$

$2{,}5 \leq 2{,}62 \Rightarrow$ somit **eine** Operation notwendig!

Stauchungsgrad

$$\varphi = \ln \frac{h_0}{h_1} = \ln \frac{25}{7} = 1{,}273 \mathrel{\hat{=}} 127{,}3\,\%$$

aus Anhang 4.1.2, C35C (Cq35):

$k_{\text{fmax}} = 710\ \text{N/mm}^2$

$k_{\text{f0}} = 410\ \text{N/mm}^2$

maximale Umformkraft

$$F_{\max} = A_1 \cdot k_{\text{f max}} \left(1 + \frac{1}{3} \cdot \mu \cdot \frac{d_1}{h_1}\right) = \frac{18{,}9^2 \cdot \pi}{4} \cdot 710 \cdot \left(1 + \frac{1}{3} \cdot 0{,}15 \cdot \frac{18{,}9}{7}\right) =$$

$$= 226083\ \text{N} \approx \underline{\underline{226{,}1\ \text{kN}}}$$

c) mittlere Umformarbeit

$$W = \frac{V \cdot k_{\text{fm}} \cdot \varphi}{\eta_{\text{f}}}$$

$$k_{fm} = \frac{k_{f0} + k_{fmax}}{2} = \frac{410 + 710}{2} = 560 \text{ N/mm}^2$$

$$W = \frac{18{,}9^2 \cdot \pi}{4} \cdot 7 \cdot \frac{560 \cdot 1{,}273}{0{,}6} = 2333333 \text{ Nmm} \approx \underline{\underline{2{,}3 \text{ kNm}}}$$

Lösung zu Beispiel 6

a) Rohlingshöhe

$$h_0 = \frac{\pi \cdot h_1}{12} \cdot (D^2 + d^2 + D \cdot d) \cdot \frac{4}{d_0^2 \cdot \pi} = \frac{\pi \cdot 10}{12} \cdot (22^2 + 14^2 + 22 \cdot 14) \cdot \frac{4}{8^2 \cdot \pi}$$

$$= \frac{10}{12} \cdot (484 + 196 + 308) \cdot \frac{4}{64} = 51{,}46 \approx \underline{\underline{52 \text{ mm}}}$$

b) Stauchungsgrad

$$\varphi = \ln \frac{h_0}{h_1} = \ln \frac{52}{10} = 1{,}65 \mathrel{\hat{=}} \underline{\underline{165\,\%}}$$

c) bezogene Stauchung

$$\varepsilon = \frac{h_0 - h_1}{h_0} \cdot 100 = \frac{52 - 10}{52} \cdot 100 = \underline{\underline{81\%}}$$

d) Stauchverhältnis

$$s = \frac{h_0}{d_0} = \frac{52}{8} = 6{,}5$$

$s_{vorh} > s_{zul}$

6,5 > 4,6 das bedeutet: für die Fertigung sind **drei** Arbeits-Operationen notwendig!

e) Stauchkraft

$$F_m = A_1 \cdot k_{fm} \cdot \left(1 + \frac{1}{3} \cdot \mu \cdot \frac{d_1}{h_1}\right)$$

aus Anhang 4.1.2, C35C (Cq35):

$k_{fmax} = 960 \text{ N/mm}^2$ $k_{f0} = 410 \text{ N/mm}^2$

$$k_{fm} = \frac{k_{f0} + k_{fmax}}{2} = \frac{410 + 960}{2} = 685 \text{ N/mm}^2$$

$$F_m = \frac{22^2 \cdot \pi}{4} \cdot 685 \cdot \left(1 + \frac{1}{3} \cdot 0{,}15 \cdot \frac{22}{10}\right) = 289034 \text{ N} \approx \underline{\underline{289 \text{ kN}}}$$

f) Umformarbeit

$$W = \frac{V \cdot k_{fm} \cdot \varphi}{\eta_f} = \frac{10 \cdot \pi}{12}(22^2 + 14^2 + 22 \cdot 14) \cdot \frac{685 \cdot 1{,}65}{0{,}8} = 3654349 \text{ Nmm} \approx \underline{\underline{3{,}65 \text{ kNm}}}$$

2.3 Schmieden

2.3.1 Verwendete Formelzeichen

ρ	[kg/m^3]	Dichte des Materials
φ	[%]	Umformgrad, Formänderungsverhältnis
η_f	[%]	Formänderungswirkungsgrad
a	[Nmm/mm^3]	spezifische Formänderungsarbeit
A_d	[mm^2]	Projektionsfläche des fertig geformten Werkstücks einschl. Gratfläche
A_0	[mm^2]	Querschnitt des Rohlings
A_s	[mm^2]	Projektionsfläche des Fertigteils
b	[mm]	Gratbahnbreite
d	[mm]	Stempeldurchmesser
D_d	[mm]	Projektionsdurchmesser
f	[mm/min]	Stangenvorschub
F	[N]	Umformkraft
h	[mm]	Weg des Stößels
h_0	[mm]	Rohlingshöhe
k_f	[N/mm^2]	Formänderungsfestigkeit
k_{f1}	[N/mm^2]	Formänderungsfestigkeit (bei $w = s^{-1}$ und der Temperatur T_1)
k_{wa}	[N/mm^2]	Formänderungswiderstand am Anfang
k_{we}	[N/mm^2]	Formänderungswiderstand am Ende der Umformung
m	[kg]	Masse
m		Werkstoffexponent
m_A	[kg]	Einsatzmasse mit Grat
m_E	[kg]	Masse des Fertigteils
n	[min^{-1}]	Schlagzahl des Hammers
s^x	[mm]	Gratdicke
$T(\vartheta)$	[°]	Umformtemperatur
v	[mm/s]	Pressengeschwindigkeit
v_m	[s^{-1}]	mittlere Umformgeschwindigkeit
v_{St}	[mm/s]	Stempelgeschwindigkeit
v_{StR}	[mm/s]	Austrittsgeschwindigkeit
V	[mm]	Volumen des Schmiedestücks
V_0	[mm^3]	Volumen des Rohlings
W	[Nmm]	tatsächliche Formänderungsarbeit
w_0	[s^{-1}]	Anfangsumformgeschwindigkeit
w_m	[s^{-1}]	mittlere Umformgeschwindigkeit
w^x		Massenverhältnisfaktor (Zuschlag)
y		Faktor der Werkstückform

2.3.2 Auswahl verwendeter Formeln

Volumen

$V = A_0 \cdot h_0$

Anfangsumformgeschwindigkeit

$w_0 = \frac{v}{h_0}$

Materialeinsatzmasse

$m_E = (D^2 \cdot h_1 - d_m^2 \cdot h_2) \cdot \frac{\pi}{4} \cdot \rho$

Einsatzmasse

$m_A = w^x \cdot m_E$

Rohlingsvolumen

$V = \frac{m}{\rho}$

mittlere Umformgeschwindigkeit

$w_m = 1{,}6 \cdot w_o$

Gratdicke

$s^x = 0{,}015 \cdot \sqrt{A_s}$

Gratbahnbreite

$b = 4 \cdot s$

Projektionsfläche

$A_d = D_d^2 \cdot \frac{\pi}{4}$

Formänderungsverhältnis

$\varphi = \ln \frac{V}{A_d \cdot h_0} = \ln \frac{A_0}{A_d}$

Projektionsdurchmesser

$D_d = D + 2b$

Formänderungsfestigkeit

$k_f = k_{f1} \cdot w_0^m$

Formänderungswiderstand

$k_{we} = y \cdot k_f$

Umformkraft

$F = A_d \cdot k_{we}$

Umformarbeit

$W = \frac{V_0 \cdot k_f \cdot \varphi}{\eta_F}$

Rohlingsdurchmesser

$D = \sqrt{\frac{4 \cdot V}{\pi \cdot h}}$

Formänderungsarbeit je Hub

$W = \frac{A_0 \cdot a \cdot f}{\eta_F \cdot n}$

Mittlere Umformkraft

$F = \frac{W}{h}$

2.3.3 Berechnungsbeispiele

1. Die skizzierte Scheibe soll im Gesenk durch eine hydraulische Presse mit einer Umformgeschwindigkeit von $v = 0{,}55$ m/s geformt werden. Die Rohlingstemperatur beträgt 1200 °C, Rohlingshöhe 85 mm.

   Die Schmiedestückprojektionsfläche mit Grat beträgt 6300 mm², das Rohlingsvolumen 722500 mm³.

   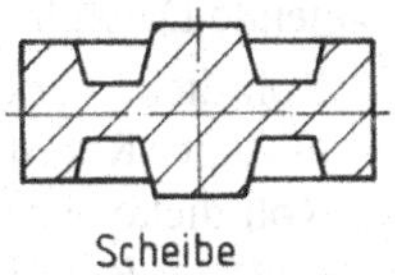

   Scheibe

   Ermitteln Sie:

   a) die erforderliche Umformkraft
   b) die Umformarbeit.

2. Riemenscheiben sollen aus C45 hergestellt werden. Eine Kurbelpresse steht als Umformmaschine zur Verfügung. Die Werkzeuggeschwindigkeit wird mit 600 mm/s angegeben, die Werkstoffdichte beträgt 7,85 kg/dm³. Massenverhältnisfaktor 1,16, Umformtemperatur 1200 °C.

Zu bestimmen sind mit Hilfe der im Anhang vorgegebenen Tabellen und Diagramme:

a) die Materialeinsatzmasse
b) das Rohlingsvolumen
c) die Rohlingsabmessungen, bei einem Ausgangsdurchmesser von 120 mm
d) die Schmiedestückprojektionsfläche mit Gratbahn
e) die Umformkraft
f) die Umformarbeit.

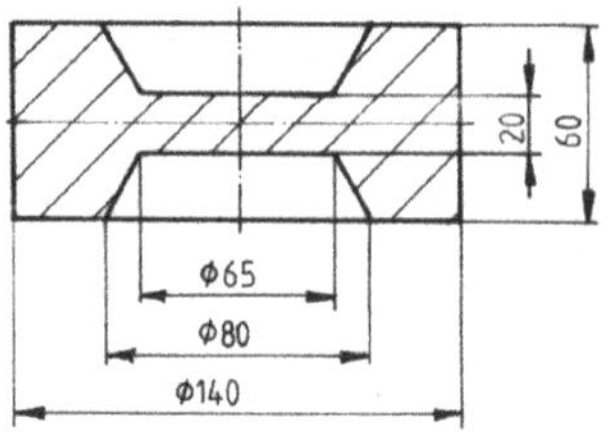

Riemenscheibe

3. Für die Riemenscheibe – siehe Aufgabe 2 – sollen die erforderliche Umformkraft und die Umformarbeit berechnet werden.

4. Eine Laufrolle aus C45 soll unter einem Gegenschlaghammer im Gesenk geschmiedet werden.

   Die Schmiedetemperatur beträgt 1100 °C, die Hammergeschwindigkeit 6 m/s, die Rohlingshöhe 110 mm. Rohlingsdurchmesser 32 mm, Werkstücksprojektionsfläche mit Grat 160 cm^2, Formänderungsverhältnis 63 %.

   Ermitteln Sie:

   a) die Endhöhe des Werkstücks
   b) die anfängliche Umformgeschwindigkeit
   c) die Formänderungskraft
   d) die Formänderungsarbeit (alternative Berechnung und Ermittlung über die Diagramme).

5. Das skizzierte Schwungrad aus C60 soll durch Schmieden mit dem Hammer hergestellt werden. Hammergeschwindigkeit 5600 mm/s, Werkstücksausgangshöhe 125 mm.

   Zu berechnen sind:

   a) die Materialeinsatzmasse
   b) die Gratdicke
   c) die Gratbahnbreite
   d) die Umformkraft
   e) die Umformarbeit.

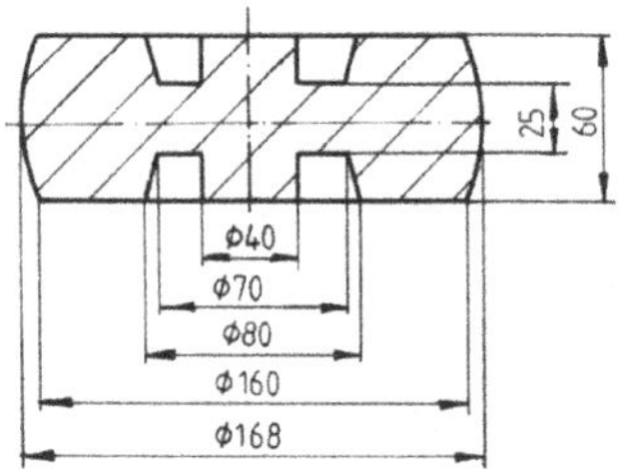

Schwungrad

6. Ein Rohr aus C10E soll durch Rundkneten verjüngt werden.

   Folgende Daten liegen vor:

   – Rohrdicke vor dem Umformen 2,5 mm
   – mittlerer Rohrdurchmesser 30 mm
   – Rohrdicke nach dem Umformen 3 mm
   – mittlerer Rohrdurchmesser nach dem Umformen 22 mm
   – Formänderungswirkungsgrad 40 %
   – Stangenvorschub 300 mm/min
   – Maschinenschlagzahl 2200 min^{-1}
   – Maschinenhub 3 mm

   Berechnen Sie:

   a) die Formänderungsarbeit je Stößelhub
   b) die auf jeden Stößel entfallende mittlere Umformkraft.

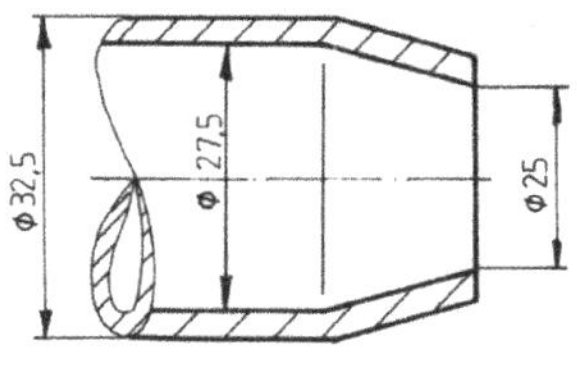

Rohrstück

2.3.4 Lösungen

Lösung zu Beispiel 1 (mit Hilfe von Diagrammen)

Hinweis: Die Umformkraft und Umformarbeit werden mit Hilfe der Diagramme und Tabellen – siehe Anhang 4.1.3 – ermittelt.

a) Umformkraft

aus Diagramm 1

Umformgeschwindigkeit am Anfang:

$$w_0 = \frac{v_c}{h_0} = \frac{550}{85} = 6{,}5\ s^{-1}$$

Mittlere Umformgeschwindigkeit:

$w_m = 1{,}6 \cdot w_o = 1{,}6 \cdot 6{,}5 = 10{,}4\ \mathrm{s}^{-1}$

Feld 1: $k_{wa} = 75\ \mathrm{N/mm^2}$ (bei 1200 °C)

Feld2: $k_{wa} = 75\ \mathrm{N/mm^2}$ und Form 7 ⇒ $k_{we} = 900\ \mathrm{N/mm^2}$

Feld 3: bei einer projiz. Fläche = 10000 mm² erhält man eine Umformkraft von ⇒ $\underline{\underline{F \approx 9000\ \mathrm{kN}}}$

b) Umformarbeit

Feld 1: Umformarbeit bei $w_m = 10{,}4\ \mathrm{s}^{-1}$ und $T = 1200$ °C ⇒ $k_{wa} = 75\ \mathrm{N/mm^2}$

Feld 2 und Form 6: ⇒ $k_{we} = 200\ \mathrm{N/mm^2}$

Feld 3: spez. Formänderungsarbeit bei $\varphi = \ln\frac{V}{A_d \cdot h_0} = \ln\frac{722500}{6300 \cdot 85} = 0{,}3 \mathrel{\hat{=}} 30\ \%$

somit ⇒ $a = 80\ \mathrm{Nmm/mm^3}$

Feld 4: bei $V = 722500\ \mathrm{mm^3}$ erhält man eine Umformarbeit von ⇒ $\underline{\underline{W = 64\,000\ \mathrm{Nm}}}$

Lösung zu Beispiel 2

a) Materialeinsatzmasse

$$m_E = (D^2 \cdot h_1 - d_m^2 \cdot h_2) \cdot \frac{\pi}{4} \cdot \rho = (140^2 \cdot 60 - 72{,}5^2 \cdot 40) \cdot \frac{\pi}{4} \cdot 7{,}85 = \underline{\underline{5{,}95\ \mathrm{kg}}}$$

Hinweis: Die Wahl des Massenverhältnisfaktors ist von der Masse des fertigen Werkstücks und der Werkstückform abhängig!

$m_A = w^x \cdot m_E = 1{,}16 \cdot 5{,}95 = \underline{\underline{6{,}9\ \mathrm{kg}}}$

$w^x = 1{,}16$ (Mittelwert)
aus Tabelle 2 und 3 erhält man bei Formengruppe 2 und Einsatzmasse $m_E = 6$ kg den Faktor ⇒ $w^x = 1{,}16$

b) Rohlingsvolumen

$$V_0 = \frac{m}{\rho} = \frac{6,9}{7,85} = 0,879\ \text{dm}^3 = \underline{\underline{879000\ \text{mm}^3}}$$

c) Rohlingsabmessungen

$$h_0 = \frac{V_0 \cdot 4}{d^2 \cdot \pi} = \frac{879000 \cdot 4}{120^2 \cdot \pi} = 77,7\ \text{mm, gewählt} \Rightarrow h_0 = \underline{\underline{80\ \text{mm}}}$$

d) Projektionsfläche des Schmiedeteils mit Grat

Gratdicke

$$s^* = 0,015 \cdot \sqrt{A_s}$$

$$A_s = 140^2 \cdot \frac{\pi}{4} = 15394\ \text{mm}^2$$

$$s^* = 0,015 \cdot \sqrt{15386} = 1,86\,\text{mm, gewählt} \Rightarrow s^* = \underline{\underline{1,9\,\text{mm}}}$$

Ermittlung der Gratbahnbreite

Das Verhältnis b/s ist von der Werkstückform abhängig.
Entsprechend Tabelle 5 und der Form b wird $b/s = 4$ gewählt.
somit:

$$b = 4 \cdot s^*$$

$$b = 4 \cdot 1,9 = 7,6\ \text{mm, gewählt} \Rightarrow b = \underline{\underline{8\,\text{mm}}}$$

Projektionsfläche mit Gratbahn

$$A_d = D_d^2 \cdot \frac{\pi}{4}$$

$$D_d = D + 2b = 140 + 2 \cdot 8 = 156\ \text{mm}$$

$$A_d = 156^2 \cdot \frac{\pi}{4} = \underline{\underline{19113\ \text{mm}^2}}$$

e) Umformkraft aus Diagramm

Feld 1

$$w_0 = \frac{v}{h_0} = \frac{600}{80} = 7,5\ s^{-1} \qquad \text{gewählt} \Rightarrow 1,4$$

$$w_m = (1,3 \ldots 1,6) \cdot w_{0m} = 1,4 \cdot 7,5 = 10,5\ s^{-1}$$

Formänderungswiderstand

bei $T = 1200$ °C und $w_m = 10,5\ \text{s}^{-1}$ erhält man: $\Rightarrow k_{wa} = 70\ \text{N/mm}^2$

Feld 2

bei Umformgrad 7 (Tab. 1) erhält man: $\Rightarrow k_{we} = 750\ \text{N/mm}^2$

Feld 3

Bei der errechneten Projektionsfläche von 19113 mm² ergibt sich eine Umformkraft von $\Rightarrow \underline{\underline{F = 15000\ \text{kN}}}$

f) Umformarbeit aus Diagramm

Feld 1: bei $w_m = 10{,}5\ s^{-1}$ und $T = 1200$ °C erhält man $\Rightarrow k_{wa} = 70\ N/mm^2$

Gewählter Umformvorgang Form 5 $\Rightarrow k_{we} = 190\ N/mm^2$

Umgeformtes Volumen: $$V = \frac{120^2 \cdot \pi}{4} \cdot 80 = 904779\ mm^3$$

$$h_0 = \frac{879000 \cdot 4}{120^2 \cdot \pi} = 78\,mm$$

$$\varphi = \ln \frac{V_0}{A_d \cdot h_0} = \frac{879000}{19113 \cdot 78} = -0{,}53 \mathrel{\hat{=}} 53\%$$

bei $\varphi = 53$ % und $k_{we} = 190\ N/mm^3$ erhält man eine spezifische Umformarbeit von $a = 75\ Nmm/mm^3$, bei $V_0 = 879000\ mm^3$ und $a = 75\ Nmm/mm^3$ erhält man eine Umformarbeit von $\underline{\underline{W = 60000\ Nm}}$

Lösung zu Beispiel 3

a) Umformkraft (rechnerische Lösung)

Umformgrad

$A_d = 19113\ mm^2$

$d = 120\ mm$

$$\varphi = \ln \frac{A_0}{A_d} = \ln \frac{120^2 \cdot \pi}{4 \cdot 19113} = -0{,}53 \cong 53\%$$

Ermittlung der Formänderungsfestigkeit

Die Formänderungsfestigkeit steht in Abhängigkeit der Umformungsgeschwindigkeit und Umformtemperatur: (Basiswerte k_{f1} für $\varphi_1 = 1\ s^{-1}$ bei den angegebenen Umformtemperaturen und Werkstoffexponenten m zur Berechnung von $k_f = f(\varphi)$.

$k_f = k_{f1} \cdot w_{0\,m}$

C45 $\Rightarrow m = 0{,}163$

$k_{f1} = 70\ N/mm^2$ bei $T = 1200$ °C

somit

$$k_f = k_{f1} \cdot w_{0\,m} = 70 \cdot 7{,}5^{0{,}163} = 97{,}2\ N/mm^2$$

$$w_0 = \frac{v}{h_0} = \frac{600}{80} = 7{,}5 s^{-1}$$

Formänderungswiderstand

$y = 5{,}5$

$k_f = 97{,}2\ N/mm^2$

$k_{we} = y \cdot k_f$

$k_{we} = 5{,}5 \cdot 97{,}2 = 535\ N/mm^2$

Umformkraft

$F = A_d \cdot k_{we} = 19113 \cdot 535 = 10225455\ N = \underline{\underline{10225\ kN}}$

b) Umformarbeit

$\eta_F = 0{,}45$

$$W = \frac{V_0 \cdot k_f \cdot \varphi}{\eta_F} = \frac{120^2 \cdot \pi \cdot 80 \cdot 97{,}2 \cdot 0{,}53}{4 \cdot 0{,}45} = 103579064\ Nmm \approx \underline{\underline{104\ kNm}}$$

Hinweis: Die Berechnung zeigt, dass die Ablesewerte aus den Schaubildern nur Überschlagswerte darstellen!

Lösung zu Beispiel 4

a) Werkstückendhöhe

$$\varphi = \ln \frac{V_0}{A_d \cdot h_0} \quad \text{bzw.} \quad \varphi = \ln \frac{h_0}{h_1}$$

$$h_1 = h_0 \cdot e^{-\varphi} = 110 \cdot 2{,}718^{-0{,}63} = \underline{\underline{58{,}59\,\text{mm}}}$$

Hinweis: In der Regel ist an Schmiedeteilen die Höhe h_1 (exakte Höhe des Fertigteils) nicht genau definiert, man berechnet φ über das Rohlingsvolumen, die Projektionsfläche und die Rohlingshöhe. Da in o.a. Aufgabe das Formänderungsverhältnis gegeben ist, erfolgt die Berechnung von h_1 (Werkstückendhöhe) aus:

b) mittlere Umformgeschwindigkeit

$$w_0 = \frac{v}{h_0} = \frac{6000}{110} = 55\,\text{s}^{-1}$$

gewählte 1,4

$$w_m = (1{,}3 \ldots 1{,}6) \cdot w_0 = 1{,}4 \cdot 55 = \underline{\underline{77\,\text{s}^{-1}}}$$

c) Formänderungskraft (analytisch)

$k_f = k_{f1} \cdot w_{0\,m}$ für C45 ⇒ $m = 0{,}163$

⇒ $k_f = 90 \cdot 55^{0{,}163} = 173\,\text{N/mm}^2$ $k_{f1} = 90\,\text{N/mm}^2$ bei $T = 1100\,°\text{C}$

gewählt Form 2

⇒ $y = 5{,}5$, $\eta_f = 0{,}45$

$k_{we} = y \cdot k_f = 5{,}5 \cdot 173 = 952\,\text{N/mm}^2$

Formänderungskraft

$$F = A_d \cdot k_{we} = 16000 \cdot 952 = 15232000\,\text{N} = \underline{\underline{15232\,\text{kN}}}$$

d) Formänderungsarbeit

$$W = \frac{V_0 \cdot k_f \cdot \varphi}{\eta_F} = \frac{32^2 \cdot \pi \cdot 110 \cdot 173 \cdot 0{,}63}{4 \cdot 0{,}45} = 21426768\,\text{Nmm} \approx \underline{\underline{21{,}4\,\text{kNm}}}$$

Formänderungskraft mittels Diagramm

⇒ $F = 21000$ kN gewählt ⇒ Form 7

Formänderungsarbeit mittels Diagramm

⇒ $W = 19{,}000$ kNm gewählt ⇒ Form 5

Lösung zu Beispiel 5

a) Materialeinsatzmasse

$m_A = W \cdot m_E$

$m_E = V \cdot \rho$

$V = 1185\,\text{cm}^3$ (nach Skizze ermitteln)

$m_E = 1185 \cdot 7{,}85 = 9300\,\text{g} = 9{,}3\,\text{kg}$ ⇒ W nach Formgruppe 2 ⇒ 1,08

$m_A = 1{,}08 \cdot 9{,}3\,\text{kg} = \underline{\underline{10{,}05\,\text{kg}}}$

Rohlingsvolumen

$$V_o = \frac{m}{p} = \frac{10,05}{7,85} = \underline{\underline{1,28\ \text{dm}^3}}$$

Rohlingsdurchmesser

$$D = \sqrt{\frac{V_o \cdot 4}{h \cdot \pi}} = \sqrt{\frac{1280000 \cdot 4}{125 \cdot \pi}} = \underline{\underline{114,2\ \text{mm}}}$$

gewählt ⇒ $D = \underline{\underline{115\ \text{mm}}}$

b) Gratdicke

$$s^* = 0,015 \cdot \sqrt{A_s} = 0,015 \cdot \sqrt{\frac{168^2 \cdot \pi}{4}} = \underline{\underline{2,23\ \text{mm}}}$$

gewählt ⇒ $s^* = \underline{\underline{2,3\ \text{mm}}}$

c) Gratbahnbreite

⇒ nach Form 3

$b = 7 \cdot s^* = 7 \cdot 2,3 = 16,1$ MM gewählt ⇒ b = 16 mm

b/s = 6 ÷ 8 gewählt ⇒ 7

Projektionsfläche mit Grat

$$A_d = D_d^2 \cdot \frac{\pi}{4}$$

$$D_d = D + 2b = 168 + 2 \cdot 16 = 200\ \text{mm}$$

$$A_d = 200^2 \cdot \frac{\pi}{4} = \underline{\underline{31416\ \text{mm}^2}}$$

d) Umformkraft

$$F = A_d \cdot k_{we}$$

$$k_{we} = y \cdot k_f$$

$$k_f = k_{f1} \cdot w_0^m$$

aus Diagramm für C 60 ⇒ m = 0,167

$k_{f1} = 80\ \text{N/mm}^2$ bei $w_1 = 1\ \text{s}^{-1}$ und

$T = 1100\ °\text{C}$

$v = 5600\ \text{mm/s}$

$h_o = 125\ \text{mm}$

$m = 0,163$

$$v_0 = \frac{v_c}{h_0} = \frac{5600}{125} = 44,8\ s^{-1}$$

$$k_f = k_{f1} \cdot w_0^m = 80 \cdot 44,8^{0,163} = 149\ \text{N/mm}^2$$

$$k_{we} = y \cdot k_f$$

⇒ $y = 7,5$ nach Formgruppe 3

$$k_{we} = 7,5 \cdot 149 = 1117,5\ \text{N/mm}^2$$

$$F = A_d \cdot k_{we} = 31416 \cdot 1117,5 = 35107380\ \text{N}$$

$$\approx \underline{\underline{35107\ \text{kN}}}$$

e) Umformarbeit

$$W = \frac{V_0 \cdot k_F \cdot \varphi}{\eta_F}$$

$$\varphi = \ln\frac{A_0}{A_d} = \frac{114,2^2 \cdot \pi}{31400 \cdot 4} = 1,12 \mathrel{\hat{=}} 112\ \%$$

$$\eta_F = 0,4$$

$$W = \frac{1280000 \cdot 149 \cdot 1{,}12}{0{,}4} =$$

$$= 534016000 \text{ Nmm} \approx \underline{\underline{534 \text{ kNm}}}$$

$V_0 = 1{,}28 \text{ dm}^3$

Lösung zu Beispiel 6

a) Formänderungsarbeit je Hub

$$\varphi = \ln \frac{A_0}{A_1}$$

$$A_0 = d_{m0} \cdot \pi \; s_0 = 30 \cdot \pi \cdot 2{,}5 = 235{,}6 \text{ mm}^2$$

$$A_1 = d_{m1} \cdot \pi \cdot s_1 = 22 \cdot \pi \cdot 3 = 207{,}35 \text{ mm}^2$$

$$\varphi = \ln \frac{235{,}5}{207{,}35} = 0{,}13 \mathrel{\hat{=}} 13~\%$$

aus Fließkurve für C10E die spez. Umformarbeit

$\Rightarrow a \approx 50 \text{ Nmm/mm}^3$

$$W = \frac{A_0 \cdot a \cdot f}{\eta_F \cdot n} = \frac{235{,}5 \cdot 50 \cdot 300}{0{,}4 \cdot 2200} = \underline{\underline{4015{,}9 \text{ Nmm}}}$$

$f = 300$ mm
$n = 2200 \text{ min}^{-1}$
$h = 3$ mm

b) mittlere Umformkraft

$$F = \frac{W}{h} = \frac{4014{,}2}{3} = \underline{\underline{1339 \text{ N}}}$$

2.4 Strangpressen

2.4.1 Verwendete Formelzeichen

η_F	[%]	Formänderungswirkungsgrad
μ		Reibwert
φ	[%]	Umformgrad (Umformverhältnis)
A_1	[mm^2]	Querschnitt nach der Umformung
A_0	[mm^2]	Querschnitt des Rohlings
D_0	[mm]	Blockdurchmesser
D_1	[mm]	Strangdurchmesser
F	[N]	Presskraft
k_f	[N/mm^2]	Formänderungsfestigkeit am Anfang des Umformens
k_{f1}	[N/mm^2]	Formänderungsfestigkeit am Ende des Umformens

l	[mm]	Länge Rohling
m		Werkstoffexponent
V_0	[mm³]	Rohlingsvolumen
v_{St}	[mm/s]	Stempelgeschwindigkeit
v_{Str}	[mm/s]	Austrittsgeschwindigkeit des Pressstrangs
W	[Nmm]	Umformarbeit
w_0	[s⁻¹]	Anfangsumformgeschwindigkeit
w_m	[s⁻¹]	mittlere Umformgeschwindigkeit
w_u	[s⁻¹]	Umformgeschwindigkeit

2.4.2 Auswahl verwendeter Formeln

Tatsächlicher Umformgrad

$$\varphi = \ln \frac{A_0}{A_1} \qquad \varphi_{tat} < \varphi_{zul} = 6{,}9$$

Austrittsgeschwindigkeit

$$v_{Str} = \frac{v_{St} \cdot 60 \cdot A_0}{10^3 \cdot A_1}$$

Stempelgeschwindigkeit

$$v_{St} = \frac{10^3 \cdot v_{Str} \cdot A_1}{60 \cdot A_0}$$

Formänderungsfertigkeit

$$k_f = k_f \cdot w_0^m$$

Presskraft

$$F = \frac{A_0 \cdot k_f \cdot \varphi}{\eta_F} + D_0 \cdot \pi \cdot l \cdot \mu \cdot k_f$$

Umformgrad

$$w_u \cong \frac{6 \cdot v_{St} \cdot \varphi}{D}$$

oder

$$w_u \cong \frac{2 \cdot v_{St}}{D_1}$$

Umformarbeit

$$W = \frac{V_0 \cdot k_f \cdot \varphi}{\eta_F}$$

Anfangsumformgeschwindigkeit

$$w_0 = \frac{6 \cdot v_{St} \cdot \varphi}{D_o}$$

2.4.3 Berechnungsbeispiele

1. Aus Al 99,5 sind Vierkantprofile mit den Abmessungen 20 mm × 20 mm durch Vorwärtsstrangpressen herzustellen. Die Geschwindigkeit des Pressstempels beträgt 1,6 mm/s, Dichte des Werkstoffs 2,7 kg/dm³, Abmessungen des Rohlingsblockes ∅ 200 mm, Länge 800 mm, Umformtemperatur 450 °C, zulässiger Umformgrad 6,9, Formänderungswirkungsgrad 40 %, Reibwert 0,15.

   Ermitteln Sie:

   a) die Austrittsgeschwindigkeit des Pressstrangs
   b) die Formänderungsfestigkeit
   c) die Presskraft
   d) die Umformarbeit.

2. Durch Rückwärtsstrangpressen (indirektes Strangpressen) soll ein Rohrprofil hergestellt werden. Der verarbeitete Werkstoff ist CuZn 37, Presstemperatur 750 °C, zulässiger Umformgrad

5,5, Stranggeschwindigkeit 180 m/s, Stempelgeschwindigkeit 8 mm/s, Blockdurchmesser 80 mm, Blocklänge 350 mm, Formänderungswirkungsgrad 0,4, Rohraußendurchmesser 20 mm, Rohrinnendurchmesser 18 mm.

Ermitteln Sie:

a) die Presskraft
b) die Umformarbeit.

2.4.4 Lösungen

Lösung zu Beispiel 1

a) Austrittsgeschwindigkeit des Pressstrangs

Tatsächlicher Umformgrad

$$\varphi = \ln\frac{A_0}{A_1} = \ln\frac{200^2 \cdot \pi}{4 \cdot 20 \cdot 20} = \underline{\underline{4{,}36}}$$

$\varphi_{tat} < \varphi_{zul}$

4,36 < 6,9 , d. h. Umformung ist möglich!

$$v_{StR} = \frac{v_{St} \cdot 60 \cdot A}{10^3 \cdot A_1} = \frac{1{,}6 \cdot 60 \cdot 200^2 \cdot \pi}{4 \cdot 10^3 \cdot 20 \cdot 20} = \underline{\underline{7{,}54 \text{ m/min}}}$$

b) Formänderungsfertigkeit

$$k_f = k_{f1} \cdot w_0^m$$

$$w_0 \approx \frac{6 \cdot v_{St} \cdot \varphi}{D_0}$$

$$w_0 = \frac{6 \cdot 1{,}6 \cdot 4{,}36}{200} \approx 0{,}21\, s^{-1}$$

$$k_f = 24 \cdot 0{,}21^{0{,}159} = \underline{\underline{18{,}73 \text{ N/mm}^2}}$$

aus Anhang 4.1.3:
⇒ $k_{f1} = 24$ N/mm², $m = 0{,}159$
bei Temperatur von 450 °C

c) Presskraft

$$F = \frac{A_0 \cdot k_f \cdot \varphi}{\eta_F} + D_0 \cdot \pi \cdot l \cdot \mu \cdot k_f = \frac{200^2 \cdot \pi \cdot 18{,}73 \cdot 4{,}36}{4 \cdot 0{,}4} + 200 \cdot \pi \cdot 800 \cdot 0{,}15 \cdot 18{,}73 =$$

$$= 7825990 \approx \underline{\underline{7826 \text{ kN}}}$$

d) Umformarbeit

Es wird unterstellt, dass das gesamte Rohlingsvolumen umgeformt wird.

$$W = \frac{V_0 \cdot k_f \cdot \varphi}{\eta_F} = \frac{200^2 \cdot \pi \cdot 800 \cdot 18{,}73 \cdot 4{,}36}{4 \cdot 0{,}4} = \underline{\underline{5131 \text{ kNm}}}$$

Lösung zu Beispiel 2

a) Presskraft

Tatsächlicher Umformgrad

$$\varphi = \ln\frac{A_0}{A_1} = \ln\frac{80^2 \cdot \pi \cdot 4}{4 \cdot \pi\,(20^2 - 18^2)} = \ln\frac{6400}{400-324} = \underline{\underline{4,43}}$$

$\varphi_{tat} < \varphi_{zul}$

4,43 < 5,5, d. h. Umformung ist möglich!

Presskraft

$$F = \frac{A_0 \cdot k_f \cdot \varphi}{\eta_f}$$; es entfällt die Reibungskraft im Rezipienten

$$k_f = k_{f1} \cdot v_0^m$$

$$w_0 \approx \frac{6 \cdot v_{St} \cdot \varphi}{D_0}$$

$$w_0 \approx \frac{6 \cdot 8 \cdot 4,43}{80} = 2,7\,s^{-1}$$

aus Anhang 4.1.3:

$\Rightarrow k_{f1} = 44$ N/mm^2, m = 0,201 bei Temperatur 750 °C

$k_f = 44 \cdot 2,7^{0,201} = 53,7$ N/mm^2

$$F = \frac{80^2 \cdot \pi}{4} \cdot 53,7 \cdot \frac{4,43}{0,4} = 2989427\text{ N} \approx \underline{\underline{2989\text{ kN}}}$$

b) Umformarbeit

$$W = \frac{V_0 \cdot k_f \cdot \varphi}{\eta_f}$$

$$W = \frac{80^2 \cdot \pi \cdot 350}{4} \cdot 4,43 \cdot \frac{53,7}{0,4} = 2987911\text{ Nmm} \approx \underline{\underline{2,99\text{ kNm}}}$$

2.5 Fließpressen und Stauchen

2.5.1 Verwendete Formelzeichen

α, $\hat{\alpha}$	[°]	Neigungswinkel der Matrize / Bogenmaß
μ		Reibwert
η_F	[%]	Formänderungswirkungsgrad
φ_1	[%]	Formänderungsverhältnis (bei axialer Stauchung)
φ_2	[%]	Formänderungsverhältnis (bei radialer Stauchung)
φ_h	[%]	Hauptformänderung (Stauchungsgrad)
a	[Nmm/mm^3]	spezifische Formänderungsarbeit
A_1	[mm^2]	Fläche nach der Umformung

A_0	[mm^2]	Fläche vor der Umformung
d	[mm]	Innendurchmesser der Vorform
d_1	[mm]	Durchmesser nach der Umformung
d_0	[mm]	Durchmesser der Matrize (Rohlingsdurchmesser)
D_0	[mm]	Rondendurchmesser
F	[N]	Stauchkraft
F_1	[N]	Umformkraft (bei axialer Stauchung)
F_2	[N]	Umformkraft (bei radialer Stauchung)
F_{id}	[N]	Ideelle Umformkraft
F_{m}	[N]	mittlere Stauchkraft
F_{R1}	[N]	Reibkraft am Stempel und Matrize
F_{R2}	[N]	Reibkraft an der Wandung
F_{Sch}	[N]	Schubkraft
h_1	[mm]	Hohlkörperlänge
h_{b}	[mm]	Bodenhöhe
h_0	[mm]	Höhe des Rohlings
k_{f0}	[N/mm^2]	Fließspannung vor der Umformung
k_{f1}	[N/mm^2]	Fließspannung am Ende des Stauchvorganges
k_{fm}	[N/mm^2]	mittlere Formänderungsfestigkeit
l	[mm]	Reiblänge an der Matrizenwand
p_1	[N/mm^2]	Umformdruck in axialer Richtung
p_2	[N/mm^2]	Umformdruck in radialer Richtung
s		Stauchverhältnis
s	[mm]	Wanddicke
V_l	[mm^3]	Volumen, das an dem Umformvorgang nicht beteiligt ist
V_{R}	[mm^3]	Volumen des Rohlings
V_{umf}	[mm^3]	tatsächlich umgeformtes Volumen
W	[Nmm]	Umformarbeit (Formänderungsarbeit)

2.5.2 Auswahl verwendeter Formeln

Fließpressen

Formänderungsverhältnis

$$\varphi_{\mathrm{h}} = \ln \frac{A_0}{A_1}$$

Mittlere Formänderungsfestigkeit

$$k_{\mathrm{fm}} = \frac{a}{\varphi_{\mathrm{h}}} = \frac{k_{\mathrm{f0}} + k_{\mathrm{f1}}}{2}$$

Gesamtumformkraft

$$F_{\mathrm{ges}} = F_{\mathrm{id}} + F_{\mathrm{R1}} + F_{\mathrm{R2}} + F_{\mathrm{Sch}}$$

Ideelle Umformkraft

$$F_{id} = A_0 \cdot k_{fm} \cdot \varphi_h$$

Kraft zur Überwindung der Reibung am zylindrischen Teil der Matrize (an der Wandung)

$$F_{R2} = d_0 \cdot \pi \cdot l \cdot \mu \cdot k_{f0}$$

Kraft zur Überwindung der Reibung an der Matrizenöffnung (am Stempel und Matrize)

$$F_{R1} = F_{id} \cdot \frac{\mu}{\cos\alpha \cdot \sin\alpha}$$

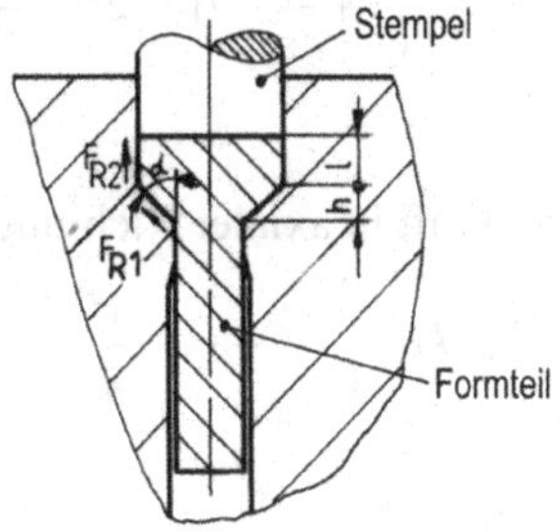

Kräfte beim Fließpressen

<u>Schubkräfte in der Umformzone</u>

a) Vollkörper

$$F_{Sch} = \frac{2}{3} \cdot \frac{\hat{\alpha}}{\varphi_h} \cdot F_{id} \qquad \hat{\alpha} = 0{,}017453 \cdot \alpha$$

b) Hohlkörper

$$F_{Sch} = \frac{1}{2} \cdot \frac{\hat{\alpha}}{\varphi_h} \cdot F_{id}$$

<u>Formänderungswirkungsgrad (beim Vorwärtsfließpressen)</u>

a) Vollkörper

$$\eta_F = \frac{1}{1 + \frac{2}{3} \cdot \frac{\hat{\alpha}}{\varphi_h} + \frac{\mu}{\cos\alpha \cdot \sin\alpha} + \frac{4 \cdot l \cdot \mu \cdot k_{f0}}{d \cdot \varphi_h \cdot k_{fm}}}$$

b) Hohlkörper

$$\eta_F = \frac{1}{1 + \frac{1}{2} \cdot \frac{\hat{\alpha}}{\varphi_h} + \frac{\mu}{\cos\alpha \cdot \sin\alpha} + \frac{4 \cdot l \cdot \mu \cdot k_{f0}}{d \cdot \varphi_h \cdot k_{fm}}}$$

Formänderungsarbeit

$$W = \frac{V_1 \cdot k_{fm} \cdot \varphi_h}{\eta_m}$$

oder

$$W = V_1 \cdot \frac{a}{\eta_F}$$

$$W_{ges} = W_{id} + W_{sch} + W_{R_1} + W_{R_2} \text{ oder}$$

$$W_{ges} = V \cdot k_{fm} \cdot \varphi_h \left[1 + \frac{1}{2} \cdot \frac{\hat{\alpha}}{\varphi_h} + \frac{\mu}{\cos\alpha \cdot \sin\alpha} + \frac{4 \cdot l \cdot \mu \cdot k_{f0}}{d_o \cdot \varphi_h \cdot k_{fm}} \right]$$

vorhandene Druckspannung (Festigkeit) der Fließpressung

$$p_{vorh} = \frac{F}{A} \qquad \hat{\alpha} = 0{,}01745 \cdot \alpha$$

<u>Rückwärtsfließpressen (Gegenfließpressen)</u>

Formänderungsverhältnis beim Rückwärtsfließpressen

a) axiale Richtung

$$\varphi_1 = \ln \frac{h_0}{h_1}$$

b) radiale Richtung

$$\varphi_2 = \ln \frac{h_0}{h_1} \cdot \left(1 + \frac{d_1}{8 \cdot s} \right)$$

axialer Stauchdruck

$$p_1 = k_{f1} \cdot \left(1 + \frac{1}{3} \cdot \mu \cdot \frac{d}{h_0} \right)$$

radialer Stauchdruck

$$p_2 = k_{f2} \cdot \left(1 + \frac{h_0}{s}\right) \cdot \left(0{,}25 + \frac{\mu}{2}\right)$$

Umformarbeit

$$W = V \cdot (p_1 + p_2)$$

oder

$$W = F \cdot (h_0 - h_B)$$

Gesamtumformkraft (Rückwärtsfließpressen)

$$F_{ges} = F_1 + F_2$$

Stauchkraft in axialer Richtung

$$F_1 = A \cdot k_{f1} \cdot \left(1 + \frac{1}{3} \cdot \mu \cdot \frac{d}{h_0}\right)$$

Stauchkraft in radialer Richtung

$$F_2 = A \cdot k_{f2} \cdot \left(1 + \frac{h_0}{s}\right) \cdot \left(0{,}25 + \frac{\mu}{2}\right)$$

Umformkraft

$$F = A \cdot (p_1 + p_2)$$

Stauchen

Stauchungsgrad

$$\varphi = \ln\left(\frac{h_0}{h_1}\right) \cdot 100$$

Stauchverhältnis

$$s = \frac{h_0}{d_0}$$

zulässiges Stauchverhältnis

$s \leq 2{,}6 \Rightarrow$ eine Operation

$s \leq 4{,}5 \Rightarrow$ zwei Operationen

Rohlingsdurchmesser

$$d_0 = \sqrt[3]{\frac{4 \cdot V_K}{\pi \cdot s}}$$

Rohlingslänge

$$L = \frac{V_{ges}}{A_0}$$

Rohlingslänge für den Kopfteil

$$h_0 = \frac{V_{Kopf}}{A_0}$$

mittlere Stauchkraft (zylindrische Teile)

$$F_m = A_1 \cdot k_{f1} \cdot \left(1 + \frac{1}{3} \cdot \mu \cdot \frac{d_1}{h_1}\right)$$

2.5.3 Berechnungsbeispiele

1. Durch Vorwärtsfließpressen ist ein Rohling mit dem Durchmesser ∅ 30 mm und der Höhe 26 mm in das skizzierte Formteil umzuformen.

   Werkstoff AlMgSi, Neigungswinkel der Matrizenöffnung 40°, Reibwert $\mu = 0{,}1$.

   Berechnen Sie:

   a) das Formänderungsverhältnis
   b) die spezifische Formänderungsarbeit
   c) die mittlere Formänderungsfestigkeit
   d) die Gesamtumformkraft
   e) den Formänderungswirkungsgrad
   f) die Formänderungsarbeit.

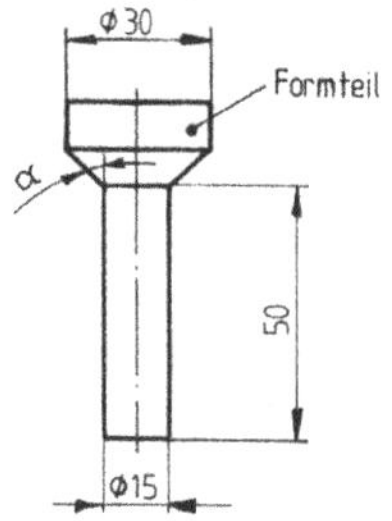

Formteil

2. Das Formteil – Aufgabe 1 – soll bei gleichen Rohlingsabmessungen – aus C10E (Ck10) durch Vorwärtsfließpressen gefertigt werden.
   Ermitteln Sie mit Hilfe des Diagramms 2.5.1 die zum Umformen erforderliche maximale Stempelkraft.

3. Ein Rohling aus AlMgSi mit den Maßen ∅ 15 mm × 40 mm soll durch Vorwärtsfließpressen in einen Stift von 10 mm Durchmesser umgeformt werden. Es wird davon ausgegangen, dass der ganze Rohling durchgepresst wird.
   Die Reiblänge soll 8 mm betragen, Matrizenwinkel 30°, Reibwert $\mu = 0{,}2$.
   Ermitteln Sie:
   a) die Umformkraft
   b) die Umformarbeit.

4. Der skizzierte Napfrohling aus C10E (Ck10) ist zu einem Hohlkörper durch Vorwärtsfließpressen umzuformen. Abmaße siehe Skizzen, Neigungswinkel an der Matrize 60°, Reibwert $\mu = 0{,}1$.
   Ermitteln Sie:
   a) die erforderliche Umformkraft
   b) die Umformarbeit.

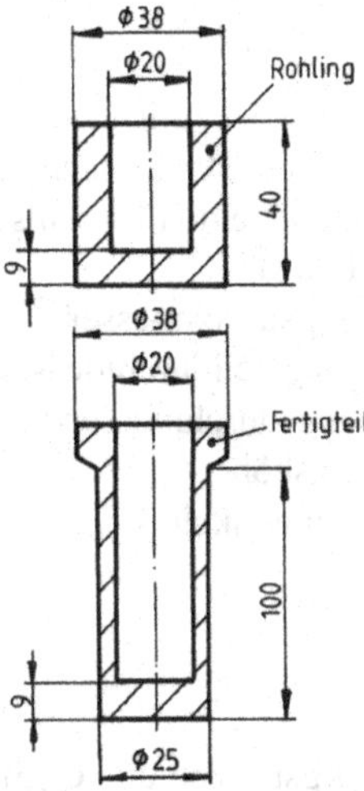

Napf

5. Durch Vorwärtsfließen soll Stangenmaterial aus E 360 (St 70-2) umgeformt werden.
   Technische Daten: $d_0 = 60$ mm, $d_1 = 35$ mm, $h_0 = 125$ mm, Matrizenöffnungswinkel 50°.
   Ermitteln Sie:
   a) die erforderliche Umformkraft
   b) überprüfen Sie die Haltbarkeit des Fließpressdorns, wenn $p_{max} = 2100$ N/mm² nicht überschritten werden darf.
      Reibwert $\mu = 0{,}1$, es wird eine Reiblänge von 60 mm angenommen.

6. Aus C10E (Ck10) soll ein Stangenabschnitt durch Rückwärtsfließpressen zu einem Napf umgeformt werden. Maße des Stangenabschnitts: Durchmesser ∅ 40 mm, Höhe 22,7 mm.
   Maße des Napfs: Napfaußendurchmesser ∅ 40 mm, Napfinnendurchmesser ∅ 26 mm, Wandungs- und Bodenhöhe 7 mm, Napfhöhe 18,5 mm, Reibwert $\mu = 0{,}1$.
   Ermitteln Sie:
   a) die Umformkraft b) den Umformdruck c) die Umformarbeit.

7. Durch Rückwärtsfließpressen sind Hülsen aus CuZn 40 (Messing 63) herzustellen – siehe Skizze.
Der Rohlingsdurchmesser beträgt 20 mm, Reibwert $\mu = 0{,}1$.
Ermitteln Sie:
a) die Rohlingshöhe
b) die erforderliche Kraft für das Stauchen auf den notwendigen Ausgangsdurchmesser
c) die Umformkraft
d) die Umformarbeit beim Fließpressen.

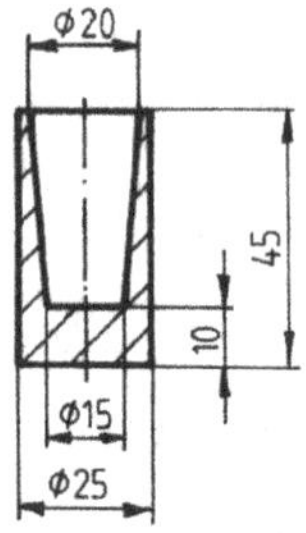

Hülse

8. Ermitteln Sie mit Hilfe des Diagramms 2.5 den Umformdruck und die Umformkraft für ein Vorwärtsfließpressteil, Rohling ist ein Hülsenabschnitt aus C35.
Gegeben sind:

Ausgangsdurchmesser	d_0	= 95 mm
Fertigungsteildurchmesser	d	= 86 mm
Ausgangsdurchmesser	d	= 78 mm
Rohlingshöhe	h	= 55 mm
Matrizenwinkel	α	= 60°

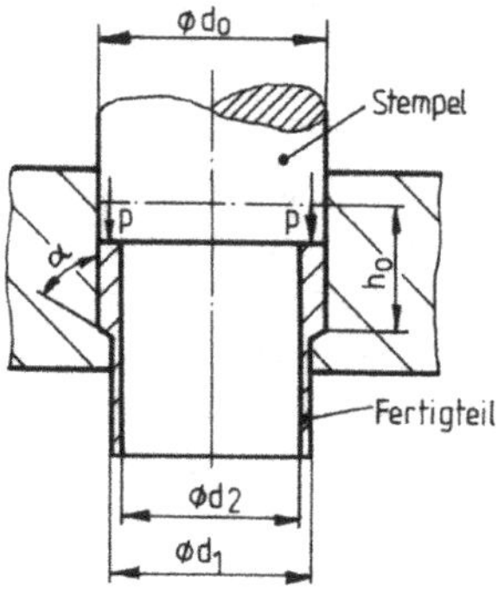

Hülse

9. Führungsbolzen aus C15E (Ck15) sind gemäß der Skizze durch Umformen herzustellen. Der Rohlingsdurchmesser soll so bestimmt werden, dass zunächst ein Stauchungsverhältnis von 1,5 gewählt wird. Der Rohlingsdurchmesser und die Rohlingslänge sind auf volle Millimeter zu runden.
Ermitteln Sie:
a) die Rohlingsabmessungen
b) die für das Vorwärtsfließpressen erforderliche Umformkraft und Umformarbeit,
Neigungswinkel $a = 50°$,
Reibwert $\mu = 0{,}2$
c) die für den Stauchvorgang erforderliche Stauchkraft und Staucharbeit bei $\varphi_{zul} = 150\,\%$, Reibwert $\mu_2 = 0{,}15$ und einem Stauchungsgrad von 70 %.

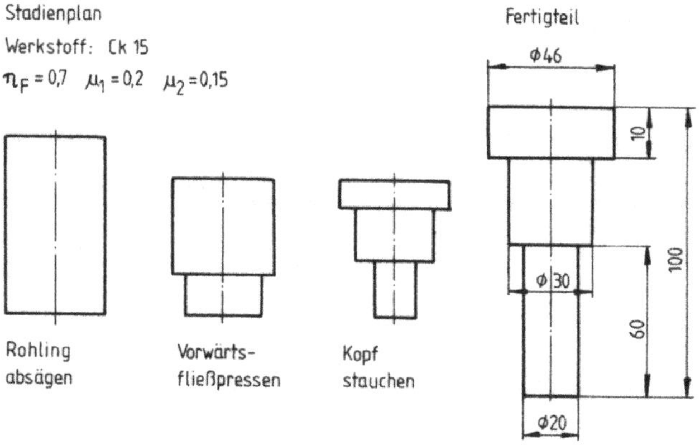

10. Der skizzierte Kugelaufsteckgriff soll durch Umformen gefertigt werden.
Der Rohlingsdurchmesser beträgt 20 mm; Werkstoff C35, Reibwert $\mu = 0{,}15$, maximales Stauchverhältnis 2,4, Formänderungswirkungsgrad 60 %.
    a) Entwerfen Sie den Stadienplan
    b) Ermitteln Sie die Rohlingslänge
    c) Ermitteln Sie die erforderliche Umformkraft beim Fließpressen
    d) Wie groß ist die Umformarbeit für das Fließpressen?
    e) Wie groß ist die Umformarbeit für das Stauchen?

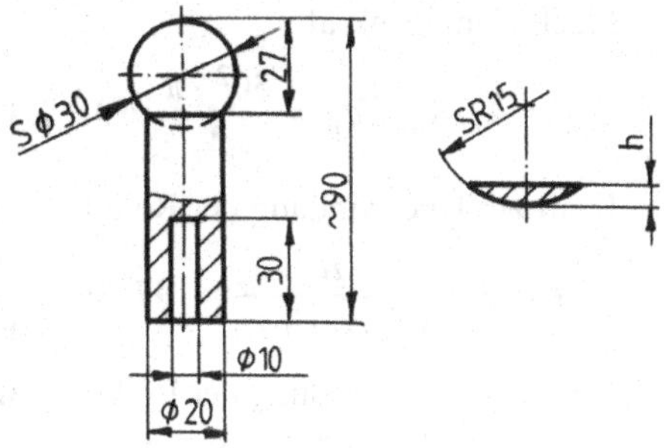

11. Die skizzierte Montagehilfe aus E 360 (St 70-2) ist durch Fließpressen herzustellen. Der Rohlingsdurchmesser wird mit ⌀ 40 mm gewählt. Matrizenwinkel 70°, Reibwert 0,1, Formänderungswirkungsgrad 42 %.
Ermitteln Sie:
    a) die Rohlingshöhe
    b) die Umformkräfte
    c) die Umformarbeit.

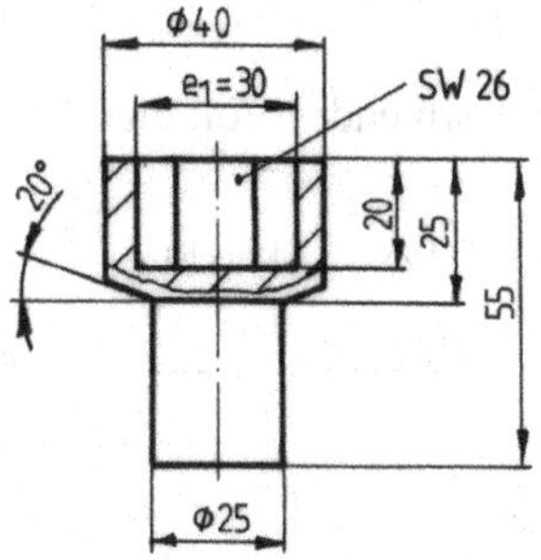

2.5.4 Lösungen

Lösung zu Beispiel 1

a) Formänderungsverhältnis

$$\varphi_h = \ln\frac{A_0}{A_1} = \ln\frac{30^2 \cdot \pi \cdot 4}{4 \cdot 15^2 \cdot \pi} = 1{,}386 \mathrel{\hat{=}} \underline{\underline{139\,\%}}$$

b) Spezifische Formänderungsarbeit

bei $\varphi_h = 139\,\% \Rightarrow a = \underline{\underline{280\,\text{Nmm/mm}^3}}$

aus Fließkurve (Anhang 4.1.2), AlMgSi:
$\Rightarrow a = 280\ \text{Nmm/mm}^3$

c) Mittlere Formänderungsfestigkeit

$$k_{fm} = \frac{a}{\varphi_h} = \frac{280}{1{,}39} = \underline{\underline{201\ \text{N/mm}^2}}$$

d) Gesamtumformkraft

$$F_{ges} = F_{id} + F_{R1} + F_{R2} + F_{Sch}$$

Ideelle Umformkraft

$$F_{id} = A_0 \cdot k_{fm} \cdot \varphi_h = \frac{30^2 \cdot \pi}{4} \cdot 201 \cdot 1{,}39 = \underline{\underline{197489\ \text{N}}}$$

Kraft zur Überwindung der Reibung an der Matrizenöffnung

$$F_{R1} = F_{id} \cdot \frac{\mu}{\cos\alpha \cdot \sin\alpha} = 197389 \cdot \frac{0{,}1}{\cos 40^o \cdot \sin 40^o} = \underline{\underline{40107\ \text{N}}}$$

Kraft zur Überwindung der Reibung am zylindrischen Teil der Matrize

Ermittlung der Reiblänge:

Das umgeformte Volumen errechnet sich aus einem Zylinder und einem Kegelstumpf.

Volumen des Rohlings

$$V_R = \frac{D^2 \cdot \pi}{4} \cdot h = \frac{30^2 \cdot \pi}{4} \cdot 26 = 18378\ \text{mm}^3$$

Umzuformendes Volumen

$$h = \frac{D_0 - d_1}{2 \cdot \tan\alpha} = \frac{30 - 15}{2 \cdot \tan 40°} = 8{,}94\ \text{mm}$$

$$V_{Umf} = V_{Zyl} + V_{Kegelst}$$

$$V_{Zyl} = \frac{d_1^2 \cdot \pi}{4} \cdot h_1 = \frac{15^2 \cdot \pi}{4} \cdot 50 = 8831{,}25\ \text{mm}^3$$

$$V_{Kegelst} = \frac{\pi \cdot h}{12}(D_0^2 + d_1^2 + D_0 \cdot d_1) = \frac{\pi \cdot 8{,}94}{12}(30^2 + 15^2 + 30 \cdot 15) = 3684{,}40\ \text{mm}^3$$

$$V_{Umf} = 8831{,}25 + 3684{,}4 = 12515{,}65\,\text{mm}^3$$

Querschnittsfläche des Rohlings

$$A_0 = \frac{30^2 \cdot \pi}{4} = 706{,}88\,\text{mm}^2$$

Reiblänge an der Matrizenwand

$$V_l = V_R - V_{Umf} = 18378 - 12515{,}65 = 5862\,\text{mm}^3$$

$$l_1 = \frac{V_1}{A_0} = \frac{5862}{706{,}88} = 8{,}29\,\text{mm}$$

Reibkraft am Stempel und Matrize

$$F_{R2} = D_0 \cdot \pi \cdot l_1 \cdot \mu \cdot k_{f0} = 30 \cdot \pi \cdot 8{,}29 \cdot 0{,}1 \cdot 130 = \underline{\underline{10152\ \text{N}}}$$

aus Fließkurve AlMgSi:

$\varphi_h = 139\,\% \Rightarrow$

$k_{f0} = 130\ \text{N/mm}^2$

$\hat{\alpha} = 0{,}01745 \cdot \alpha°$

$= 0{,}01745 \cdot 40° = 0{,}698$

Schubkräfte in der Umformzone

$$F_{Sch} = \frac{2}{3} \cdot \frac{\hat{a}}{\varphi_h} \cdot F_{id} = \frac{2}{3} \cdot \frac{0{,}698}{1{,}39} \cdot 197389 = \underline{\underline{66080\ \text{N}}}$$

Gesamtumformkraft

$$F_{ges} = F_{id} + F_{R1} + F_{R2} + F_{Sch} = 197389 + 40076 + 10152 + 66080 = 313697\ \text{N} = \underline{\underline{313{,}7\ \text{kN}}}$$

e) Formänderungswirkungsgrad Vollkörper

$$\eta_F = \frac{1}{1 + \frac{2}{3} \cdot \frac{\hat{a}}{\varphi_h} + \frac{\mu}{\cos\alpha \cdot \sin\alpha} + \frac{4 \cdot l \cdot \mu \cdot k_{f0}}{d \cdot \varphi_h \cdot k_{fm}}}$$

$$\eta_F = \frac{1}{1 + \frac{2}{3} \cdot \frac{0,698}{1,39} + \frac{0,1}{\cos\alpha \cdot \sin 40°} + \frac{4 \cdot 8,28 \cdot 0,1 \cdot 130}{30 \cdot 1,39 \cdot 201}} = 0,63 \mathrel{\hat{=}} \underline{\underline{63\,\%}}$$

f) Formänderungsarbeit

$$W = \frac{V_{umf} \cdot k_{fm} \cdot \varphi_h}{\eta_F}$$

$$W = V_1 \cdot \frac{a}{\eta_F} = 12515,65 \cdot \frac{280}{0,63} = 5562511 \text{ Nmm} \approx \underline{\underline{5,56 \text{ kNm}}}$$

Lösung zu Beispiel 2 (grafische Lösung)

aus Anhang 4.1.5, Diagramm 1

Feld 1

bei Stempel ∅ 30 mm und Fertigteil-∅ 15 mm ergibt sich eine Querschnittsänderung ⇒ $\varepsilon = 75\,\%$

Feld 2

bei C10E (Ck10) ergibt sich ein Stempeldruck (eine bezogene Stempelkraft) von ⇒ $F = 1300 \text{ N/mm}^2$

Feld 3

bei einem Verhältnis $\frac{h_0}{d_0} = \frac{26}{30} = 0,87$ und einem Öffnungswinkel $2\alpha = 2 \cdot 40° = 80°$ ergibt sich ein maximaler Stempeldruck (eine max. bezogene Stempelkraft) von ⇒ $F = 1500 \text{ N/mm}^2$

Feld 4

bei $F = 1500 \text{ N/mm}^2$ und einem Stempel ∅ 30 mm erhält man ⇒ $F_{max} = \underline{\underline{1000 \text{ kN}}}$

Lösung zu Beispiel 3

a) Gesamtumformkraft

aus Fließkurve AlMgSi:

$\varphi_h = 0,81 \Rightarrow a = 140 \text{ Nmm/ mm}^3$

$$\varphi_h = \ln\frac{A_0}{A_1} = \ln\frac{15^2}{10^2} = 0,81 \mathrel{\hat{=}} \underline{\underline{81\,\%}}$$

$$k_{fm} = \frac{a}{\varphi} = \frac{140}{0,81} = 173 \text{ N/mm}^2$$

$$F_{ges} = F_{id} + F_{R1} + F_{R2} + F_{sch}$$

Ideelle Umformkraft

$$F_{id} = A_0 \cdot k_{fm} \cdot \varphi_h = \frac{15^2 \cdot \pi}{4} \cdot 173 \cdot 0{,}81 = 24750 \text{ N}$$

Reibkraft am Stempel und Matrize

$$F_{R1} = F_{id} \cdot \frac{\mu}{\cos\alpha \cdot \sin\alpha} = 24750 \cdot \frac{0{,}2}{\cos 30° \cdot \sin 30°} = 11432 \text{ N}$$

Reibkraft an der Wandung

$$F_{R2} = \pi \cdot d_0 \cdot l \cdot \mu \cdot k_{f0} = \pi \cdot 15 \cdot 8 \cdot 0{,}2 \cdot 130 = 9797 \text{ N} \qquad \hat{a} = 0{,}01745 \cdot 30° = 0{,}524$$

Schubkraft

$$F_{Sch} = \frac{2}{3} \cdot \frac{\hat{a}}{\varphi_h} \cdot F_{id} = \frac{2}{3} \cdot \frac{0{,}524}{0{,}81} \cdot 24750 = 10664 \text{ N}$$

$$F_{ges} = 24750 + 11432 + 9797 + 10664 = \underline{\underline{56643 \text{ N}}}$$

b) Umformarbeit

$$W = V_1 \cdot \frac{a}{\eta_F}$$

Formänderungswirkungsgrad

$$\eta_F = \frac{1}{1 + \frac{2}{3} \cdot \frac{\hat{a}}{\varphi_h} + \frac{\mu}{\cos\alpha \cdot \sin\alpha} + \frac{4 \cdot l \cdot \mu \cdot k_{f0}}{d \cdot \varphi_h \cdot k_{fm}}}$$

$$= \frac{1}{1 + \frac{2}{3} \cdot \frac{0{,}524}{0{,}81} + \frac{0{,}2}{\cos 30° \cdot \sin 30°} + \frac{4 \cdot 8 \cdot 0{,}2 \cdot 130}{15 \cdot 0{,}81 \cdot 173}} = 0{,}43 \mathrel{\hat{=}} 43\,\%$$

$$W = \frac{15^2 \cdot \pi}{4} \cdot 40 \cdot \frac{140}{0{,}43} = 2300233 \text{ Nmm} \approx \underline{\underline{2{,}3 \text{ kNm}}}$$

Lösung zu Beispiel 4

a) Gesamtumformarbeit

$$F_{ges} = F_{id} + F_{R1} + F_{R2} + F_{Sch}$$

Umformverhältnis

$$\varphi_h = \ln\frac{A_0}{A_1} = \ln\frac{D_0^2 - d_0^2}{D_1^2 - d_1^2} = \ln\frac{38^2 - 20^2}{25^2 - 20^2} = \ln 4{,}64 = 1{,}53 \mathrel{\hat{=}} \underline{\underline{153\,\%}}$$

spezifische Formänderungsarbeit aus Fließkurve C10E (Ck10)
bei $\varphi_h = 153\,\% \Rightarrow a = 900 \text{ Nmm/mm}^3$

$$k_{fm} = \frac{a}{\varphi_h} = \frac{900}{1{,}53} = 588 \text{ N/mm}^2$$

Ideelle Umformkraft

$$F_{id} = A_0 \cdot k_{fm} \cdot \varphi_h = \frac{\pi}{4} \cdot (D_0^2 - d_0^2) \cdot k_{fm} \cdot \varphi_{fm} = \frac{\pi}{4} \cdot (38^2 - 20^2) \cdot 588 \cdot 1{,}53 = 737665 \text{ N}$$

Reibkraft am Stempel und Matrize

$$F_{R1} = F_{id} \cdot \frac{\mu}{\cos\alpha \cdot \sin\alpha} = 737665 \cdot \frac{0{,}1}{\cos 60° \cdot \sin 60°} = 170356 \text{ N}$$

aus Diagr. C10E (Ck10): $\Rightarrow k_{f0} = 280 \text{ N/mm}^2$

Reibkraft an der Wandung

$$F_{R2} = \pi \cdot D_0 \cdot l \cdot k_{f0} \cdot \mu = \pi \cdot 38 \cdot 16{,}3 \cdot 280 \cdot 0{,}1 = 54485{,}3 \text{ N}$$

Berechnung der Reiblänge von l_1 (entsprechend Aufgabe 1)

$$V = V_{Rohl} - V_{Zyl} - V_{Kegelst} = 32782 - 17671{,}4 - 1786 = 13324{,}6 \text{ mm}^3$$

Reiblänge

$$L = \frac{V}{\frac{(D^2 - d^2) \cdot \pi}{4}} = \frac{13324{,}6}{820} = \underline{\underline{16{,}2 \text{ mm}}}$$

Schubkraft

$$F_{sch} = \frac{1}{2} \cdot \frac{\hat{\alpha}}{\varphi_h} \cdot F_{id} = \frac{1}{2} \cdot \frac{1{,}05}{1{,}53} \cdot 737291 = 252269 \text{ N} \qquad \hat{a} = 0{,}01745 \cdot 60° = 1{,}05$$

Gesamtumformkraft

$$F_{ges} = 737291 + 170270 + 54485{,}3 + 252269 = 1214315 \text{ N} \approx \underline{\underline{1214 \text{ kN}}}$$

b) Umformarbeit

$$W = \frac{V_1 \cdot k_{fm} \cdot \varphi_h}{\eta_F}; \; V_1 \cdot \frac{\alpha}{\eta_F}; \; V_1 = \frac{(D^2 - d^2) \cdot \pi}{4} \cdot h - V$$

$$V_1 = \frac{(38^2 - 20^2) \cdot \pi}{4} \cdot 40 - 13324{,}6 = 19473{,}6 \text{ mm}^3$$

Formänderungswirkungsgrad

$$\eta_F = \frac{1}{1 + \frac{1}{2} \cdot \frac{\hat{a}}{\varphi_h} + \frac{\mu}{\cos\alpha \cdot \sin\alpha} + \frac{4 \cdot l \cdot \mu \cdot k_{f0}}{d \cdot \varphi_h \cdot k_{fm}}}$$

$$= \frac{1}{1 + \frac{1}{2} \cdot \frac{1{,}05}{1{,}53} + \frac{0{,}1}{\cos 60° \cdot \sin 60°} + \frac{4 \cdot 18{,}2 \cdot 0{,}1 \cdot 280}{38 \cdot 1{,}53 \cdot 588}} = 0{,}612 \mathrel{\hat{=}} \underline{\underline{61{,}2\,\%}}$$

Gesamtumformarbeit

$$W = \frac{V_1 \cdot k_{fm} \cdot \varphi_h}{\eta_F} = \frac{19473{,}6 \cdot 588 \cdot 1{,}53}{0{,}612} = 28626192 \text{ Nmm} \approx \underline{\underline{29 \text{ kNm}}}$$

oder

$$W = V_1 \cdot \frac{a}{\eta_F} = 19473{,}6 \cdot \frac{900}{0{,}612} = 28637647 \text{ Nmm} \approx \underline{\underline{29 \text{ kNm}}} \qquad a = 900 \text{ Nmm/ mm}^3$$

Lösung zu Beispiel 5

a) Umformkraft

$$F_{ges} = F_{id} + F_{R1} + F_{R2} + F_{Sch}$$

$$F_{id} = A_0 \cdot k_{fm} \cdot \varphi$$

$$\varphi = \ln \frac{A_0}{A_1} = \ln \frac{60^2}{35^2} = 1{,}08 \mathrel{\hat{=}} \underline{\underline{108\,\%}}$$

spezifische Formänderungsarbeit aus Fließkurve E 360 (St 70-2):

$\Rightarrow a = 790 \text{ Nmm/mm}^3 \Rightarrow k_{f0} = 510 \text{ N/mm}^2$

$$k_{fm} = \frac{a}{\varphi_h} = \frac{790}{1{,}08} = 731 \text{ N/ mm}^2$$

$$F_{id} = \frac{60^2 \cdot \pi}{4} \cdot 731 \cdot 1{,}08 = 2232202 \text{ N}$$

$$F_{R1} = F_{id} \cdot \frac{\mu}{\cos\alpha \cdot \sin\alpha} = 2232202 \cdot \frac{0{,}1}{\cos 50° \cdot \sin 50°} = 455551 \text{ N}$$

$$F_{R2} = \pi \cdot d_0 \cdot l \cdot \mu \cdot k_{f0} = \pi \cdot 60 \cdot 60 \cdot 0{,}1 \cdot 510 = 576504 \text{ N}$$

$$F_{Sch} = \frac{2}{3} \cdot \frac{\hat{a}}{\varphi_h} \cdot F_{id} = \frac{2}{3} \cdot \frac{0{,}873}{1{,}08} \cdot 2231070 = 1202909 \text{ N} \qquad \hat{\alpha} = 0{,}01745 \cdot 50° = 0{,}873$$

$$F_{ges} = 2232202 + 455551 + 576504 + 1202909 = 4467166 \text{ N} = \underline{\underline{4467 \text{ kN}}}$$

b) Druckspannung (Festigkeit) des Fließpressteils

$$p_{vorh} = \frac{F}{A} = \frac{4467166 \cdot 4}{60^2 \cdot \pi} = \underline{\underline{1580 \text{ N/ mm}^2}}$$

$p_{max} > p_{vorh}$

$2100 \text{ N/mm}^2 > 1579 \text{ N/mm}^2$, d. h. das Stangenmaterial kann umgeformt werden!

Lösung zu Beispiel 6

a) Gesamtumformkraft

$$F_{ges} = F_1 + F_2$$

Stauchkraft in axialer Richtung

$$F_1 = A \cdot k_{f1} \cdot \left(1 + \frac{1}{3} \cdot \mu \cdot \frac{d}{h_0}\right)$$

Stauchkraft in radialer Richtung

$$F_2 = A \cdot k_{f2} \cdot \left(1 + \frac{h_0}{s}\right) \cdot \left(0{,}25 + \frac{\mu}{2}\right)$$

Formänderungsverhältnis bei axialer Stauchung

$$\varphi_1 = \ln \frac{h_0}{h_1} = \ln \frac{22{,}7}{7} = 1{,}18 \mathrel{\hat{=}} 118\,\%$$

Formänderungsverhältnis bei radialer Stauchung

$$\varphi_2 = \ln \frac{h_0}{h_1} \cdot \left(1 + \frac{d_1}{8 \cdot s}\right) = \ln \frac{22,7}{7} \cdot \left(1 + \frac{26}{8 \cdot 7}\right) = 1,72 \mathrel{\hat{=}} 172\ \%$$

Formänderungsfestigkeit aus Fließkurve C10E (Ck10):

$\Rightarrow k_{f1} = 650\ \text{N/mm}^2$

$\Rightarrow k_{f2} = 720\ \text{N/mm}^2$

somit

$$F_1 = \frac{26^2 \cdot \pi}{4} \cdot 650 \cdot \left(1 + \frac{1}{3} \cdot 0,1 \cdot \frac{26}{22,7}\right) = 358098\ \text{N}$$

$$F_2 = \frac{26^2 \cdot \pi}{4} \cdot 720 \cdot \left(1 + \frac{22,7}{7}\right) \cdot \left(0,25 + \frac{0,1}{2}\right) = 486327\ \text{N}$$

$$F_{ges} = F_1 + F_2 = 844,4\ \text{kN}$$

b) Umformdruck für axiale Stauchung

$$p_1 = k_{f1} \cdot \left(1 + \frac{1}{3} \cdot \mu \frac{d_0}{h_0}\right) = 650 \cdot \left(1 + \frac{1}{3} \cdot 0,1 \cdot \frac{26}{22,7}\right) = \underline{\underline{675\ \text{N/mm}^2}}$$

c) Umformdruck für radiale Stauchung

$$p_2 = k_{f2} \cdot \left(1 + \frac{h_0}{s}\right) \cdot \left(0,25 + \frac{\mu}{2}\right) = 720 \cdot \left(1 + \frac{22,7}{7}\right) \cdot \left(0,25 + \frac{0,1}{2}\right) = \underline{\underline{916,5\ \text{N/mm}^2}}$$

d) Umformarbeit

$W = V \cdot (p_1 + p_2)$

oder

$W = F(h_0 - h_b)$

$$V = A \cdot (h_0 - h_1) = \frac{26^2 \cdot \pi}{4} \cdot (22,7 - 7) = 8331,362\ \text{mm}^3$$

$W = 8331,4 \cdot (675 + 916,5) = 13259423\ \text{Nmm} = \underline{\underline{13,26\ \text{kNm}}}$

oder

$W = 844,4 \cdot (22,7 - 7) = \underline{\underline{13,25\ \text{kNm}}}$

Lösung zu Beispiel 7

a) Rohlingshöhe

$$V_{Zyl} = \frac{D^2 \cdot \pi}{4} \cdot h = \frac{25^2 \cdot \pi}{4} \cdot 45 = 22089\ \text{mm}^2$$

$$V_{Keg} = \frac{\pi \cdot h}{12}(D^2 + d^2 + D \cdot d)$$

$$= \frac{\pi \cdot 35}{12}(20^2 + 15^2 + 20 \cdot 15) = 8475,7\ \text{mm}^2$$

$$V = V_{Zyl} - V_{Keg} = 22089 - 8476 = 13613\ \text{mm}^3$$

$$h_0 = \frac{V \cdot 4}{d^2 \cdot \pi} = \frac{13613 \cdot 4}{20^2 \cdot \pi} = \underline{\underline{43,33\ \text{mm}}}$$

b) Stauchkraft

$$F = A_1 \cdot k_{f1} \cdot \left(1 + \frac{1}{3} \cdot \mu \cdot \frac{d_1}{h_1}\right)$$

Rohlingslänge

$$h_1 = \frac{V \cdot 4}{d^2 \cdot \pi} = \frac{13613 \cdot 4}{25^2 \cdot \pi} = \underline{\underline{27,7\text{ mm}}}$$

aus Diagramm CuZn40:

$\Rightarrow k_{f1} = 210\text{ N/mm}^2 \Rightarrow k_{f2} = 530\text{ N/mm}^2$

$$\varphi = \ln\frac{h_0}{h_1} = \ln\frac{43,3}{27,7} = 0,446 \mathrel{\hat{=}} 45\,\%$$

$$F = \frac{25^2 \cdot \pi}{4} \cdot 530 \cdot \left(1 + \frac{1}{3} \cdot 0,1 \cdot \frac{25}{27,7}\right) = 267990\text{ N} \approx 268\text{ kN}$$

c) Umformkraft

Formänderungsverhältnis bei axialer und radialer Stauchung

$$\varphi_1 = \ln\frac{h_0}{h_1} = \ln\frac{27,7}{10} = 1,02 \mathrel{\hat{=}} \underline{\underline{102\,\%}}$$

$$d_1 = d_m = \frac{D_1 + d}{2} = \frac{20 + 15}{2} = 17,5\,\text{mm}$$

$$\varphi_2 = \ln\frac{h_0}{h_1} \cdot \left(1 + \frac{d_1}{8 \cdot s}\right) =$$

$$s_m = \frac{D^2 - d_m}{2} = \frac{25 - 17,5}{2} = 3,75\text{ mm}$$

$$= \ln\frac{27,7}{10} \cdot \left(1 + \frac{17,5}{8 \cdot 3,75}\right) \mathrel{\hat{=}} 1,61 \mathrel{\hat{=}} \underline{\underline{161\,\%}}$$

Umformdruck für axiale Stauchung

aus Diagramm CuZn40:

$\Rightarrow k_{f1} = 710\text{ N/mm}^2$

$\Rightarrow k_{f2} = 800\text{ N/mm}^2$

$$p_1 = k_{f1} \cdot \left(1 + \frac{1}{3} \cdot \mu \cdot \frac{d_1}{h_0}\right) = 710 \cdot \left(1 + \frac{1}{3} \cdot 0,1 \cdot \frac{17,5}{27,7}\right) = \underline{\underline{725\text{ N/ mm}^2}}$$

Umformdruck für radiale Stauchung

$$p_2 = k_{f2} \cdot \left(1 + \frac{h_0}{s}\right) \cdot \left(0,25 + \frac{\mu}{2}\right) = 800 \cdot \left(1 + \frac{22,7}{3,75}\right) \cdot \left(0,25 + \frac{0,1}{2}\right) = 1692\text{ N/ mm}^2$$

Umformkraft

$$F = A \cdot (p_1 + p_2) = \frac{17,5^2 \cdot \pi}{4} \cdot (725 + 1692) = 581357\,\text{N} \approx \underline{\underline{581,4\text{ kN}}}$$

d) Umformarbeit

$$W = V\,(p_1 + p_2)$$

$$V = A_1 \cdot (h_0 - h_1) = \frac{25^2 \cdot \pi}{4} \cdot (27,7 - 10) = 8688\text{ mm}^2$$

$$W = 8688 \cdot (725 + 1692) = 209988968\text{ Nmm} = \underline{\underline{21\text{ kNm}}}$$

Lösung zu Beispiel 8

Anhang 4.1.5, Diagramm 2

aus **Feld 1** bei:

$$A_0 = (d_0^2 - d_2^2) \cdot \frac{\pi}{4} = (95^2 - 78^2) \cdot \frac{\pi}{4} = 2308{,}69 \text{ mm}^2$$

$$A_1 = (d_1^2 - d_2^2) \cdot \frac{\pi}{4} = (86^2 - 78^2) \cdot \frac{\pi}{4} = 1029{,}92 \text{ mm}^2$$

⇒ aus **Feld 2** ergibt sich die bezogene Querschnittsänderung:

⇒ $\varepsilon_a = 56\ \%$ mit einem bezogenen Stempeldruck (Stempelkraft) von $p = \underline{\underline{1000 \text{ N/mm}^2}}$

aus **Feld 3** ergibt sich der Umformdruck:

$$\frac{h_0}{d_0} = \frac{55}{95} = 0{,}58$$

$2 \cdot \alpha = 2 \cdot 60° = 120°$

⇒ $p = \underline{\underline{1300 \text{ N/mm}^2}}$

aus **Feld 4** ergibt sich die Umformkraft:

⇒ $F \approx \underline{\underline{2600 \text{ kN}}}$

Lösung zu Beispiel 9

a) Rohlingsabmessungen

Gesamtvolumen des Fertigteils

$$V_{\text{Kopf}} = 46^2 \cdot \frac{\pi}{4} \cdot 18 = 29899 \text{ mm}^3$$

$$V_{\text{Schaft}_{30}} = 30^2 \cdot \frac{\pi}{4} \cdot 30 = 21195 \text{ mm}^3$$

$$V_{\text{Zapfen}_{20}} = 20^2 \cdot \frac{\pi}{4} \cdot 52 = 16328 \text{ mm}^3$$

$$V_{\text{ges}} = \underline{\underline{67422 \text{ mm}^2}}$$

Rohlingsdurchmesser (aus Stauchverhältnis ermittelt)

$$d_0 = \sqrt[3]{\frac{4 \cdot V_K}{\pi \cdot s}} = \sqrt[3]{\frac{4 \cdot 298998}{\pi \cdot 1{,}5}} = 29{,}39 \text{ mm} \qquad \text{gewählt} \Rightarrow d_0 = \underline{\underline{30 \text{ mm}}}$$

Rohlingslänge

$$L = \frac{V_{\text{ges}}}{A_0} = \frac{67422 \cdot 4}{30^2 \cdot \pi} = 95{,}43 \text{ mm gewählt} \qquad \text{gewählt} \Rightarrow L = \underline{\underline{96 \text{ mm}}}$$

Rohlingslänge für den Kopfteil

$$h_0 = \frac{V_{\text{Kopf}}}{A_0} = \frac{29899 \cdot 4}{30^2 \cdot \pi} = \underline{\underline{42{,}32 \text{ mm}}}$$

b) Gesamtumformkraft beim Vorwärtsfließpressen

$F_{ges} = F_{id} + F_{R1} + F_{R2} + F_{Sch}$

$$\varphi = \ln\frac{A_0}{A_1} = \ln\frac{30^2}{20^2} = \ln 2{,}25 = 0{,}81 \triangleq \underline{\underline{81\,\%}}$$

aus Fließkurve C15E (Ckl5):
bei $\varphi = 81\,\%$
$\Rightarrow a = 380$ Nmm/mm^2
$\Rightarrow k_{f0} = 200$ N/mm^2

$$k_{fm} = \frac{a}{\varphi_h} = \frac{380}{0{,}81} = \underline{\underline{469\ \text{N/ mm}^2}}$$

$$F_{id} = A_0 \cdot k_{fm} \cdot \varphi_h = \frac{30^2 \cdot \pi}{4} \cdot 469 \cdot 0{,}81 = \underline{\underline{268392\ \text{N}}}$$

$$F_{R1} = F_{id} \cdot \frac{\mu}{\cos\alpha \cdot \sin\alpha} = 268392 \cdot \frac{0{,}2}{\cos 50° \cdot \sin 50°} = \underline{\underline{109236\ \text{N}}}$$

Reiblänge $l = L - l_1 = 96 - 52 = 44$ mm $\quad l_1 = 100 - (30 + 18) = 52$ mm

$F_{R2} = \pi \cdot D_0 \cdot l \cdot \mu \cdot k_{f0} = \pi \cdot 30 \cdot 44 \cdot 0{,}2 \cdot 200 = 165792$ N $\quad \hat{\alpha} = 0{,}01745 \cdot 50° = 0{,}873$

$$F_{Sch} = \frac{2}{3} \cdot \frac{\hat{\alpha}}{\varphi_h} \cdot F_{id} = \frac{2}{3} \cdot \frac{0{,}87}{0{,}81} \cdot 268392 = 192182\ \text{N}$$

$$F_{ges} = 268392 + 109236 + 165792 + 192182 = \underline{\underline{735602\ \text{N}}}$$

Umformarbeit

$$W = \frac{V_1 \cdot k_{fm} \cdot \varphi_h}{\eta_F}$$

Formänderungswirkungsgrad

$$\eta = \frac{1}{1 + \frac{2}{3} \cdot \frac{\hat{\alpha}}{\varphi_h} + \frac{\mu}{\cos\alpha \cdot \sin\alpha} + \frac{4 \cdot l \cdot \mu \cdot k_{f0}}{d \cdot \varphi_h \cdot k_{fm}}}$$

$$= \frac{1}{1 + \frac{2}{3} \cdot \frac{50°}{0{,}81} + \frac{0{,}2}{\cos 50° \cdot \sin 50°} + \frac{4 \cdot 44 \cdot 0.2 \cdot 200}{30 \cdot 0{,}81 \cdot 469}} = 0{,}36 \triangleq 36\,\%$$

$$W = \frac{20^2 \cdot \pi \cdot 52 \cdot 469 \cdot 0{,}81}{4 \cdot 0{,}36} = 17230122\ \text{Nmm} \approx \underline{\underline{17{,}23\ \text{kNm}}}$$

c) Stauchkraft

$$F = A_1 \cdot k_{f1} \cdot \left(1 + \frac{1}{3} \cdot \mu \cdot \frac{d_1}{h_1}\right) \qquad \varphi_h = \ln\frac{h_0}{hl} = \ln\frac{42{,}32}{18} = 0{,}85 \triangleq 85\,\%$$

Kontrolle des Stauchverhältnisses

$$s_{vorh} = \frac{h_0}{d_0} = \frac{42{,}32}{30} = \underline{\underline{1{,}41}}$$

$s_{vorh} < s_{zul}$

1,41 < 1,5, d. h. Fertigung ist möglich!

$$F = \frac{46^2 \cdot \pi}{4} \cdot 670 \cdot \left(1 + \frac{1}{3} \cdot 0{,}15 \cdot \frac{46}{18}\right) = \underline{\underline{125759\ \text{N}}}$$

aus Fließkurve C15E (Ck15):

$\Rightarrow k_{f1} = 670\ \text{N/mm}^2$

$\Rightarrow a = 410\ \text{Nmm/mm}^3$

Staucharbeit

$$W = \frac{V_K \cdot k_{fm} \cdot \varphi_h}{\eta_F}$$

$$k_{fm} = \frac{a}{\varphi_h} = \frac{410}{0{,}81} = 506\ \text{N/ mm}^2$$

$$W = \frac{29899 \cdot 410}{0{,}7} = 17512271\ \text{Nmm} \approx \underline{\underline{17{,}5\ \text{kNm}}}$$

Lösung zu Beispiel 10

a) Stadienplan

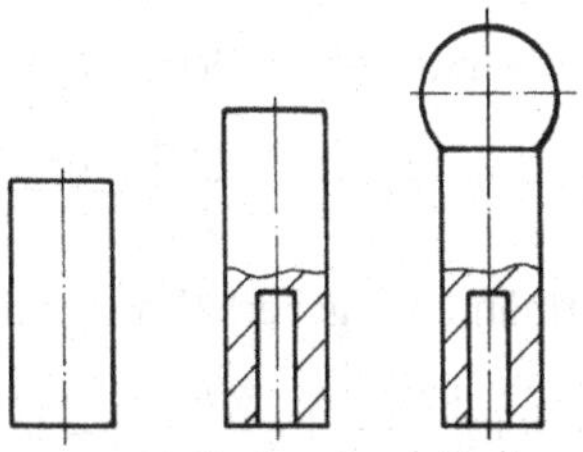

Stadienplan für Kugelaufsteckgriff

I. **Vorwärtsfließpressen** (Außensechskant)

b) Rohlingslänge

$$V_{Kopf} = \frac{4}{3} \cdot \pi \cdot r^3 - \pi \cdot h^2 \cdot \left(r - \frac{h}{3}\right) = \frac{4}{3} \cdot \pi \cdot 15^3 - \pi \cdot 3^2 \cdot \left(15 - \frac{3}{3}\right) = 13734\ \text{mm}^3$$

$$V_{Schaft} = \frac{D^2 \cdot \pi}{4} \cdot h - \frac{d^2 \cdot \pi}{4} \cdot h = \frac{20^2 \cdot \pi}{4} \cdot 63 - \frac{10^2 \cdot \pi}{4} \cdot 30 = 17427\ \text{mm}^3$$

$$V_{ges} = \underline{\underline{31161\ \text{mm}^3}}$$

$$L = \frac{V_{ges} \cdot 4}{D^2 \cdot \pi} = \frac{31161 \cdot 4}{20^2 \cdot \pi} = 99{,}24\ \text{mm} \quad \text{gewählt} \Rightarrow L = \underline{\underline{100\ \text{mm}}}$$

Rohlingslänge des Kugelkopfes

$$h_{0K} = \frac{V_K}{A_0} = \frac{13734 \cdot 4}{20^2 \cdot \pi} = \underline{\underline{43{,}74\ \text{mm}}}$$

Kontrolle des Stauchverhältnisses

$$s = \frac{h_0}{d_0} = \frac{43{,}74}{20} = \underline{\underline{2{,}19}}$$

zulässig $s = 2{,}4 > 2{,}2$

$s_{vorh} < s_{zul}$

2,19 < 2,4, d. h. eine Operation erforderlich!

c) Umformkraft beim **Rückwärtsfließpressen** (axiale Richtung):

$$F = A_1 \cdot k_{f1} \cdot \left(1 + \frac{1}{3} \cdot \mu \cdot \frac{d_1}{h_1}\right)$$

Formänderungsverhältnis (axiale Richtung):

$$\varphi_1 = \ln \frac{h_0}{h_1} = \ln \frac{100}{70} = 0{,}36 \mathrel{\hat{=}} \underline{\underline{36\ \%}}$$

Umformkraft (axiale Richtung)

$$F_1 = \frac{10^2 \cdot \pi}{4} \cdot 760 \cdot \left(1 + \frac{1}{3} \cdot 0{,}15 \cdot \frac{10}{100}\right) = 59958{,}3\ \text{N}$$

aus Fließkurve C35:
$\Rightarrow k_{f0} = 480\ \text{N/mm}^2$
$\Rightarrow k_{f1} = 760\ \text{N/mm}^2$

Umformkraft beim Rückwärtsfließpressen (radiale Richtung):

$$F_2 = A_1 \cdot k_{f2} \cdot \left(1 + \frac{h_1}{s}\right) \cdot \left(0{,}25 + \frac{h}{2}\right)$$

Formänderungsverhältnis (radiale Richtung):

$$\varphi_2 = \ln\left[\frac{h_0}{h_1} \cdot \left(1 + \frac{d_1}{8 \cdot s}\right)\right] = \ln\left[\frac{100}{70} \cdot \left(1 + \frac{10}{8 \cdot 5}\right)\right] = 0{,}58 \mathrel{\hat{=}} 58\ \%$$

aus Fließkurve C35:
$\Rightarrow k_{f2} = 830\ \text{N/mm}^2$

$$F_2 = \frac{10^2 \cdot \pi}{4} \cdot 830 \cdot \left(1 + \frac{100}{5}\right) \cdot \left(0{,}25 + \frac{0{,}15}{2}\right) = 444683\ \text{N}$$

Gesamtumformkraft

$$F_{ges} = F_1 + F_2 = 59958 + 444683 = 504641\ \text{N} \approx \underline{\underline{504{,}6\ \text{kN}}}$$

d) Umformarbeit beim Fließpressen

$W = V \cdot (p_1 + p_2)$

axialer Stauchdruck

$$p_1 = k_{f1} \cdot \left(1 + \frac{1}{3} \cdot \mu \cdot \frac{d}{h_1}\right) = 760 \cdot \left(1 + \frac{1}{3} \cdot 0{,}15 \cdot \frac{10}{100}\right) = 763{,}8\ \text{N/ mm}^2 \approx 764\ \text{N/ mm}^2$$

radialer Stauchdruck

$$p_2 = k_{f2} \cdot \left(1 + \frac{h_1}{s}\right) \cdot \left(0{,}25 + \frac{\mu}{2}\right) = 830 \cdot \left(1 + \frac{100}{5}\right) \cdot \left(0{,}25 \cdot \frac{0{,}15}{2}\right) = 5665\ \text{N/ mm}^2$$

$$W = (20^2 - 10^2) \cdot \frac{\pi}{4} \cdot 30 \cdot (764 + 5665) = 49402330\ \text{Nmm} \approx \underline{\underline{45{,}4\ \text{kNm}}}$$

e) Stauchkraft

$$F = A_1 \cdot k_f \cdot \left(1 + \frac{1}{3} \cdot \mu \cdot \frac{d_1}{h_1}\right)$$

$$\varphi = \ln \frac{h_{0K}}{h_1} = \ln \frac{43{,}74}{27} = 0{,}48 \mathrel{\hat{=}} \underline{\underline{48\ \%}}$$

aus Diagramm C35:
$\Rightarrow k_{f1} = 800\ \text{N/mm}^2$
$\Rightarrow a = 350\ \text{Nmm/mm}^3$

$$F = \frac{30^2 \cdot \pi}{4} \cdot 800 \cdot \left(1 + \frac{1}{3} \cdot 0{,}15 \cdot \frac{30}{27}\right) = \underline{\underline{599112\ \text{N}}}$$

f) Staucharbeit

$$W = \frac{V_k \cdot a}{\eta_F} = \frac{13734 \cdot 350}{0{,}6} = 8011500 \text{ Nmm} \approx \underline{\underline{8 \text{ kNm}}}$$

Lösung zu Beispiel 11

a) Höhe des Rohlings

Volumen des Fertigteils = Volumen des Rohlings

$$V_0 = V_1 + V_2 + V_3$$

$$V_1 = \frac{d^2 \cdot \pi}{4} \cdot h = \frac{25^2 \cdot \pi}{4} \cdot 30 = 14726 \text{ mm}^3$$

$$h' = \frac{40 - 25}{2} = 7{,}5 \text{ mm}$$

$$h = \tan 20° \cdot 7{,}5 = 2{,}73 \text{ mm}$$

$$V_2 = \frac{\pi \cdot h}{12}(D^2 + d^2 + D \cdot d) = \frac{\pi \cdot 2{,}73}{12}(40^2 + 25^2 + 40 \cdot 25) = 2305 \text{ mm}^3$$

Sechskant

$e = 1{,}155 \cdot SW = 1{,}155 \cdot 26 = 30 \text{ mm} \mathrel{\hat{=}} D$

$A = 0{,}649 \cdot D^2 = 0{,}649 \cdot 30^2 = 584 \text{ mm}^2$

$$V_3 = \frac{d^2 \cdot \pi}{4} \cdot h_1 - A \cdot h = \frac{40^2 \cdot \pi}{4} \cdot 22{,}71 - 584 \cdot 20 = 27985 - 11680 = 16305 \text{ mm}^3$$

$$V_0 = 14726 + 2305 + 16305 = 33336 \text{ mm}^3$$

$$h_0 = \frac{V_0 \cdot 4}{d^2 \cdot \pi} = \frac{33336 \cdot 4}{40^2 \cdot \pi} = \underline{\underline{26{,}5 \text{ mm}}}$$

b) Umformkraft beim Vorwärtsfließpressen

$$F_{ges} = F_{id} + F_{R1} + F_{R2} + F_{Sch}$$

$$F_{id} = A_0 \cdot k_{fm} \cdot \varphi_h$$

$$\varphi_h = \ln \frac{A_0}{A_1} = \ln \frac{40^2 \cdot \pi \cdot 4}{4 \cdot 25^2 \cdot \pi} = 0{,}94 \mathrel{\hat{=}} 94\,\%$$

$$k_{fm} = \frac{a}{\varphi_h} = \frac{740}{0{,}94} = 787 \text{ N/ mm}^2$$

aus Diagramm E 360 (St 70-2):

⇒ $a = 740 \text{ Nmm/mm}^3$

⇒ $k_{f0} = 520 \text{ N/mm}^2$

$$F_{id} = \frac{40^2 \cdot \pi}{4} \cdot 787 \cdot 0{,}94 = $$

$$= 929164 \text{ N} \approx 929{,}2 \text{ kN}$$

$$F_{R1} = F_{id} \cdot \frac{\mu}{\cos\alpha \cdot \sin\alpha} = 929{,}2 \cdot \frac{0{,}1}{\cos 70° \cdot \sin 70°} = 289{,}2 \text{ kN}$$

$$F_{R2} = \pi \cdot D_0 \cdot l \cdot \mu \cdot k_{f0} = \pi \cdot 40 \cdot 25 \cdot 0{,}1 \cdot 520 = 163{,}3 \text{ kN}$$

$$F_{Sch} = \frac{2}{3} \cdot \frac{\hat{a}}{\varphi_h} \cdot F_{id} = \frac{2}{3} \cdot \frac{1{,}22}{0{,}94} \cdot 929{,}2 \text{ kN} = 805{,}3 \text{ kN}$$

$$F_{ges} = 929{,}2 + 289{,}2 + 163{,}3 + 805{,}3 \approx \underline{\underline{2187 \text{ kN}}}$$

c) Umformarbeit

$$V_{umf} = V_1 + V_2$$

$$V_1 = \frac{d^2 \cdot \pi}{4} \cdot h = \frac{25^2 \cdot \pi}{4} \cdot 30 = 14726 \text{ mm}^3$$

$$V_2 = \frac{\pi \cdot h}{12}(D^2 + d^2 + D \cdot d) = \frac{\pi \cdot 2,73}{12}(40^2 + 25^2 + 40 \cdot 25)$$
$$= 2305 \text{ mm}^3$$

$$d \mathrel{\hat{=}} SW = 26 \text{ mm}$$
$$e = 1,115\, SW$$
$$= 1,155 \cdot 26 = 30 \text{ mm}$$
$$h' \mathrel{\hat{=}} s = \frac{40-30}{2} = 5 \text{ mm}$$

$$V_{\text{umf}} = 14726 + 2305 = 17031 \text{ mm}^3$$

$$W = \frac{V_1 \cdot k_{\text{fm}} \cdot \varphi_{\text{h}}}{\eta_{\text{F}}} = V_1 \cdot \frac{a}{\eta_{\text{F}}}$$

$$W = \frac{17031 \cdot 787}{0,42} = 319121850 \text{ Nmm} \approx \underline{\underline{31,9 \text{ kNm}}}$$

II. **Rückwärtsfließpressen** (Innensechskant)

a) Rohlingshöhe

$$h_0 = \frac{(V_0 - V_1) \cdot 4}{d_0^2 \cdot \pi} = \frac{(33336 - 17030) \cdot 4}{40^2 \cdot \pi} = 12,975 \approx \underline{\underline{13 \text{ mm}}}$$

b) Umformkraft

Formänderungsverhältnis (axialer Richtung)

$$\varphi_1 = \ln\frac{h_0}{h_1} = \ln\frac{13}{5} = 0,96 \mathrel{\hat{=}} \underline{\underline{96\,\%}}$$

$$d_1 = \frac{e + SW}{2} = \frac{30+26}{2} = 28 \text{ mm}$$

Formänderungsverhältnis (radialer Richtung)

$$\varphi_2 = \ln\left[\frac{h_0}{h_1} \cdot \left(1 + \frac{d_1}{8 \cdot s}\right)\right] = \ln\left[\frac{13}{5} \cdot \left(1 + \frac{28}{8 \cdot 5}\right)\right] = 1,49 \mathrel{\hat{=}} \underline{\underline{149\,\%}}$$

Umformdruck (axial)

aus Diagramm E 360:
$\Rightarrow k_{f1} = 960 \text{ N/mm}^2$
$\Rightarrow k_{f2} = 1100 \text{ N/mm}^2$

$$p_1 = k_{f1} \cdot \left(1 + \frac{1}{3} \cdot \mu \cdot \frac{d}{h_0}\right) = 960 \cdot \left(1 + \frac{1}{3} \cdot 0,1 \cdot \frac{26}{13}\right) = \underline{\underline{1027 \text{ N/ mm}^2}}$$

Umformdruck (radial)

$$p_2 = k_{f2} \cdot \left(1 + \frac{h_0}{s}\right) \cdot \left(0,25 + \frac{\mu}{2}\right) = 1100 \cdot \left(1 + \frac{13}{6}\right) \cdot \left(0,25 + \frac{0,1}{2}\right) = 1045 \text{ N/ mm}^2$$

Sechskant:
$$A = 0,649 \cdot D^2 = 0,649 \cdot 30 = 584 \text{ mm}^2$$

$$F = A_{\text{St}}(p_1 + p_2) = 584\,(1027 + 1045) = 1210048 \text{ N} \approx \underline{\underline{1210 \text{ kN}}}$$

c) Umformarbeit

$$V = 0,649 \cdot D^2 \cdot h = 0,649 \cdot 30 \cdot 20 = 11682 \text{ mm}^3$$

$$W = V_2 \cdot (p_1 + p_2) = 11682 \cdot (1027 + 1045) = 24205104 \text{ Nmm} \approx \underline{\underline{24,2 \text{ kNm}}}$$

2.6 Prägen

2.6.1 Verwendete Formelzeichen

A	[mm^2]	Projektionsfläche des Prägeteils
A_p	[mm^2]	Stempelfläche
F	[N]	Prägekraft
h	[mm]	Stempelweg
h'	[mm]	Verbleibende Dicke nach dem Prägen
h_0	[mm]	Rohlingsdicke
k_w	[N/mm^2]	Formänderungswiderstand
s	[mm]	Wandungsdicke, Gravurtiefe
V_G	[mm^3]	Volumen der Gravur
W	[Nm]	Prägearbeit
x		Verfahrensfaktor (x = 0,5)

2.6.2 Auswahl verwendeter Formeln

Prägekraft

$$F = k_w \cdot A$$

Stempelweg

$$h = \frac{V_G}{A_p}$$

Prägearbeit

$$W = F \cdot h \cdot x$$

Volumen der Gravur

$$V_G = \frac{\pi}{4} \cdot (D^2 - d^2) \cdot s \cdot 2$$

Projektionsfläche des Prägeteils

$$A_p = \frac{90^2 \cdot \pi}{4}$$

Rohlingsdicke

$$h_0 = h' + h$$

2.6.3 Berechnungsbeispiele

1. Eine Stahlscheibe aus DC03 (RRSt13) soll entsprechend der Skizze geprägt werden.
   Berechnen Sie:
   a) die Prägekraft
   b) die Prägearbeit
   c) die Rohlingsdicke.

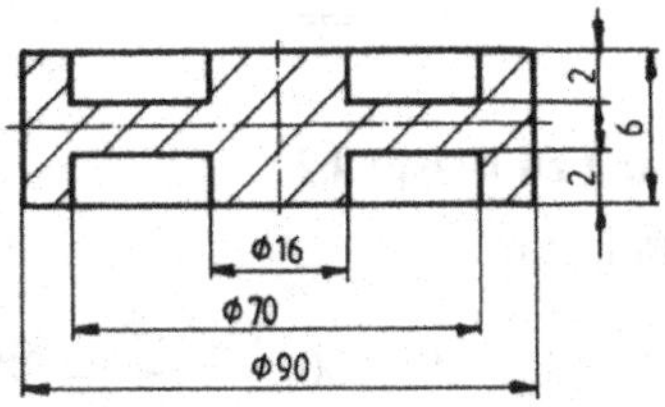

Scheibe

2. Eine Gravur soll massiv geprägt werden (s. Skizze). Als Werkstoff wird Al 99 gewählt, der Formänderungswiderstand beträgt 100 N/mm².

   Berechnen Sie:

   a) die Prägekraft
   b) die Prägearbeit, wenn der Verfahrensfaktor $x = 0{,}5$ beträgt.

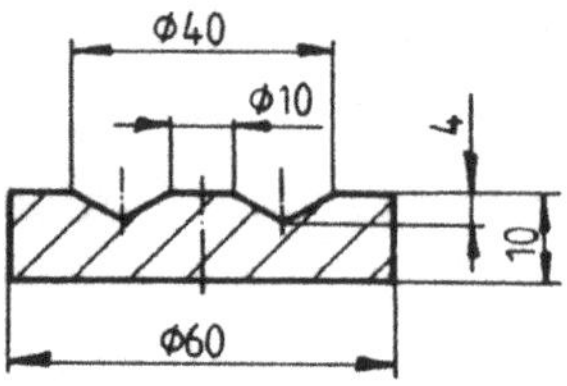

Profilstück

2.6.4 Lösungen

Lösung zu Beispiel 1

a) maximale Prägekraft

aus Anhang 4.1.6:
DC03 (RRSt 13) ⇒ $k_w = 1200\ \text{N/mm}^2$

$$F = k_w \cdot A = 1200 \cdot \frac{90^2 \cdot \pi}{4} = 7634070\ \text{N} \approx \underline{\underline{7634\ \text{kN}}}$$

b) Prägearbeit

$$W = F \cdot h \cdot x$$

$$V_G = \frac{\pi}{4} \cdot (D^2 - d^2) \cdot s \cdot 2 = \frac{\pi}{4} \cdot (70^2 - 16^2) \cdot 2 \cdot 2 = 14590\ \text{mm}^3$$

$$A_p = \frac{90^2 \cdot \pi}{4} = 6361{,}7\ \text{mm}^2$$

$$h = \frac{V_G}{A_p} = \frac{14590}{6358{,}5} = 2{,}3\ \text{mm}$$

$$W = 7630 \cdot 2{,}3 \cdot 0{,}5 = 8775\ \text{kNmm} \approx \underline{\underline{8{,}8\ \text{kNm}}}$$

c) Rohlingsdicke

$$h_0 = h' + h$$

$$h' = 6 - 2 \cdot 2 = 2\ \text{mm}$$

$$h_0 = 2 + 2{,}3 = \underline{\underline{4{,}3\ \text{mm}}}$$

Lösung zu Beispiel 2

a) Prägekraft

k_w aus Anhang 4.1.6:
⇒ $k_w = 100\ \text{N/mm}^2$

$$F = k_w \cdot A = 100 \cdot \frac{60^2 \cdot \pi}{4} = 282743\ \text{N} = \underline{\underline{282{,}7\ \text{kN}}}$$

b) Prägearbeit

$$W = F \cdot h \cdot x$$

geprägtes (verdrängtes) Volumen

$$V_G = \frac{g \cdot h}{2} \cdot d_m \cdot \pi = \frac{15 \cdot 4}{2} \cdot 25 \cdot \pi = 2355\ \text{mm}^3$$

Prägefläche

$$A_p = \frac{60^2 \cdot \pi}{4} = 2826\ \text{mm}^2$$

$$h = \frac{V_G}{A_p} = \frac{2355}{2826} = 0{,}833\ \text{mm}$$

$$W = 282{,}6 \cdot 0{,}0833 \cdot 0{,}5 = 11770\ \text{kN mm} \approx \underline{\underline{11{,}77\ \text{Nm}}}$$

2.7 Durchziehen

2.7.1 Verwendete Formelzeichen

α	[°]	Ziehwinkel
η_F	[%]	Formänderungswirkungsgrad
η_M	[%]	Maschinenwirkungsgrad
μ		Reibwert
φ_{grenz}	[%]	Grenzumformgrad
φ_n	[%]	Umformgrad bei den Zügen 1 bis „n"
φ_{zug}	[%]	Formänderungsgrad pro Zug
A_0	[mm²]	Ausgangsquerschnitt
A_1	[mm²]	Drahtquerschnitt beim 1. Zug
A_n	[mm²]	Drahtquerschnitt nach dem n-ten Zug
d_0	[mm]	Ausgangsdurchmesser
d_1	[mm]	Durchmesser nach dem 1. Zug
d_2	[mm]	Durchmesser nach dem 2. Zug
F_2	[N]	Umformkraft (radiale Stauchung)
F_{Z1}	[N]	Ziehkraft beim 1. Zug
k_{fm}	[N/mm²]	mittlere Formänderungsfestigkeit
P_a	[kW]	Antriebsleistung/Ziehleistung
Q	[%]	Gesamtquerschnittsabnahme
q	[%]	prozentuale Querschnittsabnahme nach dem 1. und 2. Zug
s	[mm]	Blechdicke
v_1	[m/s]	Ziehgeschwindigkeit beim 1. Zug
v_n	[m/s]	Ziehgeschwindigkeit beim *n*-ten Zug
v_0	[m/s]	Ziehgeschwindigkeit
z		Anzahl der Züge

2.7.2 Auswahl verwendeter Formeln

Formänderungsverhältnis

$$\varphi = \ln \frac{A_0}{A_1}$$

Formänderungsgrad pro Zug

$$\varphi_{\text{Zug}} = \frac{\varphi}{z}$$

Durchmesser nach den **1. Zug** und **2. Zug**

$$d_1 = \frac{d_0}{e^{0,5 \cdot \varphi_{\text{Zug}}}} \qquad d_2 = \frac{d_1}{e^{0,5 \cdot \varphi_{\text{Zug}}}}$$

Ziehkraft

$$F_Z = A_1 \cdot k_{\text{fm}} \cdot \varphi_n \left(\frac{\mu}{\alpha} + \frac{2}{3} \cdot \frac{\hat{\alpha}}{\varphi_n} + 1 \right)$$

Formänderungsfestigkeit

$$k_{\text{fm}} \cdot \varphi = a$$

mittlere Antriebsleistung

$$P_a = \frac{F_Z \cdot v}{\eta_M}$$

Ziehgeschwindigkeit beim 1. Zug

$$v_1 = \frac{v_n \cdot A_n}{A_1}$$

Gesamtquerschnittsabnahme

$$Q = \frac{A_0 - A_n}{A_0} \cdot 100$$

Anzahl der Züge

$$z = \frac{\varphi}{\varphi_{\text{Zug}}}$$

Ziehleistung

$$P_{a1} = \frac{A_1 \cdot a \cdot v_1}{\eta_F \cdot \eta_M}$$

optimaler Ziehwinkel

$$\hat{a} = \sqrt{\frac{2}{3} \cdot \mu \cdot \varphi}$$

Grenzumformgrad

$$\varphi_{\text{Grenz}} = \left(\sqrt{\frac{2}{3} \cdot \mu + 1} - \sqrt{\frac{2}{3} \cdot \mu} \right)^2 \quad \text{oder} \quad \varphi_{\text{Grenz}} = \frac{1 - \frac{2 \cdot \hat{\alpha}}{3}}{1 + \frac{\mu}{\hat{\alpha}}}$$

2.7.3 Berechnungsbeispiele

1. Stangenmaterial aus AlMgSi mit dem Ausgangsdurchmesser von 20 mm soll in einem Mehrfachzug auf einen Fertigdurchmesser von 9 mm gezogen werden. Durch Nasszug wird ein Reibwert $\mu = 0{,}03$ erreicht. Es steht eine Ziehmaschine mit 10 Stufen zur Verfugung. Der Ziehring hat einen Einlaufwinkel von $\alpha = 16°$, Zugabstufung zwischen 2 Zügen $\varphi_{\text{zug}} = 20\,\% - 25\,\%$, Gesamtformänderung (Mehrfachzug) $\varphi_{\text{ges}} = 200\,\%$, Maschinenwirkungsgrad 80 %, Ziehgeschwindigkeit 25 m/s.

   Ermitteln Sie:

   a) den Gesamtformänderungsgrad
   b) die Formänderung pro Zug bei 10 Stufen
   c) die Zwischendurchmesser vom 1. – 10. Zug
   d) die Ziehkraft für die Züge 1 – 10
   e) die jeweils erforderliche Antriebsleistung, wenn keine Festigkeitsveränderung des Werkstoffs durch das Ziehen unterstellt wird.

2. Stahldraht aus C35E (Ck35) soll von 2,15 mm Einlaufdurchmesser auf 1,2 mm Durchmesser fertiggezogen werden. Die Einzelquerschnittsabnahme soll je Zug 22 % betragen.

Ziehgeschwindigkeit 20 m/s,

Maschinenwirkungsgrad 75 %,

Formänderungswirkungsgrad 0,6.

Ermitteln Sie:

a) die Gesamtquerschnittsabnahme
b) den Gesamtformänderungsgrad
c) die Anzahl der Züge bei einem φ_{Zug} von 25 %
d) den Durchmesser pro Zug
e) die Querschnitte nach jedem Zug
f) die additive Querschnittsabnahme je Zugfolge in %
g) die Ziehgeschwindigkeit für jeden Zug
h) die Ziehleistung.

3. Ein kreisförmig profilierter Vollstrang von 7,54 mm Durchmesser wird durch Ziehen auf 6,18 mm verändert.

   Ermitteln Sie den günstigsten Ziehwinkel der Düse, wenn der Reibwert $\mu = 0{,}03$ beträgt.

4. Berechnen Sie den Grenzumformgrad für den Reibwert $\mu = 0{,}15$.

   Die Ziehdüse besteht aus Stahl, der Reibwerkstoff aus Al, der Ziehwinkel beträgt 12° .

2.7.4 Lösungen

Lösung zu Beispiel 1

a) Gesamtformänderungsgrad

$$\varphi = \ln\frac{A_0}{A_E} = \ln\frac{20^2}{9^2} = 1{,}597 \mathrel{\hat{=}} \underline{\underline{160\ \%}}$$

b) Formänderungsgrad pro Zug

$$\varphi_{Zug} = \frac{\varphi}{Z} = \frac{1{,}6}{10} = 0{,}16 \mathrel{\hat{=}} \underline{\underline{16\ \%}}$$

c) Formänderung bei 10 Stufen:

$\varphi_{10} = \varphi_1 + \varphi_2 + \varphi_3 + \ldots$

Zwischendurchmesser:

Durchmesser nach dem 1. Zug

$$d_1 = \frac{d_0}{e^{0{,}5\varphi_{Zug}}} = \frac{20}{e^{0{,}5\cdot 0{,}16}} = \underline{\underline{18{,}46\ \text{mm}}}$$

Durchmesser nach dem 2. Zug

$$d_2 = \frac{d_1}{e^{0{,}5\varphi_{Zug}}} = \frac{18{,}46}{e^{0{,}5\cdot 0{,}16}} = \underline{\underline{17{,}04\ \text{mm}}}$$

Eulersche Zahl:
$e = 2{,}718$

d) Ziehkraft für den 1. Zug $\widehat{\alpha} = 0{,}01745 \cdot 8^\circ = 0{,}1396$

$$F_Z = A_1 \cdot k_{fm} \cdot \varphi_n \cdot \left(\frac{\mu}{\widehat{\alpha}} + \frac{2}{3} \cdot \frac{\widehat{\alpha}}{\varphi_n} + 1 \right) = \frac{18{,}46^2 \cdot \pi}{4} \cdot 25 \cdot \left(\frac{0{,}03}{\widehat{8^\circ}} + \frac{2}{3} \cdot \frac{0{,}1396}{0{,}16} + 1 \right)$$

$$= 267{,}5 \cdot 25 \cdot \left(\frac{0{,}03}{0{,}1396} + \frac{2}{3} \cdot \frac{0{,}1396}{0{,}16} + 1 \right) = 267{,}5 \cdot 25 \cdot 1{,}797 = 12017\ \text{N} \approx \underline{\underline{12{,}02\,\text{kN}}}$$

$k_{fm} \cdot \varphi = a$

aus Diagramm für AlMgSi

⇒ bei $\varphi_1 = 16\,\%$ ⇒ $a = 25$ Nmm/mm³

⇒ bei $\varphi_2 = 32\,\%$ ⇒ $a = 40$ Nmm/mm³

⇒ bei $\varphi_3 = 48\,\%$ ⇒ $a = 70$ Nmm/mm³ usw.

e) Antriebsleistung

$$P_a = \frac{F_Z \cdot v}{\eta_M}$$

$$v_1 \cdot A_1 = v_n \cdot A_n$$

Ziehgeschwindigkeit beim 1. Zug

$$v_1 = 25 \cdot \frac{9^2 \cdot \pi}{4} \cdot \frac{4}{\pi \cdot 18{,}46^2} = 5{,}94\ \text{m/s}$$

Ziehgeschwindigkeit beim 2. Zug

$$v_2 = 25 \cdot \frac{9^2 \cdot \pi}{\pi \cdot 17{,}04} = 6{,}97\ \text{m/s} \quad \text{usw.}$$

Antriebsleistung beim 1. Zug

$$P_a = \frac{12000 \cdot 5{,}94}{0{,}8} = \underline{\underline{89{,}1\ \text{kW}}}$$

Hinweis: Die weiteren Lösungen siehe Anhang 4.1.7.
Die theoretischen Maschinenantriebsleistungen sind in der Praxis nicht realisierbar!

Folge: Um die Umformarbeiten ausführen zu können, muss der Werkstoff nach jeder Ziehstufe zwischengeglüht werden!

Lösung zu Beispiel 2

a) Gesamtquerschnittsabnahme

$$Q = \frac{A_0 - A_n}{A_0} \cdot 100 = \frac{2{,}15^2 - 1{,}2^2}{2{,}15^2} \cdot 100 = \underline{\underline{68{,}6\,\%}}$$

b) Gesamtformänderungsgrad

$$\varphi = \ln \frac{A_0}{A_1} = \ln \frac{2{,}15^2}{1{,}2^2} = 1{,}17 \mathrel{\hat{=}} \underline{\underline{117\,\%}}$$

c) Anzahl der Züge

$$z = \frac{\varphi}{\varphi_{\text{Zug}}} = \frac{1,17}{0,25} = 4,68 \text{ Züge} \Rightarrow 5 \text{ Züge} \quad \Rightarrow \varphi_{\text{pro Zug}} = 0,234 \triangleq \underline{\underline{23,4\,\%}}$$

d) + e) Durchmesser und Querschnitte nach jedem Zug

$$d_1 = \frac{d_0}{e^{0,5\varphi_{\text{Zug}}}} = \frac{2,15}{2,718^{0,5\cdot 0,234}} = 1,91 \text{ mm} \quad \Rightarrow \quad A_1 = 2,87\,\text{mm}^2 \Rightarrow q_1 = 21,0\,\%$$

$$d_2 = \frac{d_1}{e^{0,5\varphi_{\text{Zug}}}} = \frac{1,91}{2,718^{0,5\cdot 0,234}} = 1,7 \text{ mm} \quad \Rightarrow \quad A_2 = 2,27\,\text{mm}^2 \Rightarrow q_2 = 37,5\,\%$$

$$d_3 = \frac{d_1}{e^{0,5\varphi_{\text{Zug}}}} = \frac{1,7}{2,718^{0,5\cdot 0,234}} = 1,51 \text{ mm} \quad \Rightarrow \quad A_3 = 1,79\,\text{mm}^2 \Rightarrow q_3 = 50,77\,\%$$

$$d_4 = \frac{d_1}{e^{0,5\varphi_{\text{Zug}}}} = \frac{1,51}{2,718^{0,5\cdot 0,234}} = 1,34 \text{ mm} \quad \Rightarrow \quad A_4 = 1,42\,\text{mm}^2 \Rightarrow q_4 = 61,1\,\%$$

$$d_5 = \frac{d_1}{e^{0,5\varphi_{\text{Zug}}}} = \frac{1,34}{2,718^{0,5\cdot 0,234}} = 1,2 \text{ mm} \quad \Rightarrow \quad A_5 = 1,12\,\text{mm}^2 \Rightarrow q_5 = 68,8\,\%$$

f) Additive Querschnittsabnahme je Zug

$$q_1 = \frac{A_0 - A_1}{A_0} = \frac{2,15^2 - 1,91^2}{2,15^2} \cdot 100 = \underline{\underline{21\,\%}}$$

g) Ziehgeschwindigkeit beim 1. - 5. Zug

$$v_1 = \frac{v_n \cdot A_n}{A_1} = \frac{20 \cdot 1,12}{2,87} = \underline{\underline{7,8 \text{ m/s}}}$$

$v_1 = 7,8$ m/s
$v_2 = 9,9$ m/s
$v_3 = 12,5$ m/s
$v_4 = 15,8$ m/s
$v_5 = 20,0$ m/s

h) Ziehleistung beim 1. - 5. Zug

$$P_{a1} = \frac{A_1 \cdot a \cdot v_1}{\eta_F \cdot \eta_M} = \frac{2,87 \cdot 160 \cdot 7,8}{0,8 \cdot 0,75} = \underline{\underline{7,96 \text{ kW}}}$$

aus Diagramm C35:

$\varphi_1 = 23,4\,\%$ ⇒ $a = 160$ Nmm/mm³ ⇒ $P_{a1} = 7,96$ kW *beim* 1. Zug
$\varphi_2 = 46,8\,\%$ ⇒ $a = 350$ Nmm/mm³ ⇒ $P_{a2} = 17,48$ kW *beim* 2. Zug
$\varphi_3 = 70,2\,\%$ ⇒ $a = 540$ Nmm/mm³ ⇒ $P_{a3} = 26,35$ kW *beim* 3. Zug
$\varphi_4 = 93,6\,\%$ ⇒ $a = 720$ Nmm/mm³ ⇒ $P_{a4} = 33,90$ kW *beim* 4. Zug
$\varphi_5 = 117\,\%$ ⇒ $a = 910$ Nmm/mm³ ⇒ $P_{a5} = 44,80$ kW *beim* 5. Zug

Lösung zu Beispiel 3

Ziehwinkel

$$\hat{\alpha} = \sqrt{\frac{2}{3} \cdot \mu \cdot \varphi}$$

$$\varphi = \ln \frac{A_0}{A_1} = \ln \frac{7,54^2}{6,18^2} = 0,398 \triangleq \underline{\underline{39,8\,\%}}$$

$$\hat{\alpha} = \sqrt{\frac{2}{3} \cdot 0,03 \cdot 0,398} = 0,0892 \qquad \hat{\alpha} = 0,01745 \cdot a^\circ$$

$$a^\circ = \frac{0,0892}{0,01745} = 5,1^\circ \Rightarrow \text{Ziehwinkel } \alpha \approx \underline{\underline{10^\circ}}$$

Lösung zu Beispiel 4

Grenzumformgrad

$$\varphi_{\text{Grenz}} = \left(\sqrt{\frac{2}{3} \cdot \mu + 1} - \sqrt{\frac{2}{3} \cdot \mu} \right)^2 = \left(\sqrt{\frac{2}{3} \cdot 0,15 + 1} - \sqrt{\frac{2}{3} \cdot 0,15} \right)^2 = 0,537 \triangleq \underline{\underline{54\,\%}}$$

oder

$$\varphi_{\text{Grenz}} = \frac{1 - \frac{2 \cdot \hat{\alpha}}{3}}{1 + \frac{\mu}{\hat{\alpha}}} = \frac{1 - \frac{2 \cdot 12 \cdot 0,01745}{3}}{1 + \frac{0,15}{12 \cdot 0,01745}} = 0,50 \triangleq \underline{\underline{50\,\%}}$$

2.8 Abstreckziehen

2.8.1 Verwendete Formelzeichen

η_F	[%]	Formänderungswirkungsgrad
φ	[%]	Formänderungsverhältnis
a	[Nmm/mm³]	spezifische Formänderungsarbeit
A_0	[mm²]	Ausgangsquerschnitt
A_1	[mm²]	umgeformter Querschnitt
F	[N]	Gesamtumformkraft
h_x	[mm]	Stößelweg
k_{f0}	[N/mm²]	Formänderungsfestigkeit vor dem Stauchen
k_{f1}	[N/mm²]	Formänderungsfestigkeit am Ende des Stauchens
k_{fm}	[N/mm²]	mittlere Formänderungsfestigkeit

n		Anzahl der erforderlichen Züge
s	[mm]	Wanddicke
W	[Nm]	Umformarbeit
x		Verfahrensfaktor

2.8.2 Auswahl verwendeter Formeln

Formänderungsverhältnis

$$\varphi = \ln\frac{A_0}{A_1} = \ln\frac{D_0^2 - d_0^2}{D_1^2 - d_1^2} = \ln\frac{s_0}{s_1}$$

Anzahl der Züge

$$n = \frac{\varphi}{\varphi_{\text{zul}}}$$

Gesamtumformkraft

$$F = \frac{A_1 \cdot k_{\text{fm}} \cdot \varphi}{\eta_{\text{F}}}$$

mittlere Formänderungsfestigkeit

$$k_{\text{fm}} = \frac{a}{\varphi} \quad \text{oder} \quad k_{\text{fm}} = \frac{k_{\text{f0}} + k_{\text{f1}}}{2}$$

kleinstmöglicher Durchmesser

$$D_1 = \sqrt{\frac{D_0^2 - d_0^2}{e^{\varphi}} + d_0^2}$$

Arbeit für den 1. Zug

$$W = F \cdot h_{\text{x}} \cdot x$$

Wanddicke nach jedem Zug

$$e^{\varphi_{\text{w}}} = \ln\frac{s_0}{s_1}$$

Abstreckkraft

$$F_1 = \frac{A_1 \cdot a_1}{\eta_{\text{F}}} \qquad F_2 = \frac{A_2 \cdot a_2}{\eta_{\text{F}}} \qquad F_3 = \frac{A_3 \cdot a_3}{\eta_{\text{F}}}$$

Formänderungswirkungsgrad

$$\eta_{\text{F}} = \frac{1}{1 + \frac{\mu_{\text{R}}}{\widehat{\alpha}} + \varphi_{\text{zul}} \cdot \frac{\mu_{\text{St}}}{2\widehat{\alpha}} + \frac{\widehat{\alpha}}{2\varphi_{\text{zul}}}}$$

2.8.3 Berechnungsbeispiele

1. Durch Abstreckziehen soll die Wanddicke eines Napfes von 2,5 mm auf 1,6 mm reduziert werden. Der Napfinnendurchmesser beträgt 100 mm. Werkstoff C35 C, Formänderungswirkungsgrad 0,6.

   Berechnen Sie:

   a) das Formänderungsverhältnis
   b) die Anzahl der erforderlichen Züge
   c) die prozentuale Wanddickenveränderung
   d) die Gesamtumformkraft.

2. Ein vorgeformter Napf aus CuZn37 (Ms63), mit den nachfolgend genannten Maßen, soll durch Abstreckziehen in eine Hülse umgeformt werden. Abmessungen des Napfes: Au-

ßendurchmesser 50 mm, Innendurchmesser 30 mm, Höhe 70 mm, Bodendicke 10 mm. Formänderungswirkungsgrad 70 %.

Berechnen Sie:

a) die Werkstückhöhe
b) das Formänderungsverhältnis
c) die Anzahl der Züge
d) den kleinstmöglichen Außendurchmesser beim 1. Zug, Verfahrensfaktor 0,9
e) die erforderliche Ziehkraft
f) die Umformarbeit für den 1. Zug.

3. Ein Napfrohling aus C15E (Ck15) mit dem Innendurchmesser 70 mm und der Wanddicke 0,4 mm soll durch Abstreckziehen auf eine Wanddicke von 0,16 mm reduziert werden. Der Rohling wurde nach der Formung zurückgeglüht, Öffnungswinkel des Abstreckrings 16°.

Zusätzliche Daten: Reibwert an der Abstreckmatrize $\mu = 0,1$
Reibwert am Stempel $\mu_{St} = 0,07$ (dünnwandig)
$\mu_{St} = 0,15$ (dickwandig)

Ermitteln Sie:

a) die Anzahl der erforderlichen Züge
b) das wirkliche Formänderungsverhältnis
c) die Wanddicken nach jedem Zug
d) die jeweils erforderlichen Abstreckkräfte
e) den entsprechenden Formänderungswirkungsgrad.

2.8.4 Lösungen

Lösung zu Beispiel 1

a) Formänderungsverhältnis

$$\varphi = \ln\frac{A_0}{A_1} = \ln\frac{D_0^2 - d_0^2}{D_1^2 - d_1^2} =$$

$$= \ln\frac{105^2 - 100^2}{103,2^2 - 100^2} = 0,455 \mathrel{\hat{=}} \underline{\underline{46\,\%}}$$

$D_0 = d + 2 \cdot s_1 = 100 + 2 \cdot 2,5 = 105$ mm
$D_1 = d + 2 \cdot s_2 = 100 + 2 \cdot 1,6 = 103,2$ mm
Tabelle 1: $\varphi_{zul} = 0,45$ bei C35 C

b) Anzahl der Züge

$$n = \frac{\varphi}{\varphi_{zul}} = \frac{0,455}{0,45} \mathrel{\hat{=}} 1,01 \Rightarrow \underline{\underline{1\text{ Zug}}}$$

c) prozentuale Wanddickenveränderung

$$x = \frac{s_0 - s_1}{s_0} \cdot 100 = \frac{2,5 - 16}{2,5} \cdot 100 = \underline{\underline{36\,\%}}$$

aus Fließkurve C 35 C:
$\Rightarrow k_{f0} = 410$ N/mm^2
$\Rightarrow k_{f1} = 740$ N/mm^2

$$k_{fm} = \frac{k_{f0} + k_{f1}}{2} = \frac{410 + 740}{2} = 575\text{ N/mm}^2$$

d) Gesamtumformkraft

$$F = \frac{A_1 \cdot k_{fm} \cdot \varphi}{\eta_F}$$

$$F = (103{,}2^2 - 100^2) \cdot \frac{\pi}{4} = \frac{575 \cdot 0{,}455}{0{,}6} = 222572\ \text{N} \approx \underline{\underline{222{,}6\ \text{kN}}}$$

Lösung zu Beispiel 2

a) Werkstückhöhe h

$$V_R = V_F$$

$$V_R = \frac{(D^2 - d^2) \cdot \pi}{4} \cdot h_1 + \frac{d^2 \cdot \pi}{4} \cdot h_2 = \frac{(50^2 - 30^2) \cdot \pi}{4} \cdot 70 + \frac{30^2 \cdot \pi}{4} \cdot 10 = 94985\ \text{mm}^3$$

$$V_{Boden} = \frac{D^2 \cdot \pi}{4} \cdot h = \frac{40^2 \cdot \pi}{4} \cdot 10 = 12560\ \text{mm}^3$$

$$h = \frac{(V_R - V_{FBoden}) \cdot 4}{(D_1^2 - d_1^2) \cdot \pi} + 10 = \frac{(94985 - 12560) \cdot 4}{(40^2 - 28{,}7^2) \cdot \pi} + 10 = \underline{\underline{145{,}25\ \text{mm}}}$$

b) Formänderungsverhältnis

$$\varphi = \ln \frac{A_0}{A_1} = \ln \frac{D_0^2 - d_0^2}{D_1^2 - d_1^2} = \ln \frac{50^2 - 30^2}{40^2 - 28{,}7^2} = \ln \frac{1600}{776{,}31} = 0{,}72 \mathrel{\hat{=}} \underline{\underline{72\,\%}}$$

c) Anzahl der Züge

aus Anhang 4.1.8:
⇒ CuZn37 ⇒ $\varphi_{zul} = 0{,}45$

$$n = \frac{\varphi}{\varphi_{zul}} = \frac{0{,}72}{0{,}45} = 1{,}6 \qquad n = \underline{\underline{2\ \text{Züge}}}$$

Nach jedem Zug ist ein Weichglühen erforderlich!

d) kleinstmöglicher Durchmesser

$$D_1 = \sqrt{\frac{D_0^2 - d_0^2}{e^{\varphi}} + d_0^2} = \sqrt{\frac{50^2 - 30^2}{2{,}718^{0{,}45}} + 30^2} = \sqrt{\frac{1600}{1{,}568} + 900} = 43{,}82\ \text{mm} \Rightarrow D_1 = \underline{\underline{43\ \text{mm}}}$$

e) Umformkraft für den 1. Zug

Zug aus Fließkurve CuZn37:
⇒ $a = 170\ \text{Nmm/mm}^3$

$$k_{fm} = \frac{a}{\varphi} = \frac{170}{0{,}72} = 236\ \text{Nmm/ mm}^3$$

$$F = \frac{A_1 \cdot k_{fm} \cdot \varphi}{\eta_F}$$

$$F = \frac{A_1 \cdot k_{fm} \cdot \varphi}{\eta_F} = (43^2 - 28{,}7^2) \cdot \frac{\pi}{4} \cdot \frac{170}{0{,}72} =$$

$$= 195409\ \text{N} \approx \underline{\underline{195{,}4\ \text{kN}}}$$

f) Umformarbeit für den 1. Zug

$h \mathrel{\hat{=}} h_x = 145{,}25\ \text{mm}$

$$W = F \cdot h_x \cdot x = 195{,}4 \cdot 145{,}25 \cdot 0{,}9 = 25544 \approx \underline{\underline{25{,}5\ \text{kNm}}}$$

Lösung zu Beispiel 3

a) Anzahl der erforderlichen Züge

$D_o = d + 2 \cdot s = 70 + 2 \cdot 0{,}4 = 70{,}80$ mm

$D_1 = d + 2 \cdot s = 70 + 2 \cdot 0{,}6 = 70{,}32$ mm

$$n = \frac{\varphi}{\varphi_{zul}}$$

$$\varphi = \ln \frac{D_0^2 - d_0^2}{D_1^2 - d_1^2} = \ln \frac{70{,}8^2 - 70^2}{70{,}32^2 - 70^2} = 0{,}92 \mathrel{\hat{=}} \underline{\underline{92\,\%}}$$

oder

$$\varphi = \ln \frac{s_0}{s_1} = \ln \frac{0{,}4}{0{,}16} = 0{,}92$$

$$n = \frac{\varphi}{\varphi_{zul}} = \frac{0{,}92}{0{,}45} = \underline{\underline{2{,}04}} \Rightarrow n = 3 \text{ Züge} \Rightarrow \text{somit: 3 Abstreckhälfen!}$$

aus Anhang 4.1.8:
C15E(Ck15) ⇒ $\varphi_{zul} = 0{,}45$

b) tatsächliches Formänderungsverhältnis

$$\frac{\varphi_W}{n} = \frac{0{,}92}{3} = 0{,}31 \mathrel{\hat{=}} \underline{\underline{31\,\%}}$$

c) Wanddicke nach jedem Zug

$$e^{\varphi_W} = \ln \frac{s_0}{s_1} = \ln \frac{s_1}{s_2} = \ln \frac{s_n - 1}{s_n}$$

$$s_1 = \frac{s_0}{e^{\varphi_W}}$$

$$s_1 = \frac{0{,}4}{e^{0{,}31}} = 0{,}293 \text{ mm} \Rightarrow 1.\text{ Zug}$$

$$s_2 = \frac{0{,}293}{e^{0{,}31}} = 0{,}215 \text{ mm} \Rightarrow 2.\text{ Zug}$$

$$s_3 = \frac{0{,}215}{e^{0{,}31}} = 0{,}158 \text{ mm} \approx \underline{\underline{0{,}16 \text{ mm}}} \Rightarrow 3.\text{ Zug}$$

d) erforderliche Abstreckkräfte
Mit jedem Zug verändert sich das Formänderungsverhältnis, somit:

aus Diagramm:

1. Zug: $\varphi = 0{,}31$ — $\varphi_1 = 31\,\% \Rightarrow a_1 = 120$ Nmm/mm^3
2. Zug: $\varphi = 0{,}31 + 0{,}31 = 0{,}62$ — $\varphi_2 = 62\,\% \Rightarrow a_2 = 280$ Nmm/mm^3
3. Zug: $\varphi = 0{,}62 + 0{,}31 = 0{,}93 = \varphi = 93\,\%$ — $\varphi_3 = 93\,\% \Rightarrow a_3 = 450$ Nmm/mm^3

$$F_1 = \frac{A_1 \cdot a_1}{\eta_F} = \frac{(70{,}586^2 - 70^2) \cdot \pi}{4} \cdot \frac{120}{0{,}5} = \underline{\underline{15521\text{ N}}}$$

$d_1 = d + 2 \cdot s_1 = 70 + 2 \cdot 0{,}293 = 70{,}586\text{ mm}$

$$F_2 = \frac{A_2 \cdot a_2}{\eta_F} = \frac{(70{,}43^2 - 70^2) \cdot \pi}{4} \cdot \frac{280}{0{,}50} = \underline{\underline{26545\text{ N}}}$$

$d_2 = d + 2 \cdot s_1 = 70 + 2 \cdot 0{,}215 = 70{,}43\text{ mm}$

$$F_3 = \frac{A_3 \cdot a_3}{\eta_F} = \frac{(70{,}32^2 - 70^2) \cdot \pi}{4} \cdot \frac{450}{0{,}50} = \underline{\underline{31723\text{ N}}}$$

$d_3 = d + 2 \cdot s_1 = 70 + 2 \cdot 0{,}16 = 70{,}32\text{ mm}$

e) Formänderungswirkungsgrad beim 1. bis 3. Zug

$$\eta_{F1} = \frac{1}{1 + \frac{\mu_R}{\widehat{\alpha}} + \varphi_{zul} \cdot \frac{\mu_{St}}{2\widehat{\alpha}} + \frac{\widehat{\alpha}}{2\varphi_{zul}}} = \frac{1}{1 + \frac{0{,}1}{\widehat{8^\circ}} + 0{,}31 \cdot \frac{0{,}07}{2 \cdot \widehat{8^\circ}} + \frac{\widehat{8^\circ}}{2 \cdot 0{,}31}} =$$

$$= \frac{1}{1 + 0{,}716 + 0{,}078 + 0{,}225} = \underline{\underline{0{,}495}}$$

$$\eta_{F2} = \frac{1}{1 + \frac{\mu_R}{\widehat{\alpha}} + \varphi_{zul} \cdot \frac{\mu_{St}}{2\widehat{\alpha}} + \frac{\widehat{\alpha}}{2\varphi_{zul}}} = \frac{1}{1 + \frac{0{,}1}{\widehat{8^\circ}} + 0{,}62 \cdot \frac{0{,}07}{2 \cdot \widehat{8^\circ}} + \frac{\widehat{8^\circ}}{2 \cdot 0{,}62}} =$$

$$= \frac{1}{1 + 0{,}716 + 0{,}155 + 0{,}113} = \underline{\underline{0{,}504}}$$

$$\eta_{F3} = \frac{1}{1 + \frac{\mu_R}{\widehat{\alpha}} + \varphi_{zul} \cdot \frac{\mu_{St}}{2\widehat{\alpha}} + \frac{\widehat{\alpha}}{2\varphi_{zul}}} = \frac{1}{1 + \frac{0{,}1}{\widehat{8^\circ}} + 0{,}93 \cdot \frac{0{,}07}{2 \cdot \widehat{8^\circ}} + \frac{\widehat{8^\circ}}{2 \cdot 0{,}93}} =$$

$$= \frac{1}{1 + 0{,}716 + 0{,}223 + 0{,}075} = \underline{\underline{0{,}494}}$$

Hinweis: Die Rechnung zeigt, dass der Formänderungswirkungsgrad für alle Züge nahezu gleich groß ist !

2.9 Tiefziehen

2.9.1 Verwendete Formelzeichen

β		Ziehverhältnis
β_{0zul}		zulässiges größtes Ziehverhältnis
β_{tat}	[–]	Größtes Ziehverhältnis
η_F	[%]	Formänderungswirkungsgrad
μ		Reibwert
a	[mm]	Länge des Napfes ohne Bodenradius
A_N	[mm²]	Niederhalterfläche

b	[mm]	Breite des Napfes ohne Bodenradius
D	[mm]	Rondendurchmesser
d_1	[mm]	Innendurchmesser des Napfes
d_2	[mm]	Durchmesser des Napfes
d_m	[mm]	mittlerer Durchmesser
D_0	[mm]	Außendurchmesser des Flansches bei Erreichen des Ziehkraft-Maximums
d_{St}	[mm]	Stempeldurchmesser
F_B	[N]	Rückbiegekraft in der Ziehringrundung
F_{BR}	[N]	Bodenreißkraft
F_{id}	[N]	ideelle Umformkraft (ohne Reibungsverluste)
F_N	[N]	Niederhalterkraft
F_{RN}	[N]	Reibkraft zwischen Ziehring und Blechhalter
F_{RR}	[N]	Reibkraft an der Ziehringrundung
F_z	[N]	Ziehkraft
F_{zw}	[N]	Ziehkraft im Weitenschlag
h	[mm]	Höhe des Napfes = Ziehweg
h_1	[mm]	Napfhöhe nach 1. Zug
H_a	[mm]	Abwicklungslänge
H_b	[mm]	Abwicklungslänge
k		Werkstofffaktor
k_{fm}	[N/mm^2]	mittlere Formänderungsfestigkeit
l	[mm]	Länge des Teilsegments
n		Korrekturfaktor
n	[min^{-1}]	Pressendrehzahl
p	[N/mm^2]	Niederhalterdruck
P	[kW]	Pressenleistung
q		Korrekturfaktor
q		Werkstofffaktor
R	[mm]	Konstruktionsradius
R_1	[mm]	korrigierter Konstruktionsradius
R_b	[mm]	Bodenradius
R_e	[mm]	Eckenradius
r_M	[mm]	Ziehkantenrundung
R_m	[N/mm^2]	Zugfestigkeit
r_s	[mm]	Schwerpunktradius des Teilsegments zur Rotationsachse
r_{St}	[mm]	Stempelradius
s	[mm]	Blechdicke
v	[mm/min]	Ziehgeschwindigkeit
W	[Nmm]	Zieharbeit
w	[mm]	Ziehspalt
x		Verfahrensfaktor

2.9.2 Auswahl verwendeter Formeln

Ziehverhältnis

$$\beta_{tat} = \frac{D}{d} \qquad \beta_{ges} = \beta_{tat\,1} \cdot \beta_{tat\,2}$$

zulässiges Grenzziehverhältnis

a) gut ziehbare Werkstoffe, z. B. DC04

$$\beta_{zul} = 2{,}15 - \frac{d}{1000 \cdot s}$$

b) weniger gut ziehbare Werkstoffe, z. B. DC01

$$\beta_{zul} = 2 - \frac{1{,}1 \cdot d}{1000 \cdot s}$$

Napfhöhe nach dem 1. Zug

$$h = \frac{D^2 - d_1^2}{4 \cdot d_1}$$

Ziehkraft für den 1. Zug (ohne Reibung) nach **Schuler**

$$F_{z1} = d_1 \cdot \pi \cdot s \cdot R_m \cdot n$$

Ziehkraft für den 2. Zug nach **Schuler**

$$F_{z2} = \frac{F_{z1}}{2} + d_2 \cdot \pi \cdot s \cdot R_m \cdot n$$

Bemerkung: n = Korrekturfaktor; $n = 1{,}2 \cdot \frac{\beta_0 - 1}{\beta_{max} - 1}$

Ziehkraft (mit Reibung) nach **Siebel** für zyl. Teile

$$F_{zmax} = \pi \cdot d_m \cdot s \cdot \left[1{,}1 \cdot \frac{k_{fm}}{\eta_F} \cdot \left(\ln \frac{D}{d_1} - 0{,}25 \right) \right] \qquad k_{fm} = 1{,}3 \cdot R_m \qquad d_m = d_1 + s$$

Ziehkraft (ohne Reibung) für rechteckige Teile nach **Siebel**

$$F_Z = \left(2 \cdot r_e \cdot \pi + \frac{4(a+b)}{2} \right) \cdot R_m \cdot s \cdot u$$

Bodenreißkraft

$$F_{BR} = \pi(d_1 + s) \cdot s \cdot R_m$$

Zieharbeit doppeltwirkende Presse

$$W = F_z \cdot x \cdot h$$

Niederhalterkraft

$$F_N = p \cdot A_N$$

Niederhalterdruck

$$p = \left[(\beta_{tat} - 1)^2 + \frac{d}{200 \cdot s} \right] \cdot \frac{R_m}{400}$$

Niederhalterfläche

$$A_N = (D^2 - d_w^2)\frac{\pi}{4}$$

Konstruktionsdaten für das Ziehwerkzeug

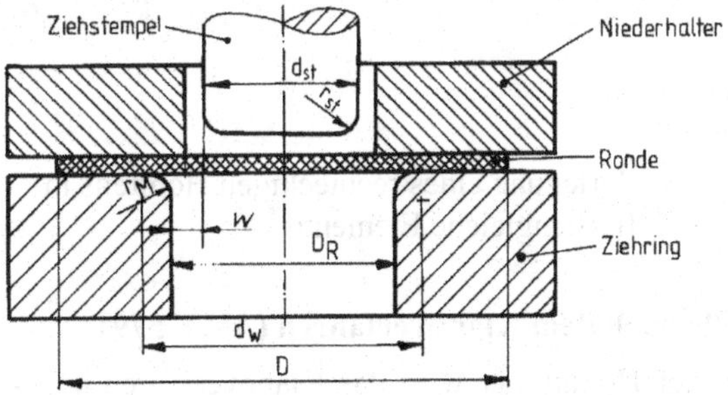

Ziehspalt

$w = s + k \cdot \sqrt{s}$

Stempelradius für zylindrische Teile

$r_{st} = (4 \text{ bis } 5) \cdot s$

Ziehkantenrundung für zylindrische Teile

$r_M = 0{,}035 \cdot [50 + (D - d)] \cdot \sqrt{s}$

wirksamer Durchmesser des Niederhalters

$d_w = d + 2 \cdot w + 2 \cdot r_M$

Gesamtumformkraft (nach **Schmoeckel**)

$F_z = F_{id} + F_{RN} + F_{RR} + F_B$

ideelle Umformkraft

$F_{id} = \pi \cdot d_m \cdot s \cdot 1{,}1 \cdot k_{fm} \cdot \ln \frac{D_0}{d_1} \cdot e^{\mu \cdot \frac{\pi}{2}}$ $\quad D_0 = 0{,}77 \cdot D$

$k_{fm} = 1{,}3\ R_m$

Reibkraft zwischen Ziehring und Blechhalter

$F_{RN} = \pi \cdot d_m \cdot 2\mu \cdot \frac{F_N}{\pi \cdot d_1} \cdot e^{\mu \cdot \frac{\pi}{2}}$

Reibkraft an der Ziehringrundung

$F_{RR} = (F_{id} + F_{RN}) \cdot e^{\mu \hat{a}}$

Rückbiegekraft in der Ziehringrundung

$F_B = \pi \cdot d_m \cdot s^2 \cdot k_{fm} \cdot \frac{1}{2 \cdot r_m}$

$k_{fm1} \approx k_{fm2}$

Ziehgeschwindigkeit

$v = 3272{,}5 \cdot \frac{\beta_{0zul}}{\beta_{tat} \cdot \sqrt{R_m}}$

Pressendrehzahl

$n = 62500 \cdot \frac{\beta_{0zul}}{h \cdot \beta_{tat} \cdot \sqrt{R_m}}$

Pressenleistung

$P = W \cdot \frac{n}{60}$

Ermittlung des Zuschnitts für rechtwinklige Teile

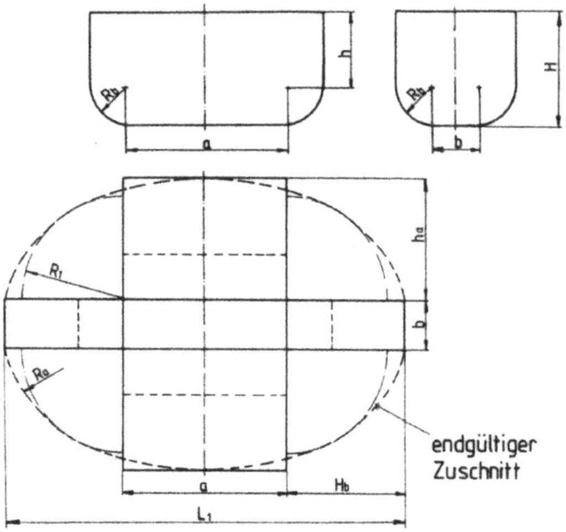

Zerlegung eines rechteckigen Hohlteils in flächengleiche Elemente

Zuschnittsermittlung für rechtwinklige Teile nach dem Klappverfahren (AWF 5791)

Zur Berechnung der Platinengröße prismatischer Hohlkörper wird das Klappverfahren angewandt. Bei diesem Verfahren werden die gestreckten Längen L_1 und L_2, ($L_2 = h_a + b$) des Biegekreuzes nach den Verfahren der Biegezuschnittsberechnung (Abklappen der senkrechten

Wände einschließlich der Kantenrundungen in die Ebene) berechnet. Die vier Eckenrundungen mit den Eckenradien R_e denkt man sich zu einem zylindrischen Hohlkörper zusammengesetzt. Der Rondendurchmesser D_0 für diesen Flächenanteil berechnet sich nach der Formel für zylindrische Ziehteile mit Halbkugelboden:

$$D_0 = \sqrt{2 \cdot d^2 + 4 \cdot d \cdot h} \quad \text{mit} \quad d = 2 \cdot R_e$$

Der Eckenscheibenradius R_1 entspricht dem Rondenradius und errechnet sich aus: $R = D_0/2$. Der endgültige Zuschnitt ergibt sich nach dem Festlegen der Übergangsrundungen von den abgeklappten Wandhöhen h_a an die Eckenscheiben mit dem Radius R.

Zuschnittsermittlung rechteckiger Teile

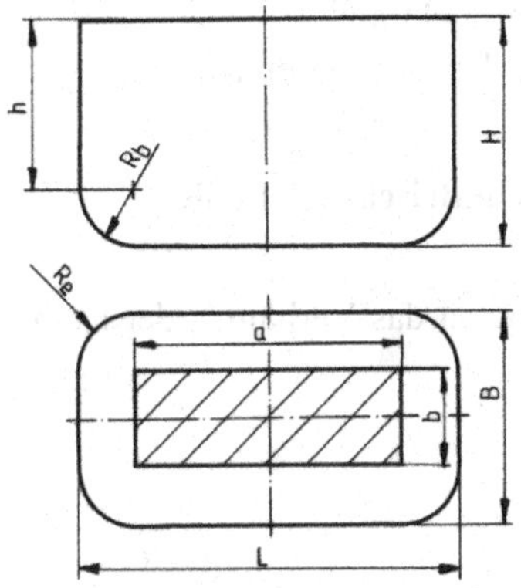

Konstruktionsmaße am rechteckigen Teil

Fall 1: Eckenradius **gleich** Bodenradius

Eckenradius	Konstruktionsradius	Korrekturfaktor	Korrigierter Konstruktionsradius
$R_e = R_b = r$	$R = 1{,}42 \cdot \sqrt{r \cdot h + r^2}$	$x = 0{,}074 \cdot \left(\frac{R}{2 \cdot r}\right)^2 + 0{,}982$	$R_1 = x \cdot R$

Abwicklungslänge H_a

$$H_a = 1{,}57 \cdot r + h - 0{,}785 \cdot (x^2 - 1) \cdot \frac{R^2}{a}$$

Abwicklungslänge H_b

$$H_b = 1{,}57 \cdot r + h - 0{,}785 \cdot (x^2 - 1) \cdot \frac{R^2}{b}$$

$$a = L - 2 \cdot R_e$$
$$b = B - 2 \cdot R_e$$
$$h = H - 2 \cdot R_b$$
$$R_e = R_b$$

Fall 2: Eckenradius **ungleich** Bodenradius

Eckenradius	Konstruktionsradius	Korrekturfaktor
$R_e \neq R_b$	$R = \sqrt{1{,}012 \cdot R_e^2 + 2 \cdot R_e \cdot (h + 0{,}506 \cdot R_b)}$	$x = 0{,}074 \cdot \left(\frac{R}{2 \cdot r}\right)^2 + 0{,}982$

Korrigierter Konstruktionsradius

$$R_1 = x \cdot R$$

Abwicklungslänge H_a

$$H_a = 0,57 \cdot R_b + h + R_e - 0,785 \cdot (x^2 - 1) \cdot \frac{R^2}{a}$$

Abwicklungslänge H_b

$$H_b = 0,57 \cdot R_b + h + R_e - 0,785 \cdot (x^2 - 1) \cdot \frac{R^2}{b}$$

Rondendurchmesser für zyl. Teile mit kleinen Radien

$$D = \sqrt{d_1^2 + 4 \cdot d_1 \cdot h}$$

Rondendurchmesser beliebiger zyl. Körper (Guldin'sche Regel)

$$D = \sqrt{8 \cdot \sum (r_s \cdot l)}$$

r_s [mm] Schwerpunktradius
l [mm] Länge der rotierenden Kurve

Zuschnittsermittlung für ovale und verschieden gerundete zylindrische Ziehteile

Fall 3:

In der Regel geht man hier vom zylindrischen Zuschnitt aus, soweit das Verhältnis der Halbachsen der

Ellipse $\frac{a}{b} \leq 1,3$ ist!

Eckenradius **ungleich** Bodenradius

$$\frac{a}{b} \leq 1,3$$

Konstruktionsradius

$$R = 1,42 \cdot \sqrt{R_b \cdot h + R_b^2}$$

Korrekturfaktor

$$x = 0,074 \cdot \left(\frac{R}{2 \cdot r}\right)^2 + 0,982$$

korrigierter Konstruktionsradius

$$R_1 = R \cdot x$$

Abwicklungslänge H_a

$$H_a = 1,57 \cdot R_b + h + R_e - 0,785 \cdot (x^2 - 1) \cdot \frac{R^2}{a}$$

Abwicklungslänge H_b

$$H_b = 1,57 \cdot R_b + h + R_e - 0,785 \cdot (x^2 - 1) \cdot \frac{R^2}{b}$$

Eckenrundung

$$R_a \approx R \approx \frac{a}{4} \approx \frac{b}{4}$$

Zugabstufung **für zylindrische** Teile

n-ter Zug: $d_n = \frac{d_n - 1}{\beta_1}$

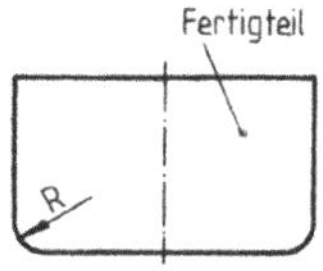

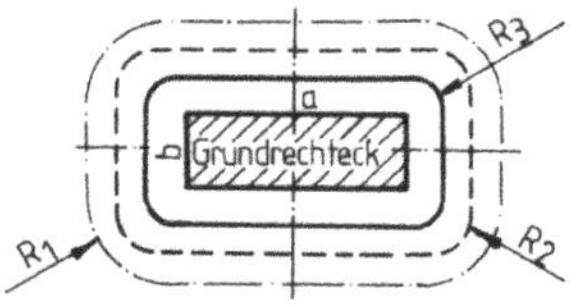

Zugabstufung für rechteckige Teile

DC01 bis DC04 (St 12 bis St 14)

1. Zug: $r_1 = 1,2 \cdot q \cdot R_1$
2. Zug: $r_2 = 0,6 \cdot R_1$,
3. Zug: $r_3 = 0,6 \cdot R_2$

Korrekturfaktor $q = 0,3$

2.9.3 Berechnungsbeispiele

1. Der Zuschnittsdurchmesser der Ausgangsronde für das skizzierte Formteil ist zu ermitteln. Die Blechdicke soll vernachlässigt werden.

   Ermitteln Sie:

   a) durch Anwendung der entsprechenden Berechnungsformel den Rondendurchmesser

   b) durch Anwendung der „Guldinschen Regel" den Rondendurchmesser.

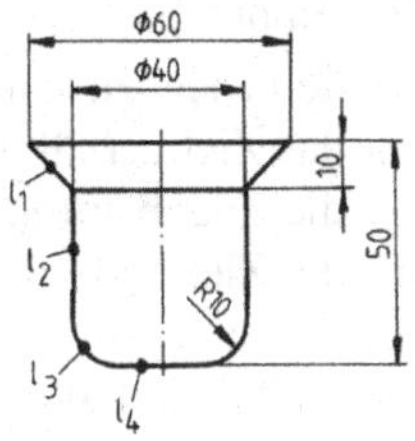

Formteil

2. Es sind Blechgehäuse – siehe Skizze – aus DC03 durch Tiefziehen zu fertigen.

   Zu berechnen sind:

   a) der Rondendurchmesser
   b) das tatsächliche und das zulässige Ziehverhältnis
   c) die Zugabstufung
   d) die Napfhöhe nach dem ersten Zug.

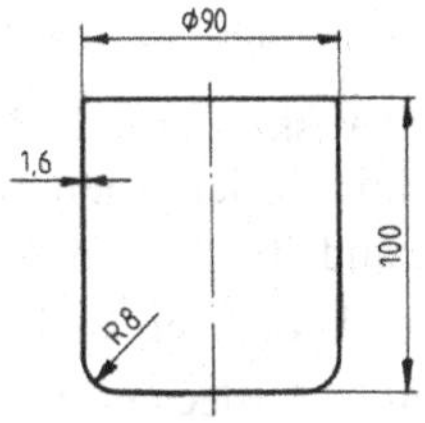

Blechgehäuse

3. Berechnen Sie für die vorhergehende Aufgabe:

   a) den Ziehspalt
   b) die Ziehkantenrundung
   c) die Ziehkraft nach Schuler
   d) die Zieharbeit bei einem Verfahrensfaktor von 0,63
   e) die Niederhalterkraft
   f) die Bodenreißkraft.

4. Für das skizzierte rechteckige Ziehteil aus 1,2 mm dickem Blech, DC03, ist die Zugabstufung und die notwendige Ziehkraft nach Schuler zu berechnen.

   Breite des Fertigteils: 100 mm

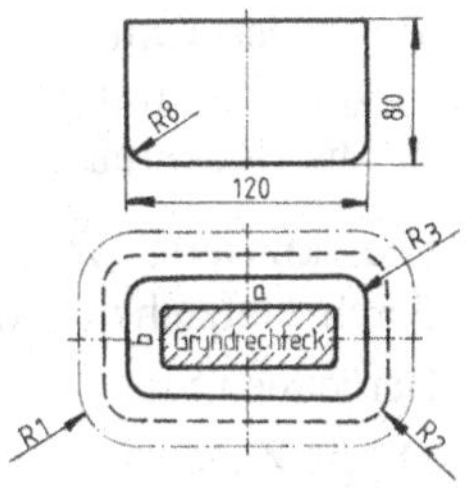

5. Auf einer doppeltwirkenden Presse – Verfahrensfaktor $x = 0{,}63$ – soll ein Napf aus CuZn28 gezogen werden. Der Rondendurchmesser beträgt 246 mm, Blechdicke 1,5 mm, Stempeldurchmesser 130 mm, Formänderungswirkungsgrad 0,6. Zu berechnen sind:

   a) das Ziehverhältnis
   b) die Ziehkraft nach Siebel
   c) die Bodenreißkraft
   d) die Zieharbeit
   e) die maximale Ziehgeschwindigkeit des Stempels
   f) die erforderliche Pressenleistung
   g) die Niederhalterkraft.

6. Die skizzierte Abdeckhaube aus DC04 soll durch Tiefziehen hergestellt werden. Die Blechdicke beträgt 1,5 mm, Formänderungswirkungsgrad 40 %.

   Berechnen Sie:

   a) den Blechzuschnitt
   b) das Ziehverhältnis
   c) die Zugabstufung
   d) die Ziehkraft nach Schuler
   e) die Ziehkraft nach Siebel
   f) die Niederhalterkraft
   g) die Bodenreißkraft.

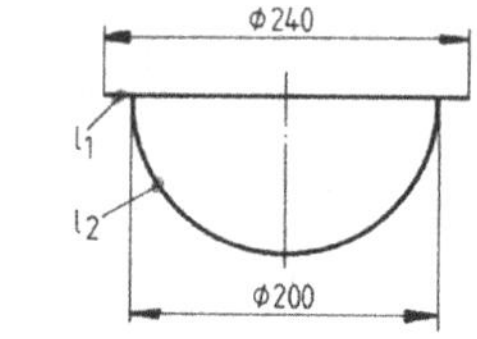

Abdeckhaube

7. Unter Verwendung der Daten aus der Aufgabe 6 ist die Umformkraft nach Schmoekel zu berechnen. Reibwert $\mu = 0{,}3$, Zugfestigkeit 380 N/mm^2.

8. Der skizzierte Hohlkörper mit Flansch und Bodenrundung ist durch Tiefziehen herzustellen. Werkstoff DC0261 – wärmebehandelt – Blechdicke 0,9 mm, Reibwert $\mu = 0{,}15$.

   Zu berechnen sind:

   a) der Blechzuschnitt
      I) nach der „Zuschnittsformel"
      II) nach der „Guldinschen Regel"
   b) die Anzahl der Züge bei $\beta_{0zul} = 2{,}15$
   c) die Umformkraft nach Schmoekel
   d) die Umformkraft nach Siebel, wenn $\eta_F = 0{,}6$
   e) die Bodenreißkraft.

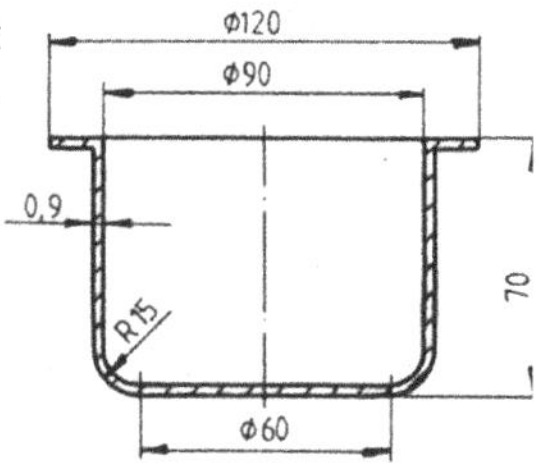

Hohlkörper

9. Unter Verwendung der Daten aus Aufgabe 8 soll berechnet werden:
   a) das tatsächliche Zugverhältnis
   b) die Ziehkraft nach Siebel
   c) die Bodenreißkraft bei der Fertigung des Ziehteils in zwei Zügen.

10. Die skizzierte Abdeckhaube aus Al 99,5, Blechdicke 0,4 mm, Korrekturwert $q = 0{,}3$, ist durch Tiefziehen herzustellen.

    Berechnen Sie:

    a) die Zugabstufung
    b) die Ziehkraft nach Siebel
    c) die Niederhalterkraft
    d) die Bodenreißkraft.

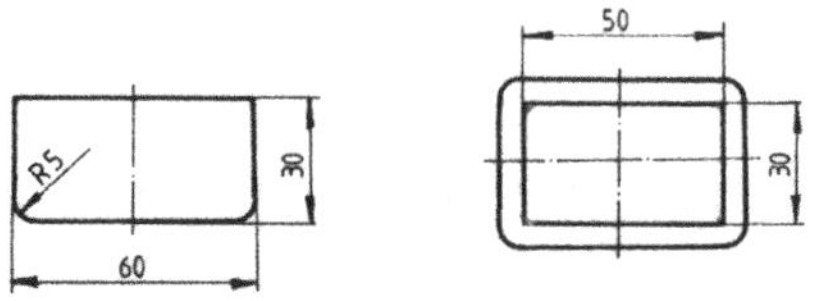

Abdeckhaube

2.9.4 Lösungen

Lösung zu Beispiel 1

Die Oberfläche des rotationssymmetrischen Formteils muss der Rondenfläche entsprechen.

a) Rondendurchmesser (Anhang 4.1.9) $a = \sqrt{10^2 + 10^2} = 14{,}142$

$$D = \sqrt{d_1^2 + 8r^2 + 2 \cdot \pi \cdot r \cdot d_1 + 4 \cdot d_2 \cdot h + 2 \cdot a \cdot (d_2 + d_3)}$$
$$= \sqrt{20^2 + 8 \cdot 10^2 + 2 \cdot \pi \cdot 10 \cdot 20 + 4 \cdot 40 \cdot 30 + 2 \cdot 14{,}142 \cdot (40 + 60)}$$
$$= \sqrt{400 + 800 + 1257 + 4800 + 2828{,}4} = \underline{\underline{100{,}4\ \text{mm}}}$$

b) Rondendurchmesser nach „Guldin'scher Regel"

$l_1 = \sqrt{10^2 + 10^2} = 14{,}142$ mm

$l_2 = 30$ mm

$l_3 = \dfrac{d \cdot \pi}{4} = \dfrac{20 \cdot \pi}{4} = 15{,}7$ mm

$l_4 = 10$ mm

$r_{s1} = 25$ mm

$r_{s2} = 20$ mm

$r_{s3} = 0{,}64 \cdot 10 + 10 = 16{,}4$ mm

$r_{s4} = 5$ mm

$$D = \sqrt{8 \cdot \Sigma \cdot (r_s \cdot l)} = \sqrt{8 \cdot (14{,}142 \cdot 25 + 30 \cdot 20 + 15{,}7 \cdot 16{,}4 + 10 \cdot 5)} = \underline{\underline{100{,}4\ \text{mm}}}$$

Lösung zu Beispiel 2

a) Rondendurchmesser

$$D = \sqrt{d^2 + 4 \cdot d \cdot h} = \sqrt{90^2 + 4 \cdot 90 \cdot 100} = \underline{\underline{210\ \text{mm}}}$$

b) tatsächliches und zulässiges Ziehverhältnis

$$\beta_{tat} = \frac{D}{d} = \frac{210}{90} = \underline{\underline{2{,}33}}$$

aus Anhang 4.1.10, DC03:

bei $\dfrac{d}{s} = \dfrac{90}{1{,}6} = 56{,}23 \Rightarrow \beta_{0zul} = 2{,}05$

oder <u>zulässiges Ziehverhältnis</u> rechnerisch ermittelt bei gut ziehbaren Werkstoffen:

$$\beta_{0zul} = 2{,}15 - \frac{d}{1000 \cdot s} = 2{,}15 - \frac{90}{1000 \cdot 1{,}6} = \underline{\underline{2{,}09}}$$

da $\beta_{tat} > \beta_{0zul} \Rightarrow 2{,}33 > 2{,}09$ bzw. $2{,}05 \Rightarrow$ sind 2 Züge erforderlich!

Bemerkung: zul. Ziehverhältnisse im Weitenschlag (2. und 3. Zug) liegt bei Tiefziehblechen im Bereich von $\beta_{1zul} = 1{,}2$ bis 1,3.

c) Zugabstufung (Napfdurchmesser) weitergerechnet mit kleinem β_{0zul}

1. Zug

$$d_1 = \frac{D}{\beta_{0zul}} = \frac{210}{2{,}05} = 102{,}43\ \text{mm} \Rightarrow \text{gewählt } 105\ \text{mm} \Rightarrow d_1 = \underline{\underline{105\ \text{mm}}}$$

2. Zug

$$d_2 = \frac{d_1}{\beta_{1\text{zul}}} = \frac{105}{1{,}3} = \underline{\underline{80{,}76\text{ mm}}}$$

$d_2 < d$

80,76 mm < 90 mm, das Gehäuse ist also in **2** Zügen herstellbar!

Überprüfung des Ziehverhältnis

1. Zug (Ziehverhältnis)

$$\beta_{\text{tats}1} = \frac{D}{d_1} = \frac{210}{105} = \underline{\underline{2{,}0}} \qquad \Rightarrow \beta_{\text{tats}1} < \beta_{\text{tats}} < \beta_{\text{zul}}$$

2. Zug

$$\beta_{\text{tats}2} = \frac{d_1}{d_2} = \frac{105}{90} = \underline{\underline{1{,}17}} \qquad \Rightarrow \beta_{\text{tats}2} < \beta_{\text{zul}}$$

d) Napfhöhe nach dem 1. Zug

$$D = \sqrt{d_1^2 + 4 \cdot d_1 \cdot h}$$

$$h = \frac{D^2 - d_1^2}{4 \cdot d_1} = \frac{210^2 - 105^2}{4 \cdot 105} = \underline{\underline{78{,}75\text{ mm}}}$$

Bei einer Zipfelbildung von = 1,5 mm wird die Napfhöhe nach dem <u>1. Zug</u>: h = 80,25 mm.

Lösung zu Beispiel 3

a) Ziehspalt nach Oehler

aus Anhang 4.1.10: Stahl $\Rightarrow k = 0{,}07$

$$w = s + k \cdot \sqrt{s} = 1{,}6 + 0{,}07 \cdot \sqrt{1{,}6} = \underline{\underline{1{,}69\text{ mm}}}$$

b) Ziehkantenrundung beim **1. Zug**

$$r_M = 0{,}035[50 + (D - d)] \cdot \sqrt{s} = 0{,}035\,[50 + (210 - 105)] \cdot \sqrt{1{,}6} = \underline{\underline{6{,}86\text{ mm}}}$$

gewählt $\Rightarrow r_M = \underline{\underline{7\text{ mm}}}$

Ziehkantenrundung beim **2. Zug**

$$r_M = 0{,}035[50 + (D - d)] \cdot \sqrt{s} = 0{,}035\,[50 + (105 - 90)] \cdot \sqrt{1{,}6} = \underline{\underline{2{,}87\text{ mm}}}$$

gewählt $\Rightarrow r_M = \underline{\underline{3\text{ mm}}}$

c) Ziehkraft (nach Schuler) für den **1. Zug**

aus Anhang 4.1.10, DC0261: $\Rightarrow R_m = 400\text{ N/mm}^2$

Korrekturfaktor

$$n = 1{,}2 \cdot \frac{\beta_{\text{tats}} - 1}{\beta_{0\text{zul}} - 1} = 1{,}2 \cdot \frac{2 - 1}{2{,}05 - 1} = \underline{\underline{1{,}14}}$$

$$F_{z1} = d_1 \cdot \pi \cdot s \cdot R_m \cdot n$$

$$F_{z1} = 105 \cdot \pi \cdot 1{,}6 \cdot 400 \cdot 1{,}14 =$$

$$= 240671\text{ N} \approx \underline{\underline{240{,}5\text{ kN}}}$$

$$\approx 241\text{ kN}$$

Ziehkraft (nach Schuler) für den **2. Zug** $n = 1{,}2 \cdot \frac{\beta_{\text{tat}} - 1}{\beta_{0\text{zul}} - 1} = 1{,}2 \cdot \frac{1{,}17 - 1}{1{,}3 - 1} = \underline{\underline{0{,}68}}$

$$F_{z2} = \frac{F_{z1}}{2} + d_2 \cdot \pi \cdot s \cdot R_m \cdot n = \frac{240671}{2} + 90 \cdot \pi \cdot 1{,}6 \cdot 400 \cdot 0{,}68 = 243385\ \text{N} \approx \underline{\underline{243{,}4\ \text{kN}}}$$

d) Zieharbeit für den **1. Zug**

$W = F_1 \cdot x \cdot h = 241 \cdot 0{,}63 \cdot 80{,}25 =$

$= 12184\ \text{kNmm} \approx \underline{\underline{12{,}2\ \text{kNm}}}$

Verfahrensfaktor:
$x = 0{,}63$ doppelwirkende Presse

e) Niederhalterkraft

1. Zug

$$p_1 = \left[(\beta_{\text{tat}} - 1)^2 + \frac{d}{200 \cdot s}\right] \cdot \frac{R_m}{400} = \left[(2{,}0 - 1)^2 + \frac{105}{200 \cdot 1{,}6}\right] \cdot \frac{400}{400} = 1{,}33\ \text{N/mm}^2$$

2. Zug (zur Kontrolle)

$$p_2 = \left[(\beta_{\text{tat}} - 1)^2 + \frac{d}{200 \cdot s}\right] \cdot \frac{R_m}{400} = \left[(1{,}17 - 1)^2 + \frac{90}{200 \cdot 1{,}6}\right] \cdot \frac{400}{400} = 0{,}31\ \text{N/mm}^2$$

wirksamer Durchmesser des Niederhalters

$d_w = d + 2 \cdot w + 2 \cdot r_M = 105 + 2 \cdot 1{,}69 + 2 \cdot 7 = 122{,}38$ mm

$A_N = (D^2 - d_w^2) \cdot \frac{\pi}{4} = (210^2 - 122{,}38^2) \cdot \frac{\pi}{4} = \underline{22873{,}3\ \text{mm}^2}$

$F_N = p \cdot A_N = 1{,}33 \cdot 22861{,}6 = 30421{,}5\ \text{N} \approx \underline{\underline{30{,}4\ \text{kN}}}$

f) Bodenreißkraft

$F_{BR} = \pi(d_1 + s) \cdot s \cdot R_m = \pi(105 + 1{,}6) \cdot 1{,}6 \cdot 400 = 214332\ \text{N} = \underline{\underline{214{,}3\ \text{kN}}}$

Hinweis: Die Berechnung von F_{BR} zeigt, dass bei einer Zugkraft $F_{z1} = 241$ kN der Blechgehäuseboden ausreißen würde!
Abhilfe: Fertigung in 3 Zügen oder Blech glühen!

Lösung zu Beispiel 4

Die Zuschnittsermittlung für rechteckige Ziehteile erfolgt nach der AWF 5791.

Die Abmaße des Grundrechtecks ergeben sich aus:

Länge $a = 120 - 2 \cdot 8 = 104$ mm
Breite $b = 100 - 2 \cdot 8 = 84$ mm

Weitere Daten sind aus der Zuschnittsermittlung „korrigierter Konstruktionsradius" $R_1 = x \cdot R$ zu entnehmen.

Gewählter Werkstoffaktor $q = 0{,}34$.

Die Anzahl der erforderlichen Züge ergibt sich aus den zulässigen Eckenradien.

a) Konstruktionsradius

$$R = 1,42 \cdot \sqrt{r \cdot h + r^2} = 1,42 \cdot \sqrt{8 \cdot 72 + 8^2} = 35,9 \text{ mm}$$

Korrekturfaktor:

$$x = 0,074 \cdot \left(\frac{R}{2r}\right)^2 + 0,982 = 0,074 \cdot \left(\frac{35,9}{2 \cdot 8}\right)^2 + 0,982 = 1,35$$

Korrigierter Konstruktionsradius

$R_1 = x \cdot R = 1,35 \cdot 35,9 = 48,5$ mm

Eckenradius nach dem **1. Zug**

$r_1 = 1,2 \cdot q \cdot R_1 = 1,2 \cdot 0,34 \cdot 48,5 = 19,8$ mm

Eckenradius nach dem **2. Zug**

$r_2 = 0,6 \cdot r_1 = 0,6 \cdot 19,8 = 11,9$ mm

Eckenradius nach dem **3. Zug**

$r_3 = 0,6 \cdot r_2 = 0,6 \cdot 11,9 = 7,14$ mm

Hinweis: Da der Eckenradius r_3 mit 7,14 mm < als der Fertigradius $r = 8$ mm ist, kann das Fertigteil in 3 Zügen hergestellt werden!

b) Ziehkraft (nach Schuler)

aus Anhang 4.1.10, DC03:
⇒ $R_m = 400$ N/mm²

$$F_z = \left(2 \cdot r \cdot \pi + \frac{4 \cdot (a+b)}{2}\right) \cdot R_m \cdot s \cdot n$$

tatsächliches Ziehverhältnis

$$\beta = \sqrt{\frac{A_0}{A_{St}}}$$

Hinweis: Berechnung von A_0 und A_{st}, erfolgt nach AWF 5791

Abwicklungslängen

$$H_a = 1,57 \cdot r + h - 0,785 \cdot (x^2 - 1) \cdot \frac{R^2}{a} = 1,57 \cdot 8 + 80 - 0,785 \cdot (1,35^2 - 1) \cdot \frac{35,9^2}{104} =$$
$$= 84,56 \text{mm}$$

$$H_b = 1,57 \cdot r + h - 0,785 \cdot (x^2 - 1) \cdot \frac{R^2}{a} = 1,57 \cdot 8 + 80 - 0,785 \cdot (1,35^2 - 1) \cdot \frac{35,9^2}{84} =$$
$$= 82,66 \text{mm}$$

Zuschnittsfläche

$$A_0 \approx 2 \cdot H_a \cdot a + 2 \cdot H_b \cdot b + a \cdot b = 2 \cdot 84,56 \cdot 104 + 2 \cdot 82,66 \cdot 84 + 104 \cdot 84 =$$
$$= 40211,4 \text{ mm}^2 \approx 402 \text{ cm}^2$$

$$A_{St} = a \cdot b + (2 \cdot a + 2 \cdot b \cdot r + \pi \cdot r^2) = 104 \cdot 84 + 2(104 + 84) \cdot 8 + \pi \cdot 8^2 =$$
$$= 11945 \text{ mm}^2 \approx 119,5 \text{ cm}^2$$

aus Anhang 4.1.10, DC03:
$\beta = 1{,}8 \Rightarrow n = 0{,}9 \Rightarrow R_m = 400\ \text{N/mm}^2$

$$\beta_{tats} = \sqrt{\frac{372{,}2}{119{,}5}} = 1{,}76 \approx 1{,}8$$

$$F_z = [2 \cdot r \cdot \pi + 2 \cdot (a+b)] \cdot R_m \cdot s \cdot n = [2 \cdot 8 \cdot \pi + 2 \cdot (104+84)] \cdot 400 \cdot 1{,}2 \cdot 0{,}9 =$$
$$= 184144\ \text{N} \approx \underline{\underline{184{,}1\ \text{kN}}}$$

Lösung zu Beispiel 5

a) Ziehverhältnis

$$\beta_{tat} = \frac{D}{d} = \frac{246}{130} = \underline{\underline{1{,}9}}$$

gut ziehfähige Werkstoffe, z. B. CuZn28:

$$\beta_{zul} = 2{,}15 - \frac{d}{1000 \cdot s} = 2{,}15 - \frac{130}{1000 \cdot 1{,}5} = 2{,}06$$

$\beta_{tat} < \beta_{zul}$

1,9 < 2,06 d. h., die Napfherstellung ist in **einem Zug** möglich!

b) Ziehkraft nach Siebel

$$F_z = d_m \cdot \pi \cdot s \cdot \left[1{,}1 \cdot \frac{k_{fm}}{\eta_F} \cdot \left(\ln \frac{D_1}{d_1} - 0{,}25\right)\right] =$$
$$= (130 + 1{,}5) \cdot \pi \cdot 1{,}5 \cdot \left[1{,}1 \cdot \frac{300 \cdot 1{,}3}{0{,}6} \cdot \left(\ln \frac{246}{130} - 0{,}25\right)\right] =$$
$$\approx \underline{\underline{172\ \text{kN}}}$$

$d_m = d + s$
$k_{fm} = 1{,}3\ R_m$
aus Anhang 4.1.10, CuZn28:
$\Rightarrow R_m = 300\ \text{N/mm}^2$

c) Bodenreißkraft

$$F_{BR} = \pi \cdot (d_1 + s) \cdot s \cdot R_m = \pi \cdot (130 + 1{,}5) \cdot 1{,}5 \cdot 300 = 185904\ \text{N} \approx \underline{\underline{185{,}9\ \text{kN}}}$$

d) Zieharbeit

Verfahrensfaktor
$x = 0{,}63$

$$h = \frac{D^2 - d_1^2}{4 \cdot d} = \frac{246^2 - 130^2}{4 \cdot 130} = 83{,}9\ \text{mm}$$
$$W = F_Z \cdot x \cdot h = 172 \cdot 0{,}63 \cdot 83{,}9 = 9091{,}4\ \text{kNmm} = \underline{\underline{9{,}1\ \text{kNm}}}$$

e) Ziehgeschwindigkeit

$$v = 3272{,}5 \cdot \frac{\beta_{0zul}}{\beta_{tat} \cdot \sqrt{R_m}} = 3272{,}5 \cdot \frac{2}{1{,}9 \cdot \sqrt{300}} = \underline{\underline{199\ \text{mm/ min}}}$$

f) Leistung der Presse

$$n = 62500 \cdot \frac{\beta_{0zul}}{h \cdot \beta_{tat}\sqrt{R_m}} = 62500 \cdot \frac{2}{83{,}9 \cdot 1{,}9 \cdot \sqrt{300}} = 45\ \text{min}^{-1}$$

$$P = W \cdot \frac{n}{60} = 9091 \cdot \frac{45}{60} = 6818\ \text{W} \approx \underline{\underline{6{,}8\ \text{kW}}}$$

g) Niederhalterkraft

$$F_N = p \cdot A_N$$

$$p = \left[(\beta_{tat} - 1)^2 + \frac{d}{200 \cdot s}\right] \cdot \frac{R_m}{400} = \left[(1{,}9 - 1)^2 + \frac{130}{200 \cdot 1{,}5}\right] \cdot \frac{300}{400} = 0{,}93 \text{ N/ mm}^2$$

$$w = s + k\sqrt{s} = 1{,}5 + 0{,}04 \cdot \sqrt{1{,}5} = 1{,}55 \text{ mm}$$

aus Anhang 4.1.10:
NE-Metall $\Rightarrow k = 0{,}04$

$$r_M = 0{,}035 \cdot [50 + (D - d)] \cdot \sqrt{s} =$$

$$= 0{,}035 \cdot [50 + (246 - 130)] \cdot \sqrt{1{,}5} = 7{,}1 \text{ mm}$$

$$d_w = d + 2 \cdot w + 2 \cdot r_M = 130 + 2 \cdot 1{,}55 + 2 \cdot 7{,}1 = 147{,}2 \text{ mm}$$

$$A_N = (D^2 - d_w^2) \cdot \frac{\pi}{4} = (246^2 - 147{,}2^2) \cdot \frac{\pi}{4} = 30511 \text{ mm}^2$$

$$F_N = p \cdot A_N = 0{,}93 \cdot 30511 = 28376 \text{ N} = \underline{\underline{28{,}4 \text{ kN}}}$$

Lösung zu Beispiel 6

a) Blechzuschnitt

nach Zuschnittsformel

$$D = \sqrt{d_1^2 + d_2^2} = \sqrt{200^2 + 240^2} = \underline{\underline{312{,}4 \text{ mm}}} \Rightarrow \text{gewählt} \Rightarrow D = \underline{\underline{313 \text{ mm}}}$$

$$l_1 = \frac{d - 2 \cdot r}{2} = \frac{240 - 2 \cdot 100}{2} = 20 \text{ mm}$$

$$r_{s1} = \frac{d - l_1}{2} = \frac{240 - 20}{2} = 110 \text{ mm}$$

$$l_2 = \frac{r \cdot \pi}{2} = \frac{100 \cdot \pi}{2} = 157 \text{ mm}$$

$$r_{s2} = 0{,}64 \cdot r = 0{,}64 \cdot 100 = 64 \text{ mm}$$

nach Guldin'scher Regel

$$D = \sqrt{8 \cdot \Sigma(r_s \cdot l)}$$

$$D = \sqrt{8 \cdot (20 \cdot 110 + 157 \cdot 64)} = \underline{\underline{313 \text{ mm}}}$$

b) Ziehverhältnis

$$\beta_{tat} = \frac{D}{d} = \frac{313}{200} = \underline{\underline{1{,}57}}$$

bei gut ziehbarem Werkstoff

$$\beta_{0zul} = 2{,}15 - \frac{d}{1000 \cdot s} = 2{,}15 - \frac{200}{1000 \cdot 1{,}5} = \underline{\underline{2{,}0}}$$

c) Zugabstufung

$\beta_{tat} < \beta_{0zul}$

$1{,}57 < 2 \Rightarrow$ Fertigung in **einem Zug** möglich!

d) Ziehkraft nach Schuler

$F_z = d \cdot \pi \cdot s \cdot R_m \cdot n =$

$= 200 \cdot \pi \cdot 1{,}5 \cdot 380 \cdot 0{,}68 =$

$= 243536\ \text{N} \approx \underline{\underline{243{,}5\ \text{kN}}}$

aus Anhang 4.1.10:

DC04 ⇒ $R_m = 380\ \text{N/mm}^2$

$$n = 1{,}2 \cdot \frac{\beta_{tats} - 1}{\beta_{0zul} - 1} = 1{,}2 \cdot \frac{1{,}57 - 1}{2 - 1} = 0{,}68$$

e) Ziehkraft nach Siebel

$$F_{zmax} = \pi \cdot d_m \cdot s \left[1{,}1 \cdot \frac{k_{fm}}{\eta_F} \cdot \left(\ln \frac{D}{d_1} - 0{,}25 \right) \right]$$

$d_m = d_1 + s$

$k_{fm} = 1{,}3 \cdot R_m$

$$F_{zmax} = \pi \cdot (200 + 1{,}5) \cdot 1{,}5 \cdot \left[1{,}1 \cdot \frac{1{,}3 \cdot 380}{0{,}4} \cdot \left(\ln \frac{313}{200} - 0{,}25 \right) \right] = \underline{\underline{255{,}3\ \text{kN}}}$$

f) Niederhalterkraft

$$p = \left[(\beta_{tat} - 1)^2 + \frac{d}{200 \cdot s} \right] \cdot \frac{R_m}{400} = \left[(1{,}57 - 1)^2 + \frac{200}{200 \cdot 1{,}5} \right] \cdot \frac{380}{400} =$$

aus Anhang 4.1.10:

Stahl ⇒ $k = 0{,}07$

$= 0{,}94\ \text{N/ mm}^2$

$w = s + k \cdot \sqrt{s} = 1{,}5 + 0{,}07 \cdot \sqrt{1{,}5} = 1{,}6\ \text{mm}$

$r_M = 0{,}035 \cdot [50 + (D - d)] \cdot \sqrt{s} = 0{,}035 \cdot [50 + 313 - 200] \cdot \sqrt{1{,}5} = 6{,}99$

gewählt ⇒ $r_M = \underline{\underline{7\ \text{mm}}}$

$d_w = d + 2 \cdot w + 2 \cdot r_M = 200 + 2 \cdot 1{,}6 + 2 \cdot 7 = 217{,}2\ \text{mm}$

$$A_N = (D^2 - d_w^2) \cdot \frac{\pi}{4} = (313^2 - 217{,}2^2) \cdot \frac{\pi}{4} = 39892{,}9\ \text{mm}^2$$

$F_N = p \cdot A_N = 0{,}94 \cdot 39892{,}9 = \underline{\underline{37{,}5\ \text{kN}}}$

g) Bodenreißkraft

$F_{BR} = \pi \cdot (d + s) \cdot s \cdot R_m = \pi \cdot (200 + 1{,}5) \cdot 1{,}5 \cdot 380 = 360828\ \text{N} \approx \underline{\underline{360{,}8\ \text{kN}}}$

$F_z < F_{BR}$

255,3 kN < 360,6 kN d. h. die Haube kann in **einem Zug** gefertigt werden!

Lösung zu Beispiel 7

Die gesamte Umformkraft errechnet sich nach Schmoekel:

$F_{ges} = F_{id} + F_{RN} + F_{RR} + F_B$

$$F_{id} = \pi \cdot d_m \cdot s \cdot 1{,}1 \cdot k_{fm} \cdot \ln \frac{D_o}{d_1} \cdot e^{\mu \cdot \frac{\pi}{2}} = \pi \cdot (200 + 1{,}5)$$

$$\cdot 1{,}5 \cdot 1{,}1 \cdot 1{,}3 \cdot 380 \cdot \ln \frac{0{,}77 \cdot 313}{200} \cdot e^{0{,}3 \cdot \frac{\pi}{2}} \approx \underline{\underline{154\ \text{kN}}}$$

$e = 2{,}718$ (Eulerzahl)

$D_o = 0{,}77 \cdot D$

$d_m = d_1 + s$

$k_{fm} = 1{,}3 \cdot R_m$

DC04 ⇒ $R_m = 380\ \text{N/mm}^2$

Reibkraft zwischen Ziehring und Blechhalter $k_{\mathrm{fm1}} = k_{\mathrm{fm2}} = 1{,}3 \cdot R_m$

$$F_{RN} = \pi \cdot d_m \cdot 2\mu \cdot \frac{F_N}{\pi \cdot d_1} \cdot e^{\mu \cdot \frac{\pi}{2}} = \pi \cdot (200 + 1{,}5) \cdot 2 \cdot 0{,}3 \cdot \frac{37500}{\pi \cdot 200} \cdot e^{0{,}3 \cdot \frac{\pi}{2}} =$$
$$= 36315\ \mathrm{N} \approx \underline{\underline{36{,}3\ \mathrm{kN}}}$$

$$F_B = \pi \cdot d_m \cdot s^2 \cdot k_{\mathrm{fm}} \cdot \frac{1}{2 \cdot r_M} = \pi \cdot (200 + 1{,}5) \cdot 1{,}5^2 \cdot 1{,}3 \cdot 380 \cdot \frac{1}{2 \cdot 7} =$$
$$= 50258\ \mathrm{N} \approx \underline{\underline{50{,}2\ \mathrm{kN}}}$$

Hinweis: Die Reibkraft F_{RR} an der Ziehringrundung ist von den Reibverhältnissen (Werkstoff, Schmierung) abhängig. Sie ist im Verhältnis zur Gesamtstempelkraft F_{ges} so gering, dass sie in der Praxis vernachlässigt werden kann ($F_{RR} \approx 4\,\%$ von F_{ges}).

F_{RR} wird vernachlässigt, somit:

$$F_{ges} = F_{id} + F_{RN} + F_B = 154 + 36{,}3 + 50{,}2 = \underline{\underline{240{,}5\ \mathrm{kN}}}$$

Lösung zu Beispiel 8

a) Rondendurchmesser

I) nach **Zuschnittsformel** $f = \frac{120 - 90}{2} = 15\ \mathrm{mm}$

$$D = \sqrt{d_1^2 + 2\pi \cdot d_1 + 8 \cdot r^2 + 4 \cdot d_2 \cdot h + 2 \cdot f \cdot (d_2 + d_3)}$$
$$= \sqrt{60^2 + 6{,}28 \cdot 15 \cdot 60 + 8 \cdot 15^2 + 4 \cdot 90 \cdot 55 + 2 \cdot 15 \cdot (90 + 120)}$$
$$= 192{,}7\ \mathrm{mm} \quad \text{gewählt} \Rightarrow D = \underline{\underline{193\ \mathrm{mm}}}$$

II) nach der **Guldinschen Regel**

$$l_1 = \frac{d - 2 \cdot r}{2} = \frac{120 - 90}{2} = 15\ \mathrm{mm} \qquad r_{s1} = \frac{d - 2 \cdot r}{4} = \frac{120 - 90}{4} + 45 = 52{,}5\ \mathrm{mm}$$

$$l_2 = h - r = 70 - 15 = 55\ \mathrm{mm} \qquad r_{s2} = \frac{d}{2} = \frac{90}{2} = 45\ \mathrm{mm}$$

$$l_3 = \frac{2r \cdot \pi}{4} = \frac{2 \cdot 15 \cdot \pi}{4} = 23{,}55\ \mathrm{mm} \qquad r_{s3} = 0{,}64 \cdot r + \frac{d_1}{2} = 0{,}64 \cdot 15 + \frac{60}{2} = 39{,}6\ \mathrm{mm}$$

$$l_4 = 30\ \mathrm{mm} \qquad r_{s4} = 15\ \mathrm{mm}$$

$$D = \sqrt{8 \cdot \Sigma \cdot (r_s \cdot l)} = \sqrt{8 \cdot (15 \cdot 52{,}2) + (55 \cdot 45) + (23{,}55 \cdot 39{,}6) + (30 \cdot 15)}$$
$$= \sqrt{8 \cdot (787{,}5 + 2475 + 932{,}58 + 450)} = 192{,}77\ \mathrm{mm} \quad \text{gewählt} \Rightarrow D = \underline{\underline{193\ \mathrm{mm}}}$$

b) Anzahl der Züge

$$\beta_{tat} = \frac{D}{d} = \frac{193}{90} = \underline{\underline{2{,}14}}$$

bei gut ziehbarem Werkstoff, z. B. DC03:

$$\beta_{zul} = 2{,}15 - \frac{d}{1000 \cdot s} = 2{,}15 - \frac{90}{1000 \cdot 0{,}9} = 2{,}05$$

oder aus Anhang 4.1.10:

bei $\frac{d}{s} = \frac{90}{0,9} = 100 \Rightarrow \beta_{zul} = 2$

$\beta_{tat} > \beta_{zul}$

$2,14 > 2,05 \Rightarrow$ es sind **2 Züge** erforderlich

c) Umformkraft nach Schmoeckel:

$F_{ges} = F_{id} + F_{RN} + F_{RR} + F_B$

F_{RR} wird vernachlässigt!

aus Anhang 4.1.10:

DC03 $\Rightarrow R_m = 400\ \text{N/mm}^2$

$k_{fm} = 1,3 \cdot R_m = 1,3 \cdot 400\ \text{N/mm}^2$

$D_o = 0,77 \cdot D$

ideelle Umformkraft

$$F_{id} = \pi \cdot d_m \cdot s \cdot 1,1 \cdot k_{fm} \cdot \ln\frac{D_o}{d_1} \cdot e^{\mu \cdot \frac{\pi}{2}}$$

$$= \pi \cdot (90 + 0,9) \cdot 0,9 \cdot 1,1 \cdot 1,3 \cdot 400 \cdot \ln\frac{0,77 \cdot 193}{90} \cdot e^{0,15 \cdot \frac{\pi}{2}} \approx \underline{\underline{93,3\ \text{kN}}}$$

Niederhalterkraft

$$F_N = p \cdot A_N$$

$$p = \left[(\beta_{tat} - 1)^2 + \frac{d}{200 \cdot s}\right]\frac{R_m}{400} = \left[(2,144 - 1)^2 + \frac{90}{200 \cdot 0,9}\right] \cdot \frac{400}{400} = 1,81\ \text{N/mm}^2$$

$$A_N = (D^2 - d_w^2) \cdot \frac{\pi}{4}$$

$$d_w = d + 2 \cdot w + 2 \cdot r_M$$

aus Anhang 4.1.10:

Stahl $\Rightarrow k = 0,07$

$$w = s + k \cdot \sqrt{s} = 0,9 + 0,07 \cdot \sqrt{0,9} = 0,97\ \text{mm}$$

$$r_M = 0,035[50 + (D - d)] \cdot \sqrt{s} = 0,035[50 + (193 - 90)] \cdot \sqrt{0,9} = 5,08 \text{ gewählt} \Rightarrow 5,1\ \text{mm}$$

$$d_w = 90 + 2 \cdot 0,97 + 2 \cdot 5,1 = 102,14\ \text{mm}$$

$$A_N = (193^2 - 102,14^2) \cdot \frac{\pi}{4} = 21061,5\ \text{mm}^2$$

$$F_N = 1,81 \cdot 21061,5 = \underline{\underline{38,12\ \text{kN}}}$$

Reibkraft zwischen Ziehring und Blechhalter

$$F_{RN} = \pi \cdot d_m \cdot 2\mu \cdot \frac{F_N}{\pi \cdot d_1} \cdot e^{\mu \cdot \frac{\pi}{2}} = \pi \cdot (90 + 0,9) \cdot 2 \cdot 0,1 \cdot \frac{38121}{\pi \cdot 90} \cdot e^{0,15 \cdot \frac{\pi}{2}} =$$

$$= 9746,1\ \text{N} \approx \underline{\underline{9,75\ \text{kN}}}$$

Rückbiegekraft

$$F_B = \pi \cdot d_m \cdot s^2 \cdot k_{fm} \cdot \frac{1}{2 \cdot r_M} = \pi \cdot (90 + 0,9) \cdot 0,9^2 \cdot 1,3 \cdot 400 \cdot \frac{1}{2 \cdot 5,1} = \underline{\underline{11,79\ \text{kN}}}$$

Gesamtumformkraft

$$F_{ges} = F_{id} + F_{RN} + F_B = 93,3 + 9,75 + 11,79 = \underline{\underline{114,84\ \text{kN}}}$$

d) Umformkraft nach Siebel

$$F_z = \pi \cdot d_m \cdot s \cdot \left[1,1 \cdot \frac{k_{fm}}{\eta_F} \cdot \left(\ln \frac{D}{d_1} - 0,25\right)\right] =$$

$$= \pi \cdot (90 + 0,9) \cdot 0,9 \cdot \left[1,1 \cdot \frac{1,3 \cdot 400}{0,6} \cdot \left(\ln \frac{193}{90} - 0,25\right)\right]$$

$$= 125666\ \text{N} \approx \underline{\underline{125,7\ \text{kN}}}$$

e) Bodenreißkraft

$$F_{BR} = \pi \cdot (d + s) \cdot s \cdot R_m = \pi \cdot (90 + 0,9) \cdot 0,9 \cdot 400 \approx \underline{\underline{102,8\ \text{kN}}}$$

$$F_Z > F_{BR}$$

$$124,9\ \text{kN} > 102,8\ \text{kN}$$

Hinweis: $F_Z > F_{BR}$. Das Teil kann nicht in einem Zug hergestellt werden, da der Boden reißt, d. h. es ist eine erneute Berechnung unter Zugrundelegung von zwei Zügen durchzuführen!

Lösung zu Beispiel 9

a) Ziehverhältnis

$$\beta_{tat} = \frac{D}{d} = \frac{193}{90} = 2,14$$

für DC03 gilt:

$$\beta_{zul} = 2,15 - \frac{d}{1000 \cdot s} = 2,15 - \frac{90}{1000 \cdot 0,9} = 2,05$$

$$\beta_{tat} > \beta_{zul}$$

2,14 > 2,05 ⇒ das Werkstück muss in 2 Zügen gefertigt werden!

Hinweis: Das zulässiges Ziehverhältnis für den 2. Zug (Weiterschlag) beträgt $\beta_{zul} = 1,6$ (wenn Zwischenglühen erfolgt).

bei $\beta_1 = \frac{d_1}{d_2} = 1,6$

somit:

$$d_1 = \beta_1 \cdot d_2 = 1,6 \cdot 90 = 144\ \text{mm} \quad \text{gewählt} \Rightarrow d_1 = \underline{\underline{140\ \text{mm}}}$$

für den 1. Zug

$$\beta_{tat\,1} = \frac{D}{d_1} = \frac{193}{140} = 1,38$$

für den 2. Zug

$$\beta_{tat\,2} = \frac{d_1}{d_2} = \frac{140}{90} = 1,56 \qquad \Rightarrow \beta_{tat\,1} < \beta_{tat\,2} < \beta_{zul}$$

Gesamtziehverhältnis

$$\beta_{ges} = \beta_{tat\,1} \cdot \beta_{tat\,2} = 1,38 \cdot 1,56 = \underline{\underline{2,15}}$$

b) Ziehkraft nach Siebel

aus Anhang 4.1.10:

$\Rightarrow R_m = 400\ \text{N/mm}^2$

$k_{fm} = 1,3 \cdot R_m$

für den **1. Zug**

$$F_{z1} = \pi \cdot d_m \cdot s \cdot \left[1,1 \cdot \frac{k_{fm}}{\eta_F} \cdot \left(\ln\frac{D}{d_1} - 0,25\right)\right]$$

$$= \pi \cdot (140 + 0,9) \cdot 0,9 \left[1,1 \cdot \frac{1,3 \cdot 400}{0,6} \cdot \left(\ln\frac{193}{140} - 0,25\right)\right] = 26965,4\ \text{N} \approx \underline{\underline{26,97\ \text{kN}}}$$

für den **2. Zug**

$$F_{z2} = \pi \cdot d_m \cdot s \cdot \left[1,1 \cdot \frac{k_{fm}}{\eta_F} \cdot \left(\ln\frac{D}{d_2} - 0,25\right)\right]$$

$$= \pi \cdot (90 + 0,9) \cdot 0,9 \cdot \left[1,1 \cdot \frac{1,3 \cdot 400}{0,6} \cdot \left(\ln\frac{140}{90} - 0,25\right)\right] = 46994,8\ \text{N} \approx \underline{\underline{47,0\ \text{kN}}}$$

c) Bodenreißkraft

für **den 1. Zug**

$$F_{BR1} = \pi \cdot (d_1 + s) \cdot s \cdot R_m = \pi \cdot (140 + 0,9) \cdot 0,9 \cdot 400 = 159354\ \text{N} \approx \underline{\underline{159,3\ \text{kN}}}$$

für **den 2. Zug**

$$F_{BR2} = \pi \cdot (90 + 0,9) \cdot 0,9 \cdot 400 = 102805\ \text{N} \approx \underline{\underline{102,8\ \text{kN}}}$$

1. Zug:	**2. Zug:**
$F_{BR1} > F_{Z1}$	$F_{BR2} > F_{Z2}$
159,3 kN > 29,5 kN	102,8 kN > 51,7 kN

Hinweis: Das Werkstück kann also in **2 Zügen** gefertigt werden !

Lösung zu Beispiel 10

a) Zugabstufung

Die Anzahl der erforderlichen Züge ergibt sich aus den zulässigen Eckenradien.

1. Zug (Anschlag)	$r_1 = 1,2 \cdot q \cdot R_1$	$q = 0,3$
2. Zug	$r_2 = 0,6 \cdot R_1$	
3. Zug	$r_3 = 0,6 \cdot R_2$	
n. Zug	$r_n = 0,6 \cdot r_{n-1}$	

Konstruktionsradius (bei Eckenradius = Bodenradius, $R_c = R_b = r$)

$h = 25$ mm
$r = 5$ mm

$$R = 1,42 \cdot \sqrt{r \cdot h + r^2} = 1,42 \cdot \sqrt{5 \cdot 25 + 5^2} = 17,39\ \text{mm}$$

Korrigierter Konstruktionsradius

$R_1 = x \cdot R$

$R_1 = 1,21 \cdot 17,39 = 21\,\text{mm}$

$$x = 0,074 \cdot \left(\frac{R}{2 \cdot r}\right)^2 + 0,982 = 0,074 \cdot \left(\frac{17,39}{2 \cdot 5}\right)^2 + 0,982 =$$
$$= 1,206 = 1,21$$

1. Zug

$r_1 = 1,2 \cdot q \cdot R_1 = 1,2 \cdot 0,3 \cdot 21 = \underline{\underline{7,56\,\text{mm}}}$

2. Zug

$r_2 = 0,6 \cdot r_1 = 0,6 \cdot 7,56 = \underline{\underline{4,54\,\text{mm}}}$

$r_2 < r_{\text{vorh}}$

$4,54\,\text{mm} < 5\,\text{mm} \Rightarrow$ die Abdeckhaube ist also in 2 Zügen zu fertigen!

b) Ziehkraft nach Siebel für rechteckige Teile

aus Anhang 4.1.10 $\Rightarrow R_m = 100\,\text{N/mm}^2$

$$F_z = \left[2 \cdot r \cdot \pi + \frac{4(a+b)}{2}\right] \cdot R_m \cdot s \cdot n$$

Zuschnittsfläche

$A = H_a \cdot H_b$

Abwicklungslänge H_a

$$H_a = 1,57 \cdot r + h - 0,785 \cdot (x^2 - 1) \cdot \frac{R^2}{a} =$$
$$= 1,57 \cdot 5 + 25 - 0,785 \cdot (1,21^2 - 1) \cdot \frac{17,39^2}{50} = \underline{\underline{30,76\,\text{mm}}}$$

Abwicklungslänge H_b

$$H_b = 1,57 \cdot r + h - 0,785 \cdot (x^2 - 1) \cdot \frac{R^2}{b} =$$
$$= 1,57 \cdot 5 + 25 - 0,785 \cdot (1,21^2 - 1) \cdot \frac{17,39^2}{30} = \underline{\underline{29,18\,\text{mm}}}$$

Zuschnittsfläche (überschläglich)

$$A_0 = a \cdot b + a \cdot H_a \cdot 2 + b \cdot H_b \cdot 2 =$$
$$= 50 \cdot 30 + 50 \cdot 30,76 \cdot 2 + 30 \cdot 29,18 \cdot 2 = 6327\,\text{mm}^2 = \underline{\underline{63\,\text{cm}^2}}$$

Stempelfläche

$$A_{St} = a \cdot b + (2a + 2b) \cdot r + \pi \cdot r^2 =$$
$$= 50 \cdot 30 + (2 \cdot 50 + 2 \cdot 30) \cdot 5 + \pi \cdot 5^2 = 2378,5\,\text{mm}^2 \approx \underline{\underline{23,78\,\text{cm}^2}}$$

tatsächliches Ziehverhältnis

$$\beta_{tat} = \sqrt{\frac{A_0}{A_{St}}} = \sqrt{\frac{63}{23,78}} = \underline{\underline{1,63}}$$

aus Anhang 4.1.10:
bei $\beta_{tat} = 1,63 \Rightarrow n = 0,7$

aus Anhang 4.1.10:
$Al99,5 \Rightarrow R_m = 100\ N/mm^2$

$$F_Z = \left[2 \cdot r \cdot \pi + \frac{4(a+b)}{2}\right] \cdot R_m \cdot s \cdot n =$$

$$= \left[2 \cdot 5 \cdot \pi + \frac{4(50+30)}{2}\right] \cdot 100 \cdot 0,4 \cdot 0,7 =$$

$$= 5359,65\ N = \underline{\underline{5,36\ kN}}$$

c) Niederhalterkraft

$$F_N = p \cdot A_N$$

$$D_p = 1,13 \cdot \sqrt{A_{St}} = 1,13 \cdot \sqrt{2378,5} = 55,1\ mm$$

$$D = 1,13 \cdot \sqrt{A_0} = 1,13 \cdot \sqrt{6300} = 89,9\ mm$$

$$p = \left[(\beta_{tat} - 1)^2 + \frac{D_p}{200 \cdot s}\right] \cdot \frac{R_m}{400} = \left[(1,63 - 1)^2 + \frac{55,1}{200 \cdot 0,4}\right] \cdot \frac{100}{400} = 0,27\ N/mm^2$$

aus Anhang 4.1.10:
$Al99,5 \Rightarrow k = 0,02$

$$w = s + k \cdot \sqrt{s} = 0,4 + 0,02 \cdot \sqrt{0,4} = 0,41\ mm$$

$$r_M = 0,035 \cdot [50 + (D - d)] \cdot \sqrt{s} = 0,035 \cdot [50 + (89,9 - 55,1)] \cdot \sqrt{0,4} = 1,87\ mm$$

$$d_w = D_p + 2 \cdot w + 2 \cdot r_M = 55,1 + 2 \cdot 0,41 + 2 \cdot 1,87 = 59,7\ mm$$

$$A_N = (D^2 - d_w^2) \cdot \frac{\pi}{4} = (89,9^2 - 59,7^2) \cdot \frac{\pi}{4} = 3547\ mm^2$$

$$F_N = p \cdot A_N = 0,27 \cdot 3548 = 957,9\ N \approx \underline{\underline{958\ N}}$$

d) Bodenreißkraft

$$F_{BR} = \pi \cdot (D_p + s) \cdot s \cdot R_m = \pi \cdot (55,1 + 0,4) \cdot 0,4 \cdot 100 = 6974\ N \approx \underline{\underline{6,97\ kN}}$$

$$F_Z < F_{BR}$$

5,36 kN < 6,97 kN ⇒ Abdeckhaube kann in einem Zug gefertigt werden!

2.10 Biegen

2.10.1 Verwendete Formelzeichen

α	[°]	Biegewinkel
A	[mm^2]	Werkstückfläche
b	[mm]	Breite des Biegefeldes
c		Werkstoffkoeffizient
d_a	[mm]	Außendurchmesser
E	[N/mm^2]	Elastizitätsmodul
F_b	[N]	Biegekraft
h	[mm]	Stempelweg
k		Korrekturfaktor
L	[mm]	gestreckte Länge
l_1, l_n	[mm]	Teillängen des Biegestücks
R_e	[N/mm^2]	Streckgrenze
r_i	[mm]	innerer Biegeradius
r_{imax}	[mm]	größter Biegeradius
r_{imin}	[mm]	kleinster Biegeradius
r_K	[mm]	korrigierter Biegeradius
R_m	[N/mm^2]	Zugfestigkeit
r_{min}	[mm]	zulässiger Biegeradius
s	[mm]	Blechdicke
v	[mm]	Vorschub
W	[Nm]	Biegearbeit
w	[mm]	Gesenkweite
x		Verfahrensfaktor

2.10.2 Auswahl verwendeter Formeln

Gestreckte Länge

$$L = l_1 + l_2 + l_3 + \dots l_n$$

Kreisbogen

$$L_B = \frac{r_k \cdot \pi \cdot \alpha}{180°}$$

korrigierter Biegeradius

$$r_K = r + \frac{s}{2} \cdot k$$

kleinster Biegeradius

$$r_{i\,min} = s \cdot c$$

größter Biegeradius

$$r_{i\max} = \frac{s \cdot E}{2 \cdot R_e}$$

Biegekraft

$$F_b = \frac{1{,}2 \cdot b \cdot s^2 \cdot R_m}{w}$$

Biegearbeit

$$W = x \cdot F \cdot h$$

$$h = \frac{w}{2} \qquad d_a = 2r + 2s$$

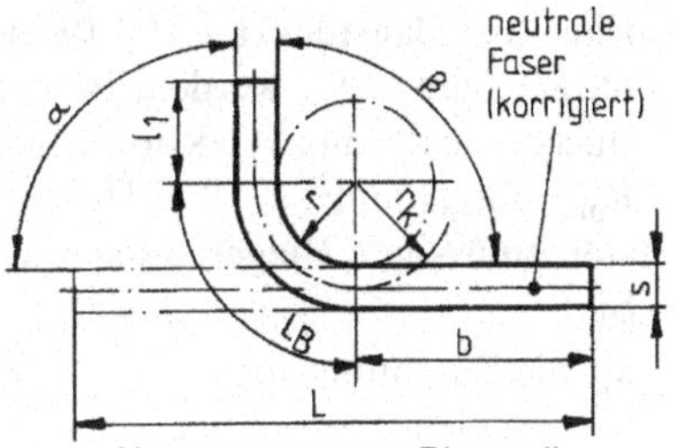

Abmessungen am Biegeteil

Biegekraft F_b beim Rollbiegen

$$F_b = \frac{0{,}7 \cdot s^2 \cdot b \cdot R_m}{d_l}$$

d_l [mm] äußerer Durchmesser der Rolle

s [mm] Blechdicke

b [mm] Breite des Biegeteils

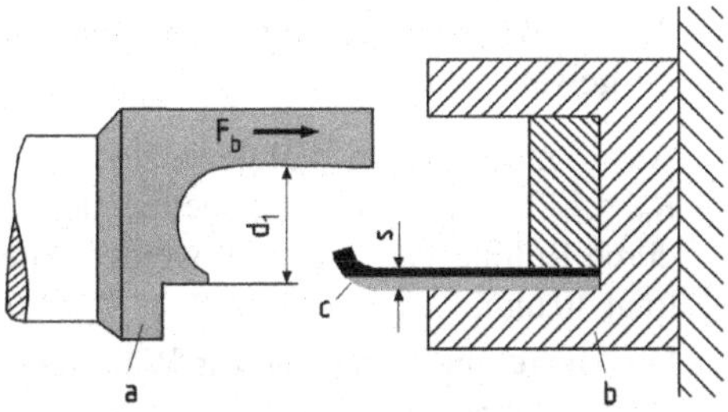

Ausbildung von Werkzeug und Werkstück beim Rollbiegen.
a) Stempel, b) Matritze, c) Werkstück

2.10.3 Berechnungsbeispiele

1. Ein Profilstück 10 mm × 8 mm, aus S245JR (St37-2), soll entsprechend der Skizze gebogen werden.
   Berechnen Sie die gestreckte Länge, wenn das Verhältnis:
   $r : s \leq 5$ ist.

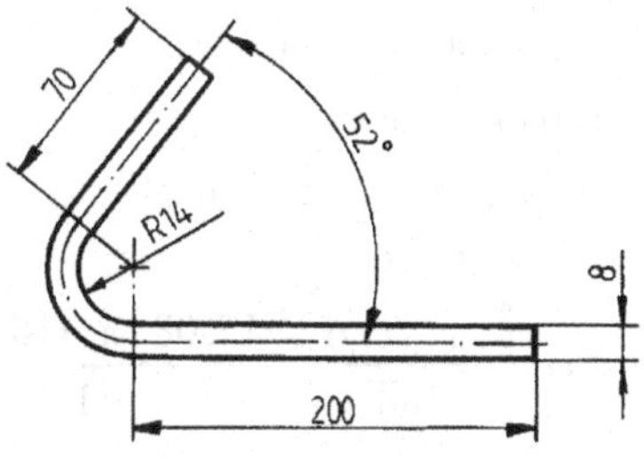

Lasche

2. Für ein 4 mm dickes Blechteil aus CuZn30 ist die gestreckte Länge zu berechnen.
   Vergleichen Sie den Biegeradius mit dem zulässigen Wert.

3. Bestimmen Sie den kleinsten und den größten Biegeradius für eine Lasche, wenn folgende Daten gegeben sind:
   Blechdicke 2,5 mm, Werkstoff E 275 JR (St 44-2),
   $R_e = 260$ N/mm²,
   Elastizitätsmodul $E = 2{,}1 \cdot 10^5$ N/mm².

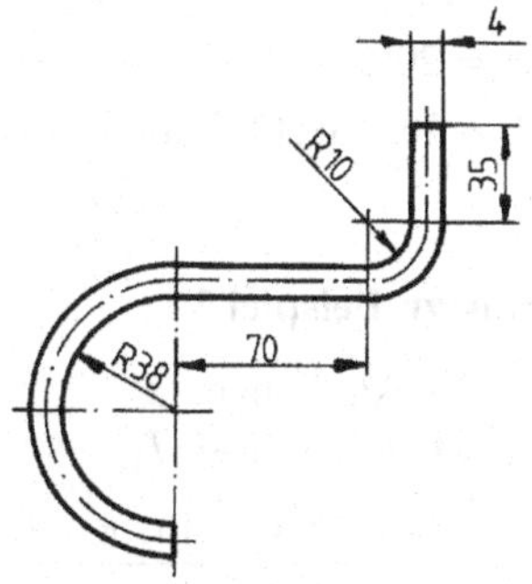

Schelle

4. Ein Anschlagstück aus DC03 soll entsprechend der Skizze hergestellt werden. Blechdicke 3,5 mm, Werkstückbreite 25 mm, Werkstoffkenndaten $R_e = 280$ N/mm², $R_m = 400$ N/mm², $c = 0{,}5$, Gesenkweite 80 mm. Kleinster zulässiger Biegeradius $r_{i\,min} = 1$ mm. Berechnen Sie:
   a) die Zuschnittslänge
   b) den kleinsten zulässigen Biegeradius
   c) die Biegekraft
   d) die Biegearbeit, wenn der Verfahrensfaktor 0,33 gewählt wird.

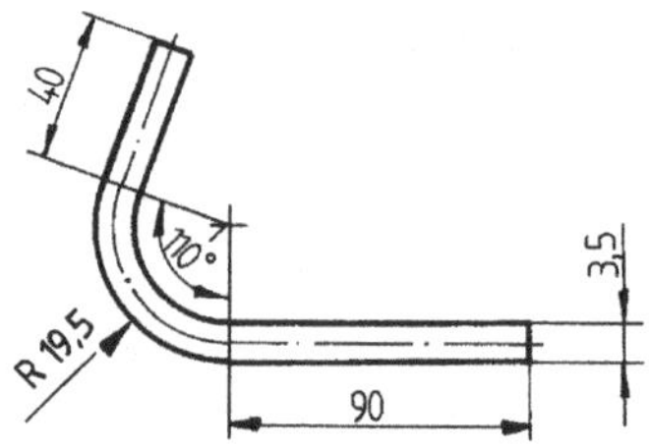

Anschlagstück

5. Aus 3 mm dickem kaltgewalztem Bandstahl, DC03, $R_m = 420$ N/mm² sollen Schellen der skizzierten Form durch Rollbiegen hergestellt werden. Die Bandbreite beträgt 40 mm.

   Die Biegelinie liegt quer zur Walzrichtung des Materials. Berechnen Sie:
   a) die Zuschnittslänge für das Werkstück
   b) die erforderliche Umformkraft.

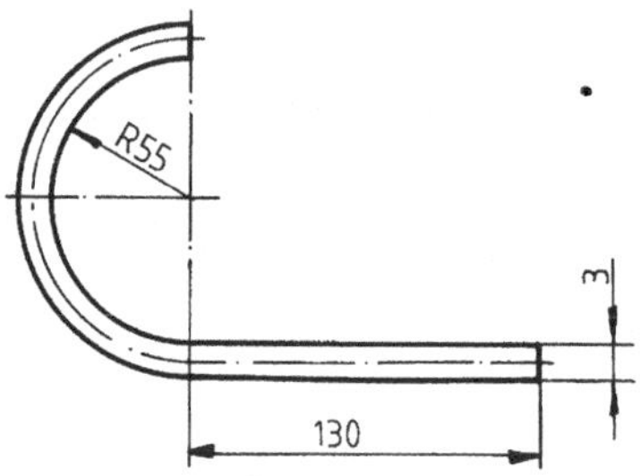

Schelle

2.10.4 Lösungen

Lösung zu Beispiel 1

Gestreckte Länge

$$L = l_1 + l_2 + l_3 + \ldots l_n$$

$$l_1 = 70 \text{ mm}$$

$$l_2 = \frac{r_K \cdot \pi \cdot \alpha}{180°} = \frac{17{,}08 \cdot \pi \cdot (180° - 52°)}{180°} = 38{,}16 \text{ mm}$$

$$r_K = r + \frac{s}{2} \cdot k = 14 + \frac{8}{2} \cdot 0{,}77 = 17{,}08 \text{ mm}$$

$$l_3 = 200 \text{ mm}$$

$$L = 70 + 38{,}14 + 200 = \underline{\underline{308{,}16 \text{ mm}}}$$

3.8.10 aus Anhang 4.1.11:

$$\text{bei } \frac{r}{s} = \frac{14}{8} = 1{,}75 \Rightarrow k = 0{,}77$$

Lösung zu Beispiel 2

a) Gestreckte Länge:

$$L = l_1 + l_2 + l_3 + \ldots l_n$$

$$l_1 = \frac{r_K \cdot \pi \cdot \alpha}{180°} = \frac{40 \cdot \pi \cdot 180°}{180°} = 125{,}7 \text{ mm}$$

aus Anhang 4.1.11:

$$\text{bei } \frac{r}{s} = \frac{38}{4} = 9{,}5 \Rightarrow k = 1$$

$$r_K = r + \frac{s}{2} \cdot k = 38 + \frac{4}{2} \cdot 1 = 40 \text{ mm}$$

$$l_2 = 70 \text{ mm}$$

bei $\frac{r}{s} = \frac{10}{4} = 2{,}5 \Rightarrow k = 0{,}85$

$$l_3 = \frac{r_K \cdot \pi \cdot \alpha}{180^\circ} = \frac{11{,}7 \cdot \pi \cdot 90^\circ}{180^\circ} = 18{,}38 \text{ mm}$$

$$r_K = r + \frac{s}{2} \cdot k = 10 + \frac{4}{2} \cdot 0{,}85 = 11{,}7 \text{ mm}$$

$$l_4 = 35 \text{ mm}$$

$$L = 125{,}7 + 70 + 18{,}38 + 35 = \underline{\underline{249{,}1 \text{ mm}}}$$

b) zulässiger Biegeradius

aus Anhang 4.1.11:
Cu ⇒ $c = 0{,}25$

Mindest-Biegeradius

$r_{min} = s \cdot c = 4 \cdot 0{,}25 = 1$ mm

Alle Biegeradien, die über 1 mm liegen, sind zulässig!

Lösung zu Beispiel 3

Stahl: $E = 2{,}1 \cdot 10^5 \text{ N/mm}^2$

a) größter Biegeradius

$$r_{i\,max} = \frac{s \cdot E}{2 \cdot R_e} = \frac{2{,}5 \cdot 2{,}1 \cdot 10^5}{2 \cdot 260} \approx \underline{\underline{1010 \text{ mm}}}$$

b) kleinster Biegeradius

aus Anhang 4.1.11:
S275JR ⇒ $c = 0{,}5$

$$r_{i\,min} = s \cdot c = 2{,}5 \cdot 0{,}5 = \underline{\underline{1{,}25 \text{ mm}}}$$

Lösung zu Beispiel 4

a) Zuschnittslänge

$$L = l_1 + l_2 + l_3$$

$$l_1 = 90 \text{ mm}$$

$$l_2 = \frac{r_K \cdot \pi \cdot \alpha}{180^\circ} = \frac{17{,}7 \cdot \pi \cdot 110^\circ}{180^\circ} = 33{,}98 \text{ mm}$$

aus Anhang 4.1.11:

bei $\frac{r}{s} = \frac{16}{3{,}5} = 4{,}6 \Rightarrow k = 0{,}97$

$$r_K = r + \frac{s}{2} \cdot k = 16 + \frac{3{,}5}{2} \cdot 0{,}97 = 17{,}7 \text{ mm}$$

$$l_3 = 40 \text{ mm}$$

$$L = 90 + 33{,}98 + 40 = \underline{\underline{163{,}98 \text{ mm}}}$$

b) kleinster Biegeradius

aus Anhang 4.1.11:
Stahl ⇒ $c = 0{,}5$

$$r_{i\,min} = s \cdot c = 3{,}5 \cdot 0{,}5 = \underline{\underline{1{,}75 \text{ mm}}}$$

$r_{itat} > r_{i\,min}$

1,75 mm > 1 mm ⇒ das Anschlagstück kann hergestellt werden!

c) Biegekraft beim Gesenkschmieden Verfahrensfaktor 1,2

$$F_b = \frac{1{,}2 \cdot b \cdot s^2 \cdot R_m}{w} = \frac{1{,}2 \cdot 25 \cdot 3{,}5^2 \cdot 400}{80} = \underline{\underline{1837{,}5\ \text{N}}} \qquad h = \frac{w}{2} = \frac{80}{2} = 40\ \text{mm}$$

d) Biegearbeit

$$W = x \cdot F \cdot h = 0{,}33 \cdot 1837{,}5 \cdot 40 = 24255\ \text{Nmm} \approx \underline{\underline{24{,}255\ \text{Nm}}}$$

Lösung zu Beispiel 5

a) Zuschnittslänge

$$L = l_1 + l_2$$

$$l_1 = \frac{r_K \cdot \pi \cdot \alpha}{180°} = \frac{56{,}5 \cdot \pi \cdot 180°}{180°} = 177{,}5\ \text{mm}$$

aus Anhang 4.1.11:

bei $\frac{r}{s} = \frac{55}{3} = 18{,}3 \Rightarrow k = 1$

$$r_K = r + \frac{s}{2} \cdot k = 55 + \frac{3}{2} \cdot 1 = 56{,}5\ \text{mm}$$

$$L = 177{,}5 + 130 = \underline{\underline{307{,}5\ \text{mm}}}$$

b) Biegekraft beim Rollbiegen Verfahrensfaktor 0,7

$$F_b = \frac{0{,}7 \cdot s^2 \cdot b \cdot R_m}{d_1} = \frac{0{,}7 \cdot 3^2 \cdot 40 \cdot 420}{2 \cdot 55 + 6} = \underline{\underline{912{,}4\ \text{N}}}$$

2.11 Stanzen

2.11.1 Verwendete Formelzeichen

α	[°]	Freiwinkel
β	[°]	Keilwinkel
η	[%]	Ausnutzungsgrad
μ		Reibwert
τ_a	[N/mm²]	Scherspannung
τ_{aB}	[N/mm²]	Scherfestigkeit
φ	[°]	Schrägschnittwinkel
a	[mm]	Randbreite
A	[mm²]	Scherfläche (Schnittfläche)
A_1	[mm²]	Fläche der Werkstücke
a_1	[mm]	Stempelmaß
B	[mm]	Streifenbreite
b	[mm]	Werkstückbreite

c		Werkstoffkoeffizient
c_1	[mm]	Abstand Niederhalterkraft/Schnittkraft
E	[N/mm²]	Elastizitätsmodul
e	[mm]	Stegbreite
F	[N]	Schneidkraft
F_k	[N]	Knickkraft
F_s	[N]	Schnittkraft
F_{Schub}	[N]	Schubkraft
F_w	[N]	Niederhalterkraft
F_x	[N]	Schnittkomponente
F_y	[N]	Schnittkomponente
J	[mm⁴]	äquatoriales Trägheitsmoment
l	[mm]	Stanzlänge
l_k	[mm]	Knicklänge
l_{max}	[mm]	zulässige Knicklänge
M	[Nm]	Kippmoment
p	[N/mm²]	Flächenpressung
R		Anzahl der Schnittreihen
R_m	[N/mm²]	Zugfestigkeit
S		Sicherheitsfaktor
s	[mm]	Werkstückdicke
u	[mm]	Schneidspalt
U	[mm]	Umfang der Scherfläche
v	[mm]	Streifenvorschub
W	[Nm]	Schneidarbeit
x		Verfahrensfaktor
x_0, y_0	[mm]	Schwerpunktkoordinaten
z		Anzahl der Werkstücke
z_1		Anzahl der Werkstücke pro Bandlänge

2.11.2 Auswahl verwendeter Formeln

Schnittkraft für das Ausschneiden

$$F_s = A \cdot \tau_{aB}$$

Schneidplattendurchbruch

$$a = a_1 + 2 \cdot u$$

Stempelmaß

$$a_1 = a - 2 \cdot u$$

Scherfläche

$$A = U \cdot s$$

Scherfestigkeit

$$\tau_{aB} = 0{,}8 \cdot R_m$$

Schnittkraft beim Schrägschnitt

$$F = 0{,}5 \cdot \frac{s^2}{\tan \varphi} \cdot \tau_{aB}$$

Abstand des Einspannzapfens (Lage des Schwerpunktes in x-Richtung)

$$x_0 = \frac{U_1 \cdot x_1 + U_2 \cdot x_2 + U_2 \cdot x_3 + ...}{\Sigma U}$$

Abstand des Einspannzapfens (Lage des Schwerpunktes y-Richtung)

$$y_0 = \frac{U_1 \cdot y_1 + U_2 \cdot y_2 + U_2 \cdot y_3 + ...}{\Sigma U}$$

Ausnutzungsgrad

$$\eta = \frac{z \cdot A_1}{L \cdot B} \cdot 100\%$$

Anzahl der Werkstücke pro Bandlänge

$$z_1 = \frac{L}{v} \cdot R$$

Schnittkraft beim Parallelschnitt

$$F_s = l_{ges} \cdot s \cdot \tau_a$$

Schneidarbeit

$$W = F \cdot s \cdot x$$

Flächenpressung

$$p = \frac{F_s}{A_s}$$

Knicklänge (mittels Euler'scher Gleichung)

$$l_{max} = \sqrt{\frac{\pi^2 \cdot E \cdot J}{F \cdot S}}$$

Knickkraft

$$F_K = \frac{E \cdot J \cdot \pi^2}{l_K^2 \cdot S}$$

äquatoriales Trägheitsmoment (Vollkreis)

$$J = \frac{\pi \cdot d^4}{64}$$

Schnittkraft beim Rollenschnitt

$$F_s = \frac{0,5 \cdot h_{St} \cdot s}{\tan \alpha} \cdot \tau_B$$

Schnittkraft bei zweiseitiger Schneidkantenabschrägung

$$F = 2,1 \cdot d \cdot s \cdot \tau_{aB}$$

Schneidspalt (**bis 3 mm** Blechdicke)

$$u = 0,007 \cdot s \cdot \sqrt{\tau_a}$$

Schneidspalt (Blechdicke > **3 mm**)

$$u = (0,007 \cdot s - 0,005) \cdot \sqrt{\tau_{aB}}$$

Schubkraft

$$F_{Schub} = F \cdot \sin \varphi$$

Schneidkraftkomponenten

$$F_x = F \cdot \cos \beta$$

$$F_x = F \cdot \sin \beta$$

Kippmoment

$$M = F_y \cdot l$$

Niederhalterkraft

$$F_N = \frac{M}{c_1}$$

$$F_N = \frac{F_{Schub}}{\mu}$$

2.11.3 Berechnungsbeispiele

1. Das skizzierte Schnittteil soll aus 2,5 mm dickem Blech, S 245 JR(St 37-2), mit einer Zugfestigkeit von R_m = 510 N/mm² durch Stanzen hergestellt werden. Rohteilmaße 45 mm × 35 mm.

   Berechnen Sie:

   a) die erforderliche Schnittkraft bei geschlossenem Schneidvorgang mit geradem Messer für das Ausschneiden
   b) die Schnittkraft für das Lochen
   c) den Durchmesser des Schneidplattendurchbruchs für das Lochen; Schneidspalt 0,06 mm
   d) die Stempelmaße für das Ausschneiden, wenn der Schneidspalt 0,06 mm betragen soll.

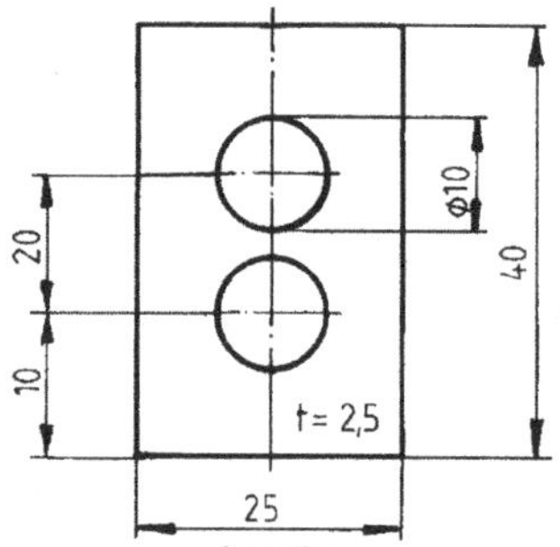

Lasche

2. Das abgebildete Blechteil soll durch Scherschneiden hergestellt werden. Die Blechdicke beträgt 4,5 mm, Zugfestigkeit R_m = 420 N/mm^2, Neigungswinkel 5°.

   Ermitteln Sie:

   a) die erforderliche Schnittkraft im Parallelschnitt
   b) die aufzuwendende Schnittkraft im Schrägschnitt.

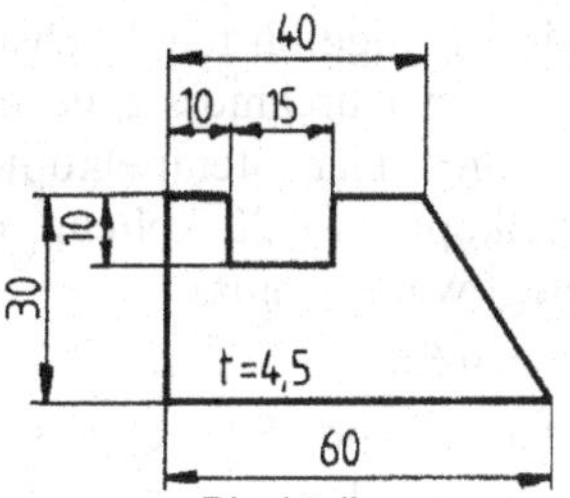

Blechteil

3. Berechnen Sie die Lage des Einspannzapfens (Lage des Kraftschwerpunktes) für das Folgeschneidwerkzeug zur Herstellung der skizzierten Laschen.

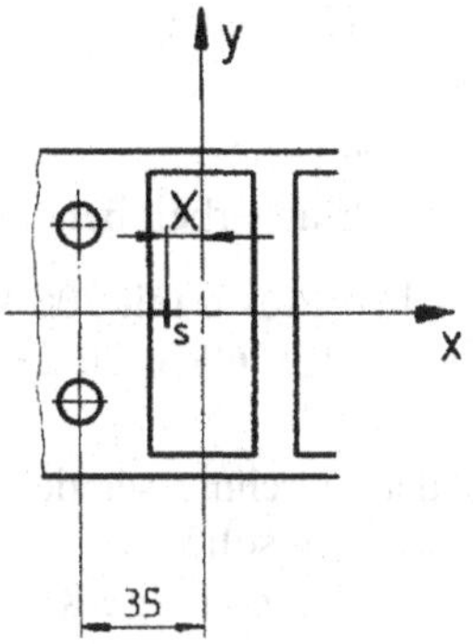

Blechstreifen

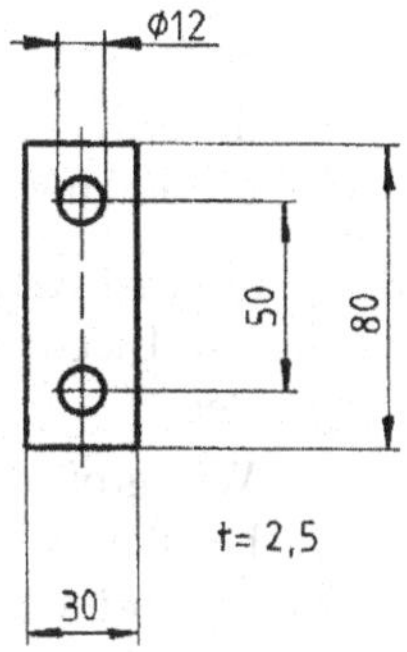

Lasche

4. Ermitteln Sie für die vorgegebene Werkzeuganordnung – s. Skizze – den Kraftschwerpunkt zur Aufnahme des Einspannzapfens.

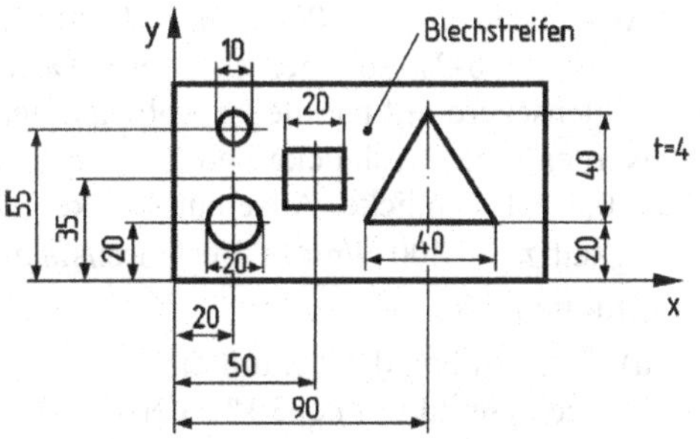

5. Es sollen gleichschenklige Winkelstücke – siehe Skizze – aus 0,3 mm dicken Streifen geschnitten werden.

   Berechnen Sie den Ausnutzungsgrad für die Anordnung der Teile in Streifen nach Darstellung a) und nach Lage b).

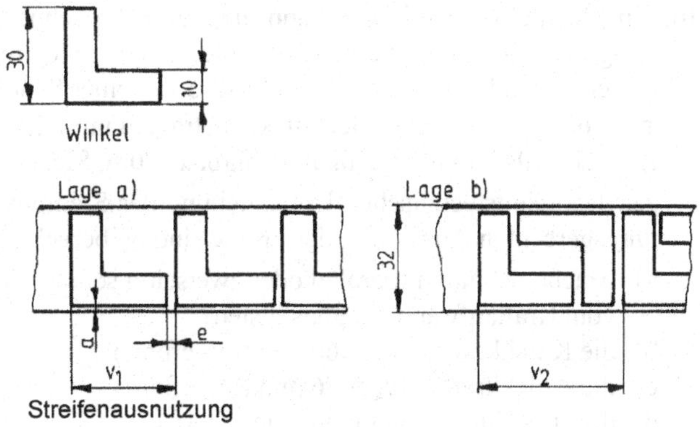

Streifenausnutzung

6. Mit einem ungeführten Lochstempel sollen in 1,25 mm dickes Stahlblech Bohrungen von 3,2 mm Durchmesser gestanzt werden. Die Scherfestigkeit des Stahlblechs beträgt 240 N/mm². Der Stempelkopfdurchmesser 8 mm, die zulässige Flächenpressung am Stempelkopf darf 20 kN/cm² nicht überschreiten, da sonst eine gehärtete Druckplatte eingelegt werden muss.

   Berechnen Sie:

   a) die auftretende Flächenpressung
   b) die maximale Länge des Lochstempels, ohne dass Knickgefahr besteht.

7. Aus Werkstoff C30 (Scherfestigkeit mit τ_{aB} = 500 N/mm²) sind 1,5 mm dicke Ronden mit einem Durchmesser von 35 mm auszustanzen.

   Berechnen Sie:

   a) die erforderliche Kraft
   b) die aufzuwendende Stanzarbeit bei einem Verfahrensfaktor von 0,6.

8. Auf einer hydraulischen Presse mit 300 kN Presskraft sollen runde Werkstücke aus 8 mm dickem Blech, Werkstoff E360(St 70-2), mit einer Zugfestigkeit von 830 N/mm², gelocht werden.

   a) Wie groß darf der Durchmesser des Lochstempels höchstens sein, wenn der Sicherheitsfaktor 2,5 betragen soll?
   b) Überprüfen Sie, ob die zulässige Knickkraft des Stempels bei einer ungeführten Stempellänge von 10 mm nicht überschritten wird, wenn der Lastfall I, ($l_k = 2 \cdot l$), zugrunde gelegt wird. Gewählte Sicherheit 2.

9. Aus einem Blech 1000 mm × 1600 mm, Werkstoff E295 (St50-2), soll der skizzierte Deckel mit einer Rollenschere mit parallelen Rollenachsen geschnitten werden. Die Blechdicke beträgt 15 mm, Schneidspalt = 0,2 × Blechdicke, Anschnittswinkel 13°, Scherfestigkeit τ_{aB} = 400 N/mm², Verfahrensfaktor x = 0,6.

   Ermitteln Sie:

   a) den Umfang des Schnittteils
   b) die Schnittkraft bei 30 % Verschleiß
   c) das Arbeitsvermögen der Maschine.

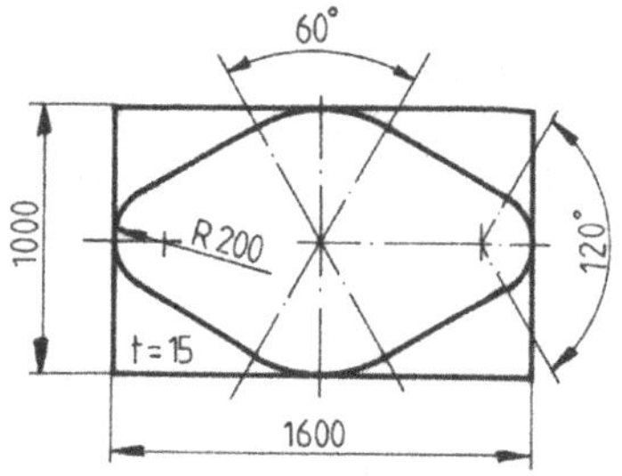

10. Ein Stempel – s. Skizze – kann eine zum Ausschneiden wirksame Länge von 36 mm und eine freie Knicklänge von 60 mm haben. Der zu schneidende Werkstoff ist 16MnCr5 mit einer Scherfestigkeit von τ_a = 600 N/mm². Die Blechdicke beträgt 4 mm, Elastizitätsmodul $E = 2{,}1 \cdot 10^5$ N/mm², Verfahrensfaktor x = 0,6, Sicherheit 1.

    Zur festigkeitstechnischen Untersuchung des Stempels und der leistungsgerechten Auslegung der Presse sind zu berechnen:

    a) welche Schnittart (parallel oder zweiseitig schräg) des Stempels ist vom Kraftaufwand am günstigsten?
    b) die Knickkraft bei l_k = 60 mm (ungeführt)
    c) die Knickkraft bei l_k = 36 mm (ungeführt)
    d) die zu wählende Stempellänge

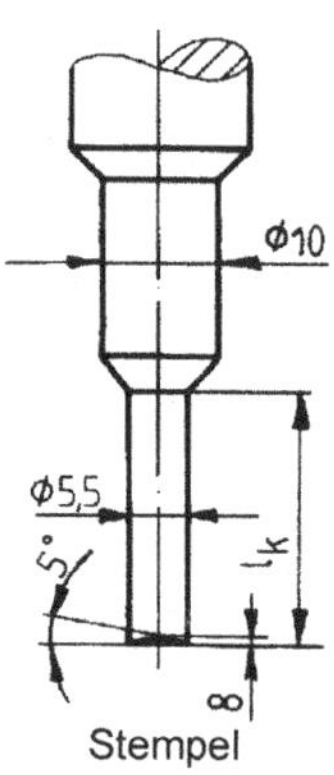

Stempel

e) der erforderliche Schneidspalt
f) das aufzuwendende Arbeitsvermögen.

11. Aus einem Blechstreifen 200 mm × 3000 mm sollen Abstandsbleche – s. Skizze – geschnitten werden. Blechwerkstoff ist nichtrostender Stahl X12CrNi188 mit einer Abscherfestigkeit von 600 N/mm². Die Blechdicke beträgt 3 mm, gewählte Steg- und Randbreite 2,3 mm (VDI-Blatt 3367). Als Schnittwerkzeug wird eine Schlagschere mit Schrägschnitt $\varphi = 5°$ und einem Keilwinkel von 80° verwendet. Berechnen Sie:

a) die Anzahl der geschnittenen Bleche
b) den Ausnutzungsgrad
c) die Schnittkraft
d) die Schnittkraftkomponente F_x und F_y
e) das Kippmoment bei einem Wirkabstand von $2 \cdot a$, Abstand $a = 0{,}1 \cdot s$
f) die Niederhalterkraft bei $c = 45$ mm (Abstand Niederhalterkraft/Schnittkraft)
g) die Niederhalterkraft, wenn das Gleiten des Bleches aus den Scheren vermieden werden soll, Reibwert 0,1.

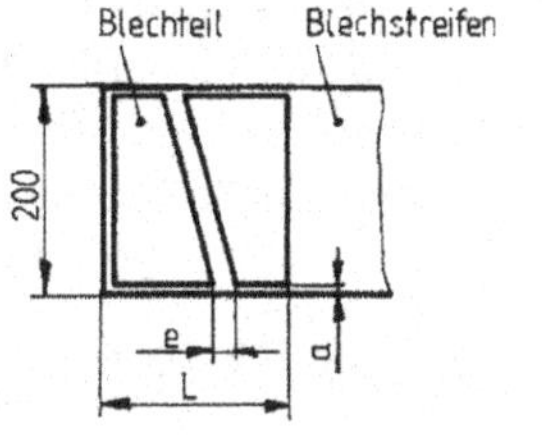

Anordnung der Blechteile

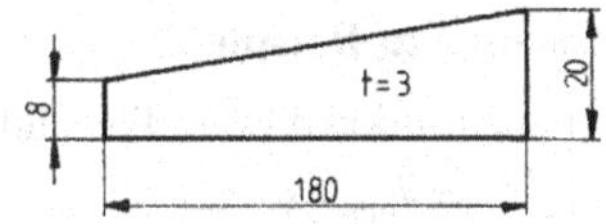

Abstandsblech

12. Das skizzierte Teil wird mit einem Folgewerkzeug aus Streifen geschnitten.
Zu berechnen sind:

a) die Gesamtschnittkraft (Ausschneiden und Lochen), Blechdicke 4 mm, Scherfestigkeit $\tau_a = 270$ N/mm²
b) die Flächenpressung für den Stempel mit einem Durchmesser von 7 mm. Entscheiden Sie, ob eine Druckplatte erforderlich ist, wenn $p_{zul} = 200$ N/mm² die Druckbelastung der Stempelaufnahme begrenzt.
c) die Lage des Einspannzapfens für das Folgewerkzeug.

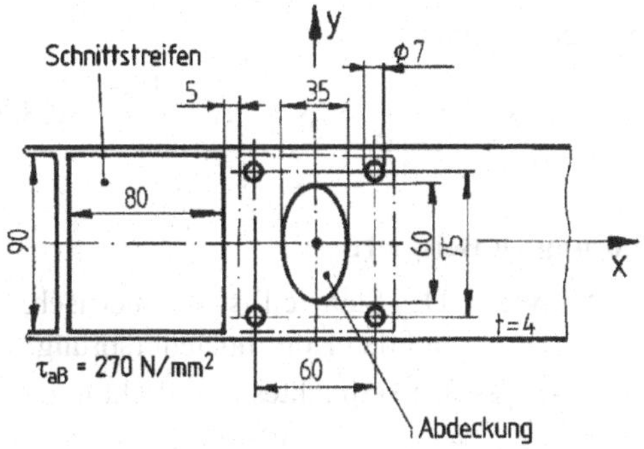

Darstellung der Schnittfolge

2.11.4 Lösungen

Lösung zu Beispiel 1

a) Schnittkraft für das Ausschneiden

$$F_s = A \cdot \tau_{aB}$$

$$U = 2 \cdot 40 + 2 \cdot 25 = 130 \text{ mm}$$

$$A = U \cdot s = 130 \cdot 2{,}5 = 325 \text{ mm}^2 \qquad \tau_{aB} = 0{,}8 \cdot R_m$$

$$F_s = 325 \cdot 0{,}8 \cdot 510 = 132600 \text{ N} = \underline{\underline{132{,}6 \text{ kN}}}$$

b) Schnittkraft für das Lochen

$F_s = A \cdot \tau_{aB}$

$U = 2 \cdot d \cdot \pi = 2 \cdot 10 \cdot \pi = 62{,}8\ \text{mm}$

$A = U \cdot s = 62{,}8 \cdot 2{,}5 = 157\ \text{mm}^2$

$F_s = 157 \cdot 0{,}8 \cdot 510 = 64056\ \text{N} = \underline{\underline{64{,}1\ \text{kN}}}$

c) Durchmesser des Schneidplattendurchbruchs (Lochen)

$a = a_1 + 2 \cdot u = 10 + 2 \cdot 0{,}06 = \underline{\underline{10{,}12\ \text{mm}}}$

d) Stempelmaße für den Schneidplattendurchbruch (Ausschneiden)

$a_1 = a - 2u = 25 - 2 \cdot 0{,}06 = \underline{\underline{24{,}88\ \text{mm}}}$

$b_1 = 40 - 2 \cdot 0{,}06 = \underline{\underline{39{,}88\ \text{mm}}}$

Lösung zu Beispiel 2

a) Schnittkraft beim Parallelschnitt

$F_s = l_{ges} \cdot s \cdot \tau_{aB}$

$l = 30 + 60 + 10 + 10 + 15 + 10 + 15 + \sqrt{20^2 + 30^2} = 186{,}06\ \text{mm}$ $\tau_{aB} \approx 0{,}8 \cdot R_m$

$F_s = 186{,}06 \cdot 4{,}5 \cdot 0{,}8 \cdot 420 = 281323\ \text{N} = \underline{\underline{281{,}3\ \text{kN}}}$

b) Schrägschnitt

$$F_s = 0{,}5 \cdot \frac{s^2}{\tan\varphi} \cdot \tau_{AB} = 0{,}5 \cdot \frac{4{,}5^2}{\tan 5^o} \cdot 0{,}8 \cdot 420 = 38885\ \text{N} \approx \underline{\underline{38{,}9\ \text{kN}}}$$

Lösung zu Beispiel 3

Hinweis: Das Stanzteil ist symmetrisch, es hat keine Abweichung in y-Richtung in Bezug auf den Koordinatenursprung.

Lage des Schwerpunktes in x-Richtung

$$x = \frac{U_1 \cdot x_1 + U_2 \cdot x_2 + U_3 \cdot x_3}{\Sigma U}$$

Abstände

$a_1 = 0 \quad a_2 = a_3 = 35\ \text{mm}$

$U_1 = 2 \cdot (l + b) = 2 \cdot (30 + 80) = 220\ \text{mm}$

$U_2 = U_3 = d \cdot \pi = 12 \cdot \pi = 37{,}69\ \text{mm}$

$$x = \frac{220 \cdot 0 + (37{,}69 \cdot 35) \cdot 2}{220 + 2 \cdot 37{,}69} = \underline{\underline{8{,}93\ \text{mm}}}$$

Lösung zu Beispiel 4

Lage des Schwerpunktes in y-Richtung

$$y_0 = \frac{U_1 \cdot y_1 + U_2 \cdot y_2 + U_3 \cdot y_3 + U_4 \cdot y_4}{\Sigma U}$$

Schwerpunktabstand:

Umfang Δ	$U_1 = 40 + 2\sqrt{20^2 + 40^2} = 129{,}443$ mm	$y_1 = 33{,}32$ mm	$x_1 = 90$ mm
Umfang □	$U_2 = 4 \cdot 20 = 80$ mm	$y_2 = 35$ mm	$x_2 = 50$ mm
Umfang O	$U_3 = 20 \cdot \pi = 62{,}8$ mm	$y_3 = 20$ mm	$x_3 = 20$ mm
Umfang O	$U_4 = 10 \cdot \pi = 31{,}4$ mm	$y_4 = 55$ mm	$x_4 = 20$ mm

$$y_0 = \frac{129{,}443 \cdot 33{,}32 + 80 \cdot 35 + 62{,}8 \cdot 20 + 31{,}4 \cdot 55}{129{,}443 + 80 + 62{,}8 + 31{,}4} = \underline{\underline{33{,}25 \text{ mm}}}$$

$$x_0 = \frac{129{,}443 \cdot 90 + 80 \cdot 50 + 62{,}8 \cdot 20 + 31{,}4 \cdot 20}{129{,}443 + 80 + 62{,}8 + 31{,}4} = \underline{\underline{57{,}75 \text{ mm}}}$$

Lösung zu Beispiel 5

Werkstück
Randbreite = $a = 1{,}0$ mm
Stegbreite = $e = 0{,}9$ mm

Streifenvorschub nach Anordnung “a“

$v_1 = 30 + e = 30{,}9$ mm

Streifenvorschub nach Anordnung „b“

$v_2 = 30 + 0{,}9 + 10 + 0{,}9 = 41{,}8$ mm

Ausnutzungsgrad

$$\eta = \frac{n \cdot A}{v \cdot B}$$

$A = 30 \cdot 10 + 20 \cdot 10 = 500 \text{ mm}^2$

$B = 30 + 2 \cdot a = 30 + 2 \cdot 1 = 32$ mm

nach Anordnung „a“

$$\eta = \frac{1 \cdot 500}{30{,}9 \cdot 32} \cdot 100\,\% = \underline{\underline{50{,}57\,\%}}$$

nach Anordnung „b“

$$\eta = \frac{2 \cdot 500}{41{,}8 \cdot 32} \cdot 100\,\% = \underline{\underline{74{,}76\,\%}}$$

Lösung zu Beispiel 6

a) Flächenpressung

$$p_{\text{vorh}} = \frac{F_s}{A_s}$$

$$F_s = U \cdot s \cdot \tau_{aB} = 3{,}2 \cdot \pi \cdot 1{,}25 \cdot 240 = 3015{,}9 \text{ N}$$

$$A_s = \frac{8^2 \cdot \pi}{4} = 50{,}27 \text{ mm}^2$$

$$p_{\text{vorh}} = \frac{3015{,}9}{50{,}27} = \underline{\underline{60 \text{ N/ mm}^2}}$$

$p_{\text{vorh}} < p_{\text{zul}}$

$60 \text{ N/mm}^2 < 200 \text{ N/mm}^2 \Rightarrow$ Druckplatte ist nicht erforderlich!

b) Berechnung der maximalen Knicklänge

$$J = \frac{\pi \cdot d^4}{64} = \frac{\pi \cdot 3{,}2^4}{64} = 5{,}1446 \text{ mm}^4$$

$$l_{\max} = \sqrt{\frac{\pi^2 \cdot E \cdot J}{F_s \cdot S}} = \sqrt{\frac{\pi^2 \cdot 2{,}1 \cdot 10^5 \cdot 5{,}1446}{3014{,}4 \cdot 4}} = \underline{\underline{29{,}72 \text{ mm}}}$$ Sicherheitsfaktor: $S = 4$

Lösung zu Beispiel 7

a) Stanzkraft

$$F_s = U \cdot s \cdot \tau_{aB} = 35 \cdot \pi \cdot 1{,}5 \cdot 500 = 82425 \text{ N} \approx \underline{\underline{82{,}4 \text{ kN}}}$$

b) Stanzarbeit

Verfahrensfaktor:

$$W = F_s \cdot s \cdot x = 82425 \cdot 1{,}5 \cdot 0{,}6 = 74182{,}5 \text{ Nmm} \approx \underline{\underline{74{,}2 \text{ Nm}}}$$ $x = 0{,}6$

Lösung zu Beispiel 8

a) maximaler Stempeldurchmesser $F_{vorh} = 300$ kN

$$F_s = U \cdot s \cdot \tau_{aB} = d \cdot \pi \cdot s \cdot \tau_{aB}$$

$$d = \frac{F_s}{\pi \cdot s \cdot \tau_{aB} \cdot S} = \frac{300000}{\pi \cdot 8 \cdot 0{,}8 \cdot 830 \cdot 2{,}5} = \underline{\underline{7{,}2 \text{ mm}}}$$

b) zulässige Knickkraft

$$F_K = \frac{E \cdot J \cdot \pi^2}{l_K^2 \cdot S} = \frac{E \cdot \pi \cdot d^4 \cdot \pi^2}{l_K^2 \cdot S \cdot 64} = \frac{2{,}1 \cdot 10^5 \cdot \pi \cdot 7{,}2^4 \cdot \pi^2}{2 \cdot 10^2 \cdot 2 \cdot 64} = 683037 \text{ N} \approx \underline{\underline{683 \text{ kN}}}$$

$$F_k > F_s$$

683 kN > 300 kN ⇒ Stempel knickt nicht aus!

Lösung zu Beispiel 9

a) Umfang

$$U = l_1 + l_2 + l_3 + \ldots$$

$$l_1 = \frac{r \cdot \pi \cdot \alpha}{180°} = \frac{200 \cdot \pi \cdot 120° \cdot 2}{180°} = 837{,}76 \text{ mm}$$

$$l_2 = \frac{r \cdot \pi \cdot \alpha}{180°} = \frac{500 \cdot \pi \cdot 60° \cdot 2}{180°} = 1046{,}7 \text{ mm}$$

$$l_3 = 4 \cdot 519{,}62 = 2078{,}49 \text{ mm}$$

Hinweis: Die Tangentenlänge kann grafisch oder analytisch ermittelt werden, sie beträgt = 519,62 mm.

$$U = \Sigma l = \underline{\underline{3962{,}95 \text{ mm}}}.$$

b) Schnittkraft

$$F_s = \frac{0{,}5 \cdot h_{St} \cdot s}{\tan \alpha} \cdot \tau_{aB} = \frac{0{,}5 \cdot 0{,}2 \cdot 15^2 \cdot 400}{\tan 13^o} = 38961 \text{ N} \approx 39 \text{ kN}$$

Bei 30 % Verschleiß: $F_s = 39 \text{ kN} \cdot 1{,}3 = \underline{\underline{50{,}7 \text{ kN}}}$

c) Stanzarbeit

Verfahrensfaktor: $x = 0{,}6$

$$W = F_s \cdot s \cdot x = 50{,}7 \cdot 1{,}5 \cdot 0{,}6 = 456{,}3 \text{ kNmm} \approx \underline{\underline{0{,}5 \text{ kNm}}}$$

Lösung zu Beispiel 10

a) Schnittkraft bei Parallelschnitt

$$F_s = d \cdot \pi \cdot s \cdot \tau_{aB} = 5{,}5 \cdot \pi \cdot 4 \cdot 600 = 41469 \text{ N} \approx \underline{\underline{41{,}5 \text{ k N}}}$$

Schnittkraft bei <u>zweiseitiger</u> Schneidkantenabschrägung

$$F_s = 2{,}1 \cdot d \cdot s \cdot \tau_{aB} = 2{,}1 \cdot 5{,}5 \cdot 4 \cdot 600 = 27720 \text{ N} \approx \underline{\underline{27{,}7 \text{ N}}}$$

b) Knickkraft nach Euler

$$F_K = \frac{E \cdot J \cdot \pi^2}{l_K^2 \cdot S} \qquad J = \frac{\pi \cdot d^4}{64} = \frac{\pi \cdot 5{,}5^4}{64} = 44{,}92 \text{ mm}^4$$

bei einer Stempellänge von 60 mm:

$$F_{K1} = \frac{2{,}1 \cdot 10^5 \cdot 44{,}92 \cdot \pi^2}{60^2 \cdot 1} = 25862 \text{ N} \approx \underline{\underline{25{,}9 \text{ kN}}}$$

c) bei einer Stempellänge von 36 mm:

$$F_{K2} = \frac{2{,}1 \cdot 10^5 \cdot 44{,}92 \cdot \pi^2}{36^2 \cdot 1} = 71838 \text{ N} \approx \underline{\underline{71{,}4 \text{ kN}}}$$

d) Die erforderliche Stanzkraft beim Parallelschnitt und beim Schrägschnitt ist größer als die Knickkraft des Stempels bei einer Stempellänge von l = 60 mm. Es kann also nur eine Stempellänge von 36 mm eingesetzt werden, am günstigsten ist die zweiseitige Schneidenkantenabschrägung!

e) Schneidenspalt (Blechdicke > 3 mm)

$$u = (0{,}007 \cdot s - 0{,}005) \cdot \sqrt{\tau_{aB}} = (0{,}007 \cdot 4 - 0{,}005) \cdot \sqrt{600} = \underline{\underline{0{,}56 \text{ mm}}}$$

f) Arbeitsvermögen bei <u>zweiseitiger</u> Schneidkantenabschrägung

Verfahrensfaktor: $x = 0{,}6$

$$W = F_s \cdot s \cdot x = 27720 \cdot 4 \cdot 0{,}6 = 66528 \text{ Nm} \approx \underline{\underline{66{,}5 \text{ kNm}}}$$

Lösung zu Beispiel 11

a) Anzahl der Bleche

aus der Skizze:

Stegbreite e und Randbreite a nach VDI-Blatt 3367 ⇒ $e = 2{,}3$ mm

$l = 2\,e + 20 + 8 = 4{,}6 + 20 + 8 = 32{,}6$ mm ≈ Schnittlänge für zwei Werkstücke

bei einer Streifenlänge von 3000 mm:

$$n = \frac{L_{\text{ges}}}{L} = \frac{3000}{32{,}6} = 92 \text{ Werkstücke}$$

bei zweireihiger Anordnung $n = 184$ Werkstücke

b) Ausnutzungsgrad

$$\eta = \frac{z \cdot A}{L \cdot B} \qquad A = b \cdot h_1 + b \cdot \frac{h_2}{2} = 180 \cdot 8 + 180 \cdot \frac{20-8}{2} = 2520 \text{ mm}^2$$

$$\eta = \frac{L \cdot R \cdot A}{v \cdot L \cdot B} = \frac{2 \cdot 2520}{32{,}6 \cdot 200} = 0{,}77 \mathrel{\hat{=}} 77\%$$

c) Schnittkraft

$$F_s = \frac{0{,}5 \cdot s^2 \cdot \tau_{aB}}{\tan \varphi} = \frac{0{,}5 \cdot 3^2 \cdot 600}{\tan 5^\circ} = 30861 \text{ N} \approx \underline{\underline{30{,}9 \text{ kN}}}$$

d) Schnittkraftkomponente F_x und F_y

$$F_x = F_s \cdot \cos \beta = 30861 \cdot \cos 80^\circ = \underline{\underline{5359 \text{ kN}}}$$

$$F_y = F_s \cdot \sin \beta = 30861 \cdot \sin 80^\circ = \underline{\underline{30392 \text{ N}}}$$

e) Kippmoment

$l = 2\,a \qquad a = 0{,}1 \cdot s = 0{,}1 \cdot 3 = 0{,}3$ mm

$$M = F_y \cdot l = 30392 \cdot 2 \cdot 0{,}1 \cdot 3 = \underline{\underline{18235 \text{ Nmm}}}$$

f) Niederhalterkraft

$F_N \cdot c = M$

Hebelarmlänge

$c = 45$ mm

$$F_N = \frac{M}{c} = \frac{18235}{45} = \underline{\underline{405{,}2 \text{ N}}}$$

g) Der Schrägschnitt bewirkt, dass das Blech aus den Schneidblättern geschoben wird. Diese Schubkraft errechnet sich aus:

$$F_{\text{Schub}} = F_s \cdot \sin \varphi = 30861 \cdot \sin 5^\circ = \underline{\underline{2689{,}7 \text{ N}}}$$

Die Niederhalterkraft (Normalkraft) mit dem Reibwert μ muss dieser Kraft entgegenwirken!

$$F_N = \frac{F_{\text{Schub}}}{\mu} = \frac{2689{,}7}{0{,}1} = \underline{\underline{26897 \text{ N}}}$$

Lösung zu Beispiel 12

a) Gesamtschnittkraft (Ausschneiden und Lochen)

Schnittfläche Bohrung

(Schermesser ∅ 7,4 Bohrungen) ⇒ $A = U \cdot s = d \cdot \pi \cdot s \cdot n = 7 \cdot \pi \cdot 4 \cdot 4 = 351{,}85\ \text{mm}^2$

Ellipsenumfang $U = \frac{\pi}{2} \cdot (D + d) = \frac{\pi}{2}(60 + 35) = 149{,}22\ \text{mm}$

Schnittfläche Ellipse ⇒ $A = U \cdot s = 149{,}22 \cdot 4 = 596{,}88\ \text{mm}^2$

Schnittfläche der ausgeschnittenen Kontur ⇒ $A = U \cdot s = 2\,(80 + 90) \cdot 4 = 1360\ \text{mm}^2$

$A_{ges} = 315{,}68 + 596{,}88 + 1360 = 2308{,}73\ \text{mm}^2$

$F_s = \Sigma A \cdot \tau_{ab} = 2308{,}73\ \text{mm}^2 \cdot 270 = 61359\ \text{N} \approx \underline{\underline{623{,}36\ \text{kN}}}$

b) Flächenpressung

$F_s = A \cdot \tau_{ab} = d \cdot \pi \cdot s \cdot \tau_{ab} = 7 \cdot \pi \cdot 4 \cdot 270 = 23738\ \text{N}$

$$p_{vorh} = \frac{F_s}{A_{St}} = \frac{23738 \cdot 4}{7^2 \cdot \pi} = 617{,}1\ \text{N/mm}^2$$

$p_{vorh} > p_{zul}$

$617{,}1\ \text{N/mm}^2 > 200\ \text{N/mm}^2$ ⇒ Druckplatte ist erforderlich!

c) Lage des Einspannzapfens

Lage auf der y-Achse = 0 mm, da symmetrisch zur x-Achse

Lage auf der x-Achse

$$x = \frac{U_1 \cdot a_1 + U_2 \cdot a_2 + \ldots}{\Sigma U} = \frac{2 \cdot 7 \cdot \pi \cdot 30 - (2 \cdot 7 \cdot \pi \cdot 30) - 340 \cdot 85 - 149{,}22 \cdot 0}{4 \cdot 7 \cdot \pi + 340 + 154{,}23} =$$

$$= \frac{-28900}{582{,}15} = \underline{\underline{-49{,}64\ \text{mm}}}$$

Spanende Verfahren

3

3.1 Grundlegende Berechnungen beim Zerspanen

3.1.1 Verwendete Formelzeichen

γ_0	[°]	Basiswinkel
γ_{vorh}	[°]	vorhandener Spanwinkel
η_M	[%]	Maschinenwirkungsgrad
κ	[°]	Einstellwinkel
λ_h		Spandickenstauchung
Φ	[°]	Scherwinkel
χ	[°]	Einstellwinkel
A	[mm²]	Spanungsquerschnitt
a_p	[mm]	Schnitttiefe (Zustellung)
b	[mm]	Spanungsbreite
c_2		Steigung der Standzeitgeraden
d	[mm]	Durchmesser des Werkstücks bzw. Werkzeugs an der Innenform
f	[mm]	Vorschub
f_γ		Korrekturfaktor für Spanwinkel
F_c	[N]	Schnittkraft (Zerspankraft)
f_f		Korrekturfaktor für Werkstückform
f_h		Korrekturfaktor für Spanungsdicke
f_{schm}		Korrekturfaktor für Kühlschmiermittel
f_{schn}		Korrekturfaktor für Schneidstoff
f_{st}		Korrekturfaktoren für Spanstauchung
f_{ver}		Korrekturfaktor für Verschleiß
f_{vc}		Korrekturfaktor für Schnittgeschwindigkeit
g_W	[%]	Werkzeugkosten-Teilsatz (Werkzeugkosten je 1,– € Fertigungslohn)

h	[mm]	Spanungsdicke vor dem Spanungsvorgang
$h' \triangleq h_1$	[mm]	Spandicke nach dem Spanungsvorgang
i		Anzahl der Schnitte
$K_{c\,Korr}$	[N/mm^2]	korrigierte spezifische Schnittkraft
$k_{c1.1}$	[N/mm^2]	spezifische Schnittkraft
K_F	[€]	Gesamtkosten je Einheit
K_{Lh}	[€]	Lohnkosten je Einheit
K_{Ln}	[€]	Lohnnebenkosten je Einheit
K_M	[€/h]	Maschinen-Stundensatz
K_W	[€/Stck]	Werkzeugkosten je Einheit
K_{WK}	[€]	Werkzeugkosten für geklemmte Schneidplatten
K_{WW}	[€]	Kosten je Werkzeugwechsel
L	[mm]	Gesamtweg des Werkzeugs
L	[€/h]	Lohnkosten
l	[mm]	Werkstücklänge
l_a	[mm]	Anlaufweg
L_{Ln}	[€]	Lohnkosten für Nebenzeiten
$l_ü$	[mm]	Überlaufweg
n	[min^{-1}]	Drehzahl
n_K		Anzahl der Schneiden je Schneidplatte
n_P		Anzahl der Schneiden, die ein Tragkörper bis zum Unbrauchbarwerden aufnimmt
n_S		Anzahl der Nachschliffe
n_T		Stückzahl je Standzeit
P_a	[kW]	Maschinenantriebsleistung
P_c	[km	Schnittleistung (Zeitspanungsvolumen)
Q	[mm^3/min]	Zeitspanungsvolumen
Q_p	[mm^3/min]	Zeitspanungsvolumen
Q_{pt}	[mm^3/min kW]	leistungsbezogenes Zeitspanungsvolumen
Q_{sp}	[mm^3]	Volumen der ungeordneten Spanungsmenge
r	[%]	Restfertigungsgemeinkosten
R		Spanraumzahl
T	[min]	Standzeit oder Auftragszeit
t_e	[min/Stck]	Fertigungszeit je Werkstück
t_h	[min]	Prozesszeit (Hauptnutzungszeit)
t_n	[min]	Nebennutzungszeit
t_r	[min]	Rüstzeit
T_0	[min]	kostengünstigste Standzeit
T_{t0}	[min]	zeitgünstigste Standzeit
t_w	[min]	Werkzeugwechselzeit

V_z	[mm³]	Spanungsvolumen
v_c	[m/min]	Schnittgeschwindigkeit
W_a	[€]	Anschaffungspreis des Tragkörpers (für das Werkzeug)
W_a	[€]	Anschaffungswert des Werkzeugs
W_P	[€]	Preis je Schneidplatte
W_s	[€]	Kosten je Nachschliff
W_T	[€]	Werkzeugkosten je Standzeit
W_u	[€]	Restwert des unbrauchbaren Werkzeugs
Z		Spandickenexponent (Werkstoffkonstante)

3.1.2 Auswahl verwendeter Formeln

Scherwinkel

$$\tan\Phi = \frac{\cos\gamma}{\lambda_h - \sin\gamma}$$

Spandickenstauchung

$$\lambda_h = \frac{h_1}{h}$$

Zerspankraft

$$F_c = b \cdot h \cdot k_{cKorr}$$

$$F_c = A \cdot k_{cKorr}$$

Spanungsquerschnitt

$$A = b \cdot h = a_P \cdot f$$

Spanungsbreite

$$b = \frac{a_P}{\sin\chi}$$

Spanungsdicke

$$h = f \cdot \sin\chi$$

Maschinenantriebsleistung

$$P_a = \frac{F_c \cdot v_c}{60 \cdot 10^3 \cdot \eta_M}$$

Steigung der Standzeitgeraden

$$-c_2 = \frac{\ln T_1 - \ln T_2}{\ln v_{c2} - \ln v_{c1}}$$

Schnittgeschwindigkeit

$$v_c = \frac{d \cdot \pi \cdot n}{1000}$$

Zeitspanungsvolumen

$$Q_p = \frac{V_z}{t_h} = A \cdot v_c$$

$$Q_p = a_p \cdot f \cdot \pi\left(c \cdot l \pm a_p\right) \cdot n$$

$$Q_p = a_p \cdot f \cdot v_c \cdot 1000$$

Prozesszeit (Hauptnutzungszeit)

$$t_h = \frac{L \cdot i}{f \cdot n} = \frac{L \cdot i \cdot d \cdot \pi}{f \cdot v_c \cdot 1000}$$

Standzeit

$$T = t_h \cdot n_T$$

$$T_2 = T_1 \cdot \left(\frac{v_{c1}}{v_{c2}}\right)^{-c_2}$$

Stückzahl je Standzeit

$$n_T = \frac{T_2}{t_{n2}}$$

zeitgünstigste Standzeit

$$T_{to} = (-c_2 - 1) \cdot t_w$$

kostengünstigste Standzeit

$$T_0 = (-c_2 - 1) \cdot \left[t_w + \frac{W_T}{L(1+r)}\right]$$

zeitgünstigste Schnittgeschwindigkeit

$$v_{c0} = \frac{v_{c1}}{\sqrt[-c_2]{\frac{T_0}{T_1}}}$$

Werkzeugkosten je Standzeit

$$W_T = \frac{(W_a - W_u) + n_s \cdot W_s}{n_s + 1}$$

Werkzeugkosten der Schneidplatten

$$W_{kW} = \frac{W_p}{n_k} + \frac{W_a}{n_p \cdot n_k}$$

Werkzeugkosten-Teilsatz

$$g_W = \frac{K_W}{K_L} \cdot 100\,\%$$

Kosten je Einheit

$$K_W = W_T \cdot \frac{t_h}{T}$$

Gesamtkosten je Einheit

$$K_F = K_M + K_W + K_{WW} + K_{Lh} + K_{Ln}$$

$$K_F = \underbrace{\left[K_M + t_n \cdot L \cdot (1+r)\right]}\; + \;\underbrace{\left[\frac{W_T \cdot t_h}{T} + t_w \cdot L \cdot (1+r) \cdot \frac{t_h}{T}\right]}\; + \;\underbrace{\left[t_h \cdot L \cdot (1+r)\right]}$$

$$K_F = \begin{bmatrix}\text{Maschinenkosten} \\ +\text{ Nebenkostenanteil}\end{bmatrix} + [\text{Werkzeugkosten}] + [\text{Lohnkosten}]$$

Ermittlung der korrigierten spezifischen Schnittkraft

$$k_{c\,Korr} = k_{c1.1} \cdot f_h \cdot f_\gamma \cdot f_{vc} \cdot f_f \cdot f_{st} \cdot f_{ver} \cdot f_{schn} \cdot f_{schm}$$

Korrekturfaktor für Spanungsdicke

$$f_h = \frac{1}{h^z}$$

Korrekturfaktor für Spanwinkel

$$f_\gamma = 1 - \frac{\gamma_{tat} - \gamma_0}{100}$$

$\gamma_0 = +6°$ bei Stahl

$\gamma_0 = +2°$ bei Guss

Volumen der ungeordneten Spanmenge

$$Q_{Sp} = R \cdot Q_p$$

Spanraumzahl

$$R = \frac{\text{Raumbedarf der ungeordneten Spanmenge}}{\text{Werkstoffvolumen der gleichen Spanmenge}}$$

Leistungsbezogenes Zeitspanungsvolumen

$$Q_{pt} = \frac{Q_p}{P_c} = \frac{A \cdot v_c \cdot 10^3}{P_c}$$

Korrekturfaktoren für Schnittgeschwindigkeit (f_{vc})

bei v_c = **100 m/min**

$$f_{vc} = 1$$

bei v_c < **100 m/min**

$$f_{vc} = \frac{2{,}023}{v_c^{0{,}153}}$$

bei v_c > **100 m/min**

$$f_{vc} = \frac{1{,}380}{v_c^{0{,}07}}$$

bei v_c < **20 m/min**

$$f_{vc} = \left(\frac{100}{v_c}\right)^{0{,}1}$$

Korrekturfaktoren für Werkstückform (f_f) und Spanstauchung (f_{st})

Bearbeitungsverfahren	Faktor	
	f_f	f_{St}
Außendrehen	1	1
Hobeln/Stoßen/Räumen	1,05	1,1
Innendrehen/Bohren/Reiben/Fräsen	$1{,}05 + \frac{1}{d}$	1,2
Einstechen/Abstechen	-------	1,3

Korrekturfaktor für Verschleiß (f_{ver})

arbeitsscharfes Werkzeug $f_{ver} = 1$; Verschleiß in % ⇒ $f_{ver} = 1 + \frac{\text{Verschleiß [\%]}}{100}$

Korrekturfaktoren für Schneidstoff (f_{schn})

Schnellarbeitsstahl	f_{schn}	1,2
Hartmetall	f_{schn}	1,0
Schneidkeramik	f_{schn}	0,9

Korrekturfaktoren für Kühlschmieren (f_{schm})

trocken	f_{schm}	1
Kühlemulsion	f_{schm}	0,9
reines Öl	f_{schm}	0,85

3.1.3 Berechnungsbeispiele

1. Beim Hobeln einer Stahlplatte aus E295 (St 50-2) sind folgende Schnittdaten an der Maschine eingestellt: Schnitttiefe 8 mm, Vorschub 1,2 mm je DH, Einstellwinkel 60°, Spanwinkel 10°. An dem entstehenden Span wird mittels einer Bügelmessschraube eine Spandicke von 1,64 mm gemessen.
   Ermitteln Sie den Scherwinkel für diesen Zerspanungsvorgang.
2. Unter Verwendung der nachfolgenden Schnittdaten ist der Scherwinkel, bzw. die Lage der Scherebene zur senkrechten Ebene zu ermitteln. Eine Messung der Spandicke nach dem Stauchvorgang ergab eine Dicke von 0,62 mm, Vorschub 1 mm, Einstellwinkel 30°.
3. Die Ermittlung der Zerspankräfte ist von einer Vielzahl von Faktoren abhängig. Die wesentlichen Korrekturgrößen sollen an einem Fertigungsbeispiel erklärt werden. Bei einem Zerspanungsprozess wird der Werkstoff 16MnCr5 zerspant.
   Folgende Schnittdaten liegen vor:

Schnitttiefe:	2 mm	Verfahren:	Drehen
Vorschub:	0,4 mm	Schneidstoff:	Hartmetall
Einstellwinkel:	35°	Schnittgeschwindigkeit:	160 m/min
Spanwinkel:	– 10°	Werkzeugverschleiß:	20 %
Maschinenwirkungsgrad:	75 %	Kühlschmierung:	Emulsion

   Berechnen Sie:
   a) die Zerspankraft
   b) die Maschinenantriebsleistung.

4. Bei Zerspanungsversuchen an einer Drehmaschine wurden Drehteile aus C45E (Ck 45) mit einem Hartmetallwerkzeug bearbeitet. Die Zerspanungsbedingungen wurden während der Versuchsreihe nicht geändert. Schnitttiefe 5 mm, Vorschub 1 mm, Spanwinkel 10°, Einstellwinkel 30°.

   Hinweis: Die Schnittgeschwindigkeit wurde geändert, um die Standzeitgerade des Werkzeuges ermitteln zu können.

   Folgende Versuchsergebnisse liegen vor:

1. Versuch	2. Versuch	3. Versuch	4. Versuch
v_{c1} = 160 m/min	v_{c2} = 240 m/min	v_{c3} = 400 m/min	v_{c4} = 660 m/min
35 bearbeitete Werkstücke	28 bearbeitete Werkstücke	21 bearbeitete Werkstücke	15 bearbeitete Werkstücke
Zerspanungszeit 4,8 min			

   a) Zeichnen Sie die T-v_c-Gerade auf doppellogarithmischen Papier und ermitteln Sie anhand dieser Gerade den Steigungswert c_2.
   b) Berechnen Sie anhand der vorgegebenen Daten den Steigungswert c_2.

5. Beim Außendrehen von Führungssäulen aus E360 (St70-2), Duchmesser 70 mm, Drehlänge 100 mm, mit einem Drehstahl aus Schnellarbeitsstahl wird eine Drehzahl von 130 min^{-1} gewählt.

   Technische Daten: Schnitttiefe 2 mm, Vorschub 0,2 mm, Spanwinkel 10°, Einstellwinkel 80°, Kühlschmierung: Emulsion, Maschinenwirkungsgrad 75 %.

   Berechnen Sie:
   a) die Schnittgeschwindigkeit
   b) die Schnittkraft bei Beginn der Standzeit (Werkzeug arbeitsscharf)
   c) die Schnittkraft bei 80 % der Standzeit (Werkzeug-Verschleiß 80 %)
   d) die Maschinenantriebsleistung bei arbeitsscharfem Werkzeug
   e) die Maschinenantriebsleistung bei 80 % Verschleiß
   f) das Spanungsvolumen je Zeit- und Leistungseinheit, bezogen auf die Motorleistung, bei arbeitsscharfem Werkzeug.

6. Bei Verwendung der Schnittdaten aus Aufgabe 5 werden bis zum Standzeitende 20 Führungssäulen hergestellt.
   a) Wie verändert sich die Standzeit und die Stückzahl, wenn die Schnittgeschwindigkeit auf 60 m/min gesteigert wird und die Steigungsgerade der Standzeit jeweils -2,4 beträgt?
   b) Zeichnen Sie die Standzeitgerade auf doppellogarithmischen Papier und ermitteln Sie grafisch die Standzeit für die Schnittgeschwindigkeit 80 m/min.

7. Für einen Zerspanungsprozess ist die Lage der Standzeitgeraden durch folgende Daten bekannt:

$c_2 = -2{,}1$	T_1 = 216 min	v_{c1} = 120 m/min	t_{h1} = 12 min
	T_2 = 30 min	v_{c2} = 290 m/min	t_{h2} = 5 min

Ermitteln Sie:

a) die kostengünstigste Standzeit und die zeitgünstigste Standzeit, sowie die jeweils dazu gehörende Schnittgeschwindigkeit
b) wie verändern sich die Gesamtkosten je Werkstück, wenn anstelle der kostengünstigsten Schnittgeschwindigkeit die zeitgünstigste Schnittgeschwindigkeit angewandt wird?

Folgende Daten sind bekannt:

Anschaffungswert des Werkzeugs	300,00 €
Wert des unbrauchbaren Werkzeugs	150,00 €
Anzahl der Nachschliffe	15 mal
Preis je Nachschliff	14,60 €
Stundenlohnsatz	17,80 €/h
Restfertigungsgemeinkosten	250 %
Werkzeugwechselzeit	10 min (Standzeit)
Nebenzeiten	3 min/Stück
Maschinenkosten	3,20 €/Stück

8. Ein Messerkopf kostet 1200,00 €, nach 12 Schärfungen zu je 34,45 € hat das Werkzeug noch einen Restwert von 420,00 €. Die T-v_c-Gerade auf doppellogarithmischen Papier hat für dieses Werkzeug eine Neigung von 120°. Schnittgeschwindigkeit 110 m/min, Werkzeugwechselzeit 8 min, Lohnsatz 18,60 €/h, Restfertigungsgemeinkosten 300 %.

   Ermitteln Sie:

   a) die kostengünstigste Standzeit
   b) die zeitgünstigste Standzeit
   c) die zu den o.a. Standzeiten zugehörigen Schnittgeschwindigkeiten aus dem gezeichneten T-v_c-Diagramm.

9. Berechnen Sie die Werkzeugkosten mit Hilfe des Werkzeugkosten-Teilsatzes (bei Verwendung der Daten aus Aufgabe 7) für die zeitgünstigste Schnittgeschwindigkeit.

   Hinweis: Zur Überwachung des Werkzeugverbrauches bei einzelnen Bearbeitungen ist die Kenntnis der Werkzeugkosten je 1,00 € Fertigungslohn von Bedeutung. Das Verhältnis der Werkzeugkosten zum Fertigungslohn je Einheit, bezeichnet man als Werkzeugkosten-Teilsatz g_W pro Einheit.

10. Ermitteln Sie den optimalen Arbeitspunkt für eine Zerspanarbeit, wenn folgende Daten bekannt sind:

Schneidstoff	Hartmetall P10	
Standzeit des Werkzeuges	60 min	
Werkstoff des Werkstückes	E335(St 60-2)	
Maschinenleistung der Drehmaschine	10 kW	
Maschinenwirkungsgrad	70 %	
Schnittdaten	$f_1 = 0{,}16$ mm	$v_{c1} = 168$ m/min
	$f_2 = 1{,}0$ mm	$v_{c2} = 119$ m/min

Spanungsverhältnis	$a_p/f = 10$
Spanwinkel	6°
Einstellwinkel	90°
Werkzeug	arbeitsscharf
Bearbeitung	ohne Kühlung

Hinweis: Der optimale Arbeitspunkt für ein spanendes Arbeitssystem ergibt sich aus dem Schnittpunkt der Werkzeug-Geraden bei einer konstanten Standzeit und der Maschinen-Geraden bei einer konstanten Leistung. In diesem Punkt wird die Standzeit des Werkzeugs und die Maschinenleistung **optimal** genutzt!

3.1.4 Lösungen

Lösung zu Beispiel 1

a) Scherwinkel

$h_1 = 1{,}64$ (gemessen)

$h = f \sin \chi = 1{,}2 \sin 60° = 1{,}039$ mm

$$\lambda_h = \frac{h_1}{h} = \frac{1{,}64}{1{,}039} = 1{,}578$$

$$\tan \Phi = \frac{\cos \gamma}{\lambda_h - \sin \gamma} = \frac{\cos 10°}{1{,}578 - \sin 10°} = \frac{0{,}985}{1{,}578 - 0{,}174} = 0{,}702 \Rightarrow \Phi = 35{,}05° \approx \underline{\underline{35°}}$$

Lösung zu Beispiel 2

$$\lambda_h = \frac{h_1}{h} = \frac{0{,}62}{0{,}5} = 1{,}24\,, \quad h = f \cdot \sin \chi = 1{,}0 \cdot \sin 30° = 0{,}5$$

$$\tan \Phi = \frac{\cos \gamma}{\lambda_h - \sin \gamma} = \frac{0{,}9848}{1{,}24 - 0{,}17365} = \frac{0{,}9848}{1{,}06635} = 0{,}923 \Rightarrow \Phi = 42{,}7° \approx \underline{\underline{43°}}$$

Lösung zu Beispiel 3

a) Zerspankraft

$$F_c = A \cdot k_{cKorr}$$

$$A = b \cdot h = a_P \cdot f$$

$$b = \frac{a_P}{\sin \chi} = \frac{2}{\sin 35°} = 3{,}487 \text{ mm}$$

$$h = f \cdot \sin \chi = 0{,}4 \cdot \sin 35° = 0{,}229 \text{ mm}$$

$$A = 3{,}49 \cdot 0{,}229 = 0{,}799 = 0{,}8 \text{ mm}^2$$

korrigierte spezifische Schnittkraft

$$k_{cKorr} = k_{c1.1} \cdot f_h \cdot f_\gamma \cdot f_{vc} \cdot f_f \cdot f_{st} \cdot f_{ver} \cdot f_{schn} \cdot f_{schm}$$

aus Anhang 4.2.1 für spez. Schnittkräfte:

$\Rightarrow k_{c1.1} = 1600 \text{ N/ mm}^2$

$1 - z = 0{,}81$

$z = 1 - 0{,}81 = 0{,}19$

$$f_h = \frac{1}{h^z} = \frac{1}{0{,}229^{0{,}19}} = 1{,}32$$

$$f_\gamma = 1 - \frac{\gamma_{vorh} - \gamma_0}{100} = 1 - \frac{(-10° - 6°)}{100} = 1{,}16$$

$$f_{vc} = \frac{1{,}38}{160^{0{,}07}} = 0{,}967$$

$$f_f = 1$$

$$f_{st} = 1$$

$$f_{ver} = 1{,}2$$

$$f_{schn} = 0{,}9$$

$$f_{schm} = 1{,}0$$

$$k_{cKorr} = 1600 \cdot 1{,}32 \cdot 1{,}16 \cdot 0{,}967 \cdot 1 \cdot 1 \cdot 1{,}2 \cdot 0{,}9 \cdot 1 = 2558{,}6 \text{ N/ mm}^2$$

Zerspankraft

$$F_c = A \cdot k_{cKorr} = 0{,}8 \cdot 2558{,}6 = \underline{\underline{2046{,}9 \text{ N}}}$$

b) Maschinenantriebsleistung

$$P_a = \frac{F_c \cdot v_c}{60 \cdot 10^3 \cdot \eta_m} = \frac{2046{,}9 \cdot 160}{60 \cdot 10^3 \cdot 0{,}75} = \underline{\underline{7{,}28 \text{ kW}}}$$

Lösung zu Beispiel 4

a) Standzeitgerade (grafische Lösung). Folgende Daten sind gegeben:

Versuch 1	Versuch 2	Versuch 3	Versuch 4
$v_{c1} = 160$ m/min	$v_{c2} = 240$ m/min	$v_{c3} = 400$ m/min	$v_{c4} = 660$ m/min
$n_{w1} = 35$ Werkstücke	$n_{w2} = 28$ Werkstücke	$n_{w3} = 21$ Werkstücke	$n_{w4} = 15$ Werkstücke
$t_{h1} = 4{,}8$ min			

Ermittlung der Prozesszeiten und der jeweiligen Standzeit

$$T_1 = t_{h1} \cdot n_{w1} = 4{,}8 \cdot 35 = 168 \text{ min}$$

$$t_{h2} = \frac{v_{c1} \cdot t_{h1}}{v_{c2}} = \frac{160 \cdot 4{,}8}{240} = 3{,}2 \text{ min/ Einheit}$$

$$T_2 = t_{h2} \cdot n_{w2} = 3{,}2 \cdot 28 = 89{,}6 \text{ min}$$

$$t_{h3} = \frac{v_{c1} \cdot t_{h1}}{v_{c3}} = \frac{160 \cdot 4{,}8}{400} = 1{,}92 \text{ min/ Einheit}$$

$$T_3 = t_{h3} \cdot n_{w3} = 1{,}92 \cdot 21 = 40{,}32\ \text{min}$$

$$t_{h4} = \frac{v_{c1} \cdot t_{h1}}{v_{c4}} = \frac{160 \cdot 4{,}8}{660} = 1{,}164\ \text{min/ Einheit}$$

$$T_4 = t_{h4} \cdot n_{w4} = 1{,}164 \cdot 15 = 17{,}46\ \text{min}$$

Ergebnisse:

Versuch 1	Versuch 2	Versuch 3	Versuch 4
--------------	t_{h2} = 3,2 min	t_{h3} = 1,92 min	t_{h4} = 1,164 min
T_1 = 168 min	T_2 = 89,6 min	T_3 = 40,32 min	T_2 = 17,46 min

Hinweis: Aus dem T-v_c-Diagramm werden zwei beliebig zusammenhängende Längen a_1 und a_2 ausgemessen. Mit Hilfe dieser Längen errechnet man den Steigungswert c_2 der Standzeitgeraden.

aus Diagr. Beispiel 4: $a_1 = 58$ mm $a_2 = 37$ mm

$$c_2 = -\frac{a_1}{a_2} = -\frac{58}{37} = \underline{\underline{-1{,}57}}$$

Lösung 3.1.4 Beispiel 4: Standzeitgerade

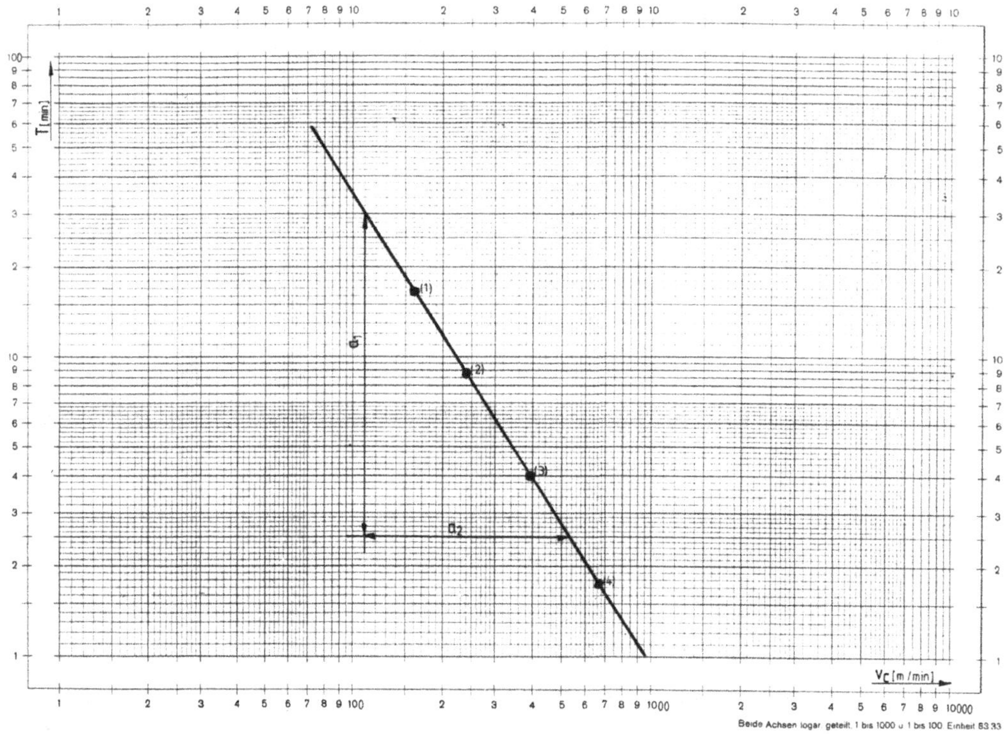

b) rechnerische Lösung

$$-c_2 = \frac{\ln T_1 - \ln T_4}{\ln v_{c2} - \ln v_{c1}} = \frac{\ln 168 - \ln 17{,}46}{\ln 660 - \ln 160} = \frac{5{,}124 - 2{,}859}{6{,}492 - 5{,}075} = 1{,}598 \Rightarrow c_2 = \underline{\underline{-1{,}598}}$$

oder

$$-c_2 = \frac{\ln 89{,}6 - \ln 40{,}32}{\ln 400 - \ln 240} = \frac{4{,}495 - 3{,}696}{5{,}991 - 5{,}480} = 1{,}56 \Rightarrow c_2 = \underline{\underline{-1{,}56}}$$

Hinweis: Weil die Versuchsdaten nicht exakt auf der Standzeit-Geraden liegen, weichen die Steigungswerte c_2 geringfügig von einander ab!

Lösung zu Beispiel 5

a) Schnittgeschwindigkeit

$$v_c = \frac{d \cdot \pi \cdot n}{1000} = \frac{70 \cdot \pi \cdot 130}{1000} = 28{,}6 \approx \underline{\underline{29 \text{ m / min}}}$$

b) Schnittkraft zu Beginn der Standzeit

$$F_c = A \cdot k_{cKorr}$$

$$A = b \cdot h = a_P \cdot f$$

$$b = \frac{a_P}{\sin \chi} = \frac{2}{\sin 80^o} = 2{,}03 \text{ mm}$$

$$h = f \cdot \sin \chi = 0{,}2 \cdot \sin 80° = 0{,}197 \text{ mm}$$

$$A = b \cdot h = 2{,}03 \cdot 0{,}197 = 0{,}399 = 0{,}4 \text{ mm}^2$$

$$k_{cKorr} = k_{c1.1} \cdot f_h \cdot f_\gamma \cdot f_{vc} \cdot f_f \cdot f_{st} \cdot f_{ver} \cdot f_{schn} \cdot f_{schm}$$

aus Anhang 4.2.1, E360 (St70-2): $\Rightarrow k_{c1.1} = 2430 \text{ N/ mm}^2,\ z = 0{,}16$

$$f_h = \frac{1}{h^z} = \frac{1}{0{,}197^{0{,}16}} = 1{,}297 = 1{,}3$$

$$f_\gamma = 1 - \frac{\gamma_{vorh} - \gamma_0}{100} = 1 - \frac{10° - 6°}{100} = 0{,}96$$

$$f_{vc} = 1{,}21$$

$$f_f = 1$$

$$f_{st} = 1$$

$$f_{ver} = 1$$

$$f_{schn} = 1{,}2$$

$$f_{schm} = 0{,}9$$

$$k_{cKorr} = 2430 \cdot 1{,}3 \cdot 0{,}96 \cdot 1{,}21 \cdot 1 \cdot 1 \cdot 1 \cdot 1{,}2 \cdot 0{,}9 = 3963 \text{ N}$$

$$F_{c1} = A \cdot k_{cKorr} = 0{,}4 \cdot 3963 = \underline{\underline{1585 \text{ N}}}$$

c) Schnittkraft bei 80 % der Standzeit

$$F_{c2} = F_{c1} \cdot f_{ver} = 1585 \cdot 1{,}8 = \underline{\underline{2853\ \text{N}}}$$

d) Maschinenantriebsleistung bei arbeitsscharfem Werkzeug

$$P_{a1} = \frac{F_{c1} \cdot v_c}{60 \cdot 10^3 \cdot \eta_M} = \frac{1585 \cdot 29}{60 \cdot 10^3 \cdot 0{,}75} = \underline{\underline{1{,}02\ \text{kW}}}$$

e) Maschinenantriebsleistung bei 80 % Verschleiß des Werkzeugs

$$P_{a2} = \frac{F_{c2} \cdot v_c}{60 \cdot 10^3 \cdot \eta_M} = \frac{2853 \cdot 29}{60 \cdot 10^3 \cdot 0{,}75} = \underline{\underline{1{,}83\ \text{kW}}}$$

f) Spanungsvolumen

$$Q_P = \frac{Q}{t_h} \cdot \frac{1}{P_c} = \frac{A \cdot v_c}{P_c} = \frac{0{,}4 \cdot 29 \cdot 1000}{1{,}02} = 11373\ \text{mm}^3/\ \text{min KW} \approx \underline{\underline{11{,}4\ \text{cm}^3/\ \text{min kW}}}$$

Lösung zu Beispiel 6

a) Prozesszeit je Werkstück bei $v_{c1} = 29$ m/min (s. Beispiel 5)

$$t_h = \frac{l \cdot i}{f \cdot n} = \frac{L \cdot i \cdot d \cdot \pi}{f \cdot v_c \cdot 1000} = \frac{100 \cdot 1 \cdot 70 \cdot \pi}{0{,}2 \cdot 29 \cdot 1000} = \underline{\underline{3{,}79\ \text{min}}}$$

Standzeit bei $v_{c1} = 29$ m / min

$$T_1 = t_h \cdot n_T = 3{,}79 \cdot 20 = \underline{\underline{75{,}8\ \text{min}}}$$

Standzeit bei $v_{c2} = 60$ m / min

$$T_2 = T_1 \cdot \left(\frac{v_{c1}}{v_{c2}}\right)^{-c_2}$$

$$T_2 = 75{,}8 \cdot \left(\frac{29}{60}\right)^{2{,}4}$$

$$T_2 = 13{,}2\ \text{min}$$

Anzahl der Werkstücke

$$n_T = \frac{T_2}{t_{h2}} = \frac{13{,}2}{1{,}8} \approx \underline{\underline{7\ \text{Werkstücke}}} \qquad t_{h2} = \frac{L \cdot i \cdot d \cdot \pi}{f \cdot v_c \cdot 1000} = \frac{100 \cdot 1 \cdot 70 \cdot \pi}{0{,}2 \cdot 60 \cdot 1000} = \underline{\underline{1{,}8\ \text{min}}}$$

Lösung 3.1.4 zu Beispiel 6:

b) grafische Lösung

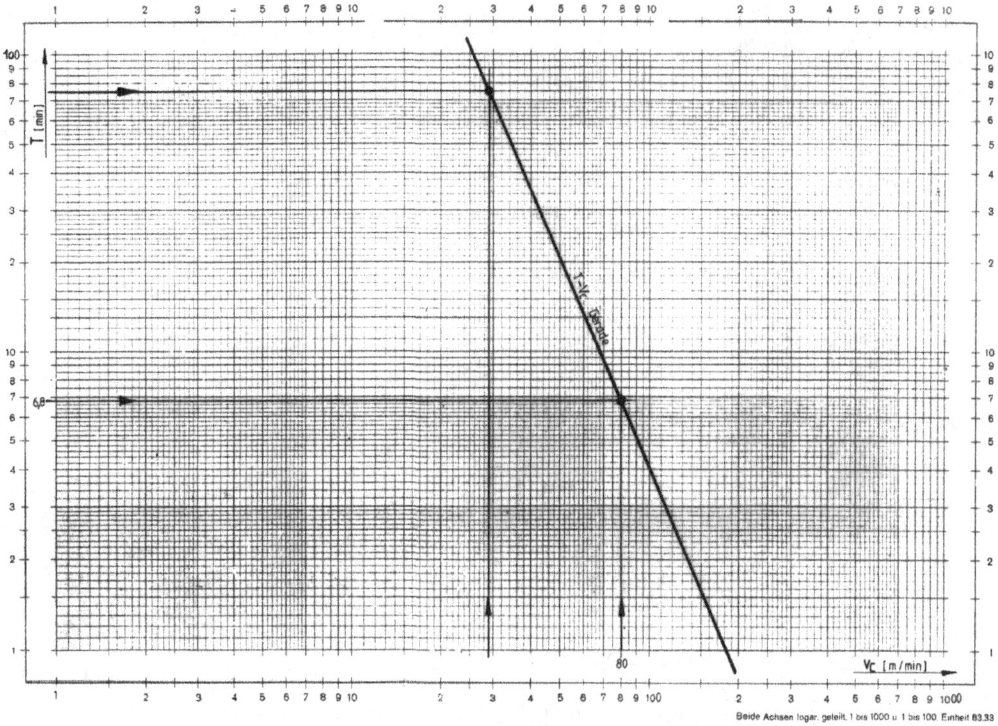

$\tan\alpha' \mathrel{\hat{=}} -c_2 \mathrel{\hat{=}} 2{,}4 \Rightarrow c_2 = -2{,}4 \Rightarrow \alpha = 68°$

bei $v_{c1} = 29$ m/min $\Rightarrow T_1 = 75{,}8$ min

somit

aus Diagramm: $v_c = 80$ m/min $\Rightarrow \underline{\underline{T = 6{,}8 \text{ min}}}$

Lösung zu Beispiel 7

a) Kostengünstigste Standzeit

$$T_0 = (-c_2 - 1) \cdot \left(t_w + \frac{W_T}{L(1+r)} \right)$$

Werkzeugkosten je Standzeit

$$W_T = \frac{(W_a - W_u) + n_s \cdot W_s}{n_s + 1}$$

Für auswechselbare Schneidplatten gilt

$$W_K = K_{WK}$$

$$K_{WK} = \frac{W_P}{n_K} + \frac{W_a}{n_P \cdot n_K}$$

$$W_T = \frac{(300{,}00 - 150{,}00) + 15 \cdot 14{,}60\ €}{15 + 1} = \underline{\underline{23{,}06\ €}}$$

$$T_0 = (2{,}1 - 1) \cdot \left(10\ \text{min} + \frac{23{,}06}{\frac{17{,}8}{60}\ €/\text{min}\ (1 + 2{,}5)} \right) = \underline{\underline{35{,}16\ \text{min}}}$$

Zugehörige Schnittgeschwindigkeit v_{c0}

$$\frac{T_1}{T_2} = \left(\frac{v_{c0}}{v_{c1}} \right)^{-c_2}; \quad \frac{T_0}{T_1} = \left(\frac{v_{c1}}{v_{c0}} \right)^{-c_2}$$

$$v_{c0} = \frac{v_{c1}}{\sqrt[-c_2]{\frac{T_0}{T_1}}} = \frac{120}{\sqrt[2{,}1]{\frac{35{,}16}{216}}} = \underline{\underline{285\ \text{m/min}}}$$

Zugehörige Prozesszeit

$$t_{hc0} = \frac{v_{c2} \cdot t_{h2}}{v_{c0}} = \frac{290 \cdot 5}{285} = \underline{\underline{5{,}09\ \text{min}}}$$

Anzahl der Werkstunden pro Standzeit

$$n_t = \frac{T_0}{t_{hc0}} = n_t = \frac{35{,}16}{5{,}09} = 6{,}9 \sim \underline{\underline{7\ \text{Stück}}}$$

b) Zeitgünstigste Standzeit

$$T_{t0} = (-c_2 - 1) \cdot t_w = (2{,}1 - 1) \cdot 10 = \underline{\underline{11\ \text{min}}}$$

Zeitgünstigste Schnittgeschwindigkeit

$$v_{ct0} = \frac{v_{c1}}{\sqrt[-c_2]{\frac{T_{t0}}{T_1}}} = \frac{120}{\sqrt[2{,}1]{\frac{11}{216}}} = \underline{\underline{495\ \text{m/min}}}$$

Zugehörige Prozesszeit t_{hct0}

$$t_{hct0} = \frac{v_{c2} \cdot t_{h2}}{v_{ct0}} = \frac{290 \cdot 5}{495} = \underline{\underline{2{,}93\ \text{min}}}$$

Anzahl der Werkstücke bei T_{t0}

$$n_{t0} = \frac{11}{2,93} = 3,75 \sim \underline{\underline{4 \text{ Stück}}}$$

Gesamtkosten je Einheit für a)

$$K = K_M + K_W + K_{WW} + K_{Lh} + K_{Ln}$$

$$K = \left[K_M + t_n \cdot L(1+r)\right] + \left[\frac{W_T \cdot t_h}{T} + t_w \cdot L(1+r) \cdot \frac{t_h}{T}\right] + \left[t_h \cdot L(1+r)\right]$$

$$K = \left[3,20 + 3 \cdot 0,30 \cdot (1+2,5)\right] + \left[\frac{23,06 \cdot 5,09}{35,16} + 1,43 \cdot 0,30 \cdot (1+2,5) \cdot \frac{5,09}{35,16}\right] +$$

$$+\left[5,09 \cdot 0,3 \cdot (1+2,5)\right]$$

$$K = 3,20 + 3,15 + 3,56 + 5,34 = \underline{\underline{15,25 \text{ €/Einheit}}}$$

Gesamtkosten je Einheit für b)

$$K = \left[3,20 + 3 \cdot 0,30 \cdot (1+2,5)\right] + \left[\frac{23,06 \cdot 2,93}{11} + 2,5 \cdot 0,30 \cdot (1+2,5) \cdot \frac{2,93}{11}\right] +$$

$$+\left[2,93 \cdot 0,30 \cdot (1+2,5)\right]$$

$$K = 3,20 + 3,15 + 6,84 + 3,03 = \underline{\underline{16,27 \text{ €/Einheit}}}$$

Bei der Verwendung der zeitgünstigen Standzeit bzw. Schnittgeschwindigkeit steigen die Kosten/Einheit um $16,27 \text{ €} - 15,25 \text{ €} = \underline{\underline{1,02 \text{ €}}}$.

Lösung zu Beispiel 8

a) kostengünstigste Standzeit

$$T_0 = (-c_2 - 1) \cdot \left(t_w + \frac{W_T}{L(1+r)}\right) \qquad \tan\alpha \mathrel{\hat{=}} -c_2$$

$$\tan 120^\circ \mathrel{\hat{=}} -1,73$$

$$W_T = \frac{(W_a - W_u) + n_s \cdot W_s}{n_s + 1} = \frac{(1200,00 - 420,00) + 12 \cdot 34,45}{12+1} = \underline{\underline{91,7 \text{ € / Standzeit}}}$$

$$T_0 = (1,73 - 1) \cdot \left[8 + \frac{91,70}{\frac{18,60}{60}(1+3)}\right] = \underline{\underline{59,8 \text{ min}}}$$

b) zeitgünstigste Standzeit

$$T_0 = (-c_2 - 1) \cdot t_w = (1,73 - 1) \cdot 8 = \underline{\underline{5,84 \text{ min}}}$$

c) kostengünstigste und zeitgünstigste Schnittgeschwindigkeit

***T*-v_c-Gerade**

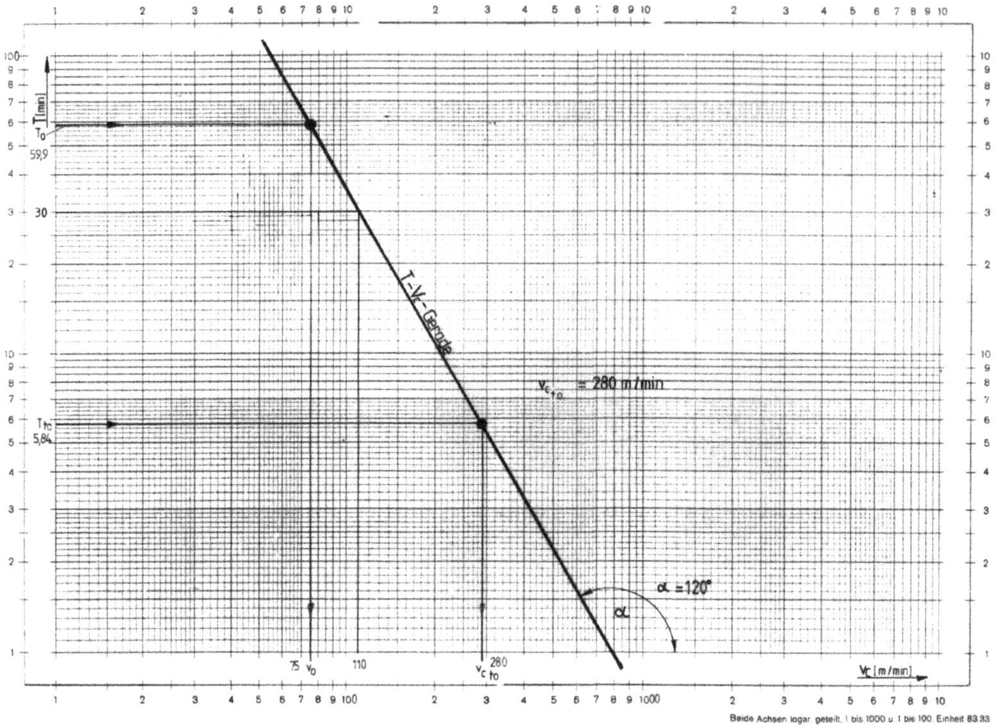

aus Diagramm: bei $c_2 = -1{,}73°$ $\Rightarrow \alpha = 120°$

$T_0 = 59{,}9$ min $\Rightarrow v_{c0} = 75$ m/min

$T_{t0} = 5{,}84$ mm $\Rightarrow v_{ct0} = 280$ m/min

Lösung zu Beispiel 9

Werkzeugkosten-Teilsatz

$$g_W = \frac{K_W}{K_L} \cdot 100\,\%$$

$$K_W = W_t \cdot \frac{t_h}{T_{t0}} = \frac{23{,}06 \cdot 2{,}93}{11} = \underline{\underline{6{,}14\ \text{€/Stück}}}$$

$$K_L = L \cdot t_e = 0{,}30 \cdot 8{,}43 = 2{,}53\ \text{€/Stück}$$

$$t_e = t_h + t_n + t_w = 2{,}93 + 3 + \frac{10}{4} = 8{,}43\ \text{min}$$

t_w bezieht sich auf die Standzeit $T = 11$ min, also pro Stück

$$\Rightarrow \frac{T}{t_h} = \frac{11\ \text{min}}{2{,}93} = 3{,}75 \approx 4\ \text{Stück}$$

$$g_W = \frac{K_W}{K_L} \cdot 100 = \frac{6{,}14 \text{ €/Stück}}{2{,}53 \text{ €/Stück}} \cdot 100 = \underline{\underline{243\,\%}}$$

Lösung zu Beispiel 10

Werkzeug-Gerade

$f_1 = 0{,}16$ mm $\quad v_{c1} = 168$ m/min

$f_2 = 1{,}0$ mm $\quad v_{c2} = 119$ m/min

bei $a_p/f = 10 \Rightarrow a_{p1} = 1{,}6 \cdot 10 = 1{,}6$ mm $\quad A_1 = a_{p1} \cdot f_1 = 1{,}6 \cdot 0{,}16 = 0{,}256\ \text{mm}^2$

$a_{p2} = 1 \cdot 10 = 10$ mm $\quad A_2 = a_{p2} \cdot f_2 = 10 \cdot 1 = 10\ \text{mm}^2$

Mit diesen Schnittdaten wird die Werkzeug-Gerade auf doppellogarithmischen Papier konstruiert!

Maschinen-Gerade

Da die Leistung der Werkzeugmaschine konstant ist, muss zu den gegebenen Schnittdaten die optimale Schnittgeschwindigkeit ermittelt werden.

$$P_a = \frac{F_c \cdot v_c}{60 \cdot 10^3 \cdot \eta_M} = \frac{a_p \cdot f \cdot v_c \cdot k_{cKorr}}{60 \cdot 10^3 \cdot \eta_M}$$

aus Anhang 4.2.1, E 335:

$\Rightarrow k_{c1.1} = 2110\ \text{N/mm}^2,\ z = 0{,}17$

$$v_c = \frac{P_a \cdot 60 \cdot 10^3 \cdot \eta_u}{a_p \cdot f \cdot K_{cKorr}}$$

Hinweis: Da v_{c1} erst ermittelt werden muss, wird $f_{vc} = 1$ gesetzt!

$$k_{cKorr} = k_{c1\cdot1} \cdot f_h \cdot f_\gamma \cdot f_{vc} \cdot f_f \cdot f_{st} \cdot f_{ver} \cdot f_{schn} \cdot f_{schm}$$

$$f_{h1} = \frac{1}{h^z} = \frac{1}{0{,}16^{0{,}17}} = 1{,}366 \qquad h_1 = f_1 \cdot \sin\chi = 0{,}16 \cdot \sin 90^\circ = 0{,}16\ \text{mm}$$

$$f_{h2} = \frac{1}{h^z} = \frac{1}{1^{0{,}17}} = 1 \qquad h_2 = f_2 \cdot \sin\chi = 1 \cdot \sin 90^\circ = 1\ \text{mm}$$

$$f_\gamma = 1 - \frac{\gamma_{vorh} - \gamma_0}{100} = 1 - \frac{(6^\circ - 6^\circ)}{100} = 1$$

$f_f = 1$

$f_{vc} = 1$

$f_{st} = 1$

$f_{ver} = 1$

$f_{schn} = 1$

$f_{schm} = 1$

$$k_{cKorr1} = 2110 \cdot 1{,}366 \cdot 1 \cdot 1 \cdot 1 \cdot 1 \cdot 1 \cdot 1 = 2882\ \text{N/mm}^2$$

$$k_{cKorr2} = 2110 \cdot 1 \cdot 1 \cdot 1 \cdot 1 \cdot 1 \cdot 1 \cdot 1 = 2110\ \text{N/mm}^2$$

somit

$$v_{c1} = \frac{10 \cdot 60 \cdot 10^3 \cdot 0{,}7}{0{,}256 \cdot 2882} = \underline{\underline{569\ \text{m/min}}} \qquad v_{c2} = \frac{10 \cdot 60 \cdot 10^3 \cdot 0{,}7}{10 \cdot 2110} = \underline{\underline{20\ \text{m/min}}}$$

Mit diesen Schnittdaten wird die Maschinen-Gerade gezeichnet!

Der Schnittpunkt der beiden Geraden ergibt den optimalen Arbeitspunkt, er liegt bei (s. Diagramm):

⇒ $v_{\text{copt}} = 145$ m/min

⇒ $A_{\text{opt}} = 1{,}1$ mm^2

Optimaler Arbeitspunkt

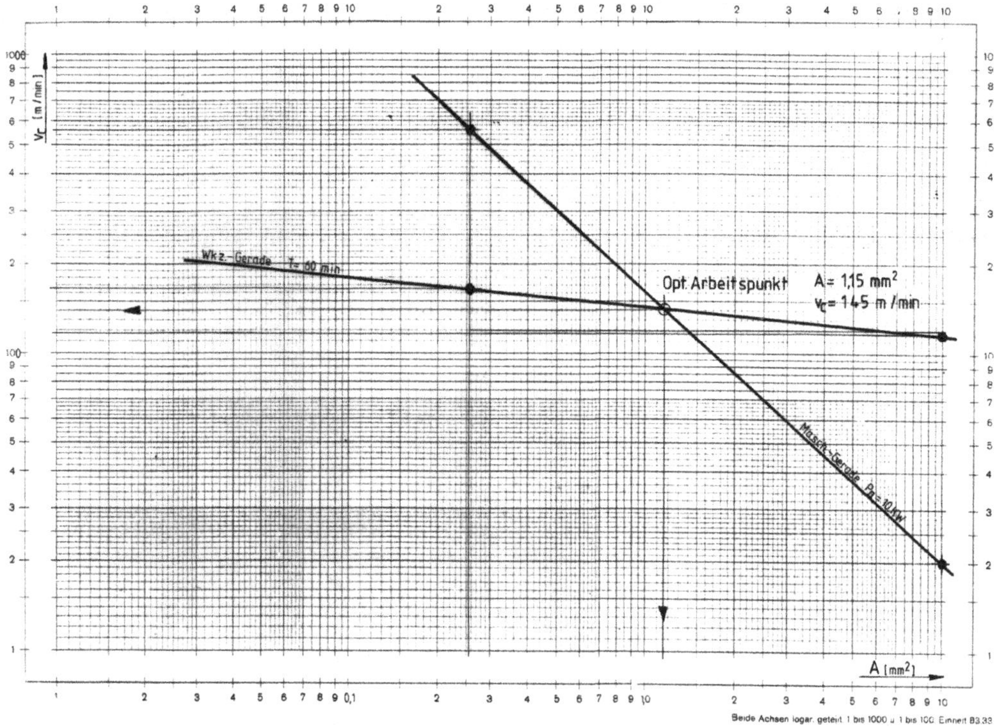

aus Diagramm: ⇒ $v_{\text{opt}} = \underline{\underline{145 \text{ m/min}}}$

⇒ $A_{\text{opt}} = \underline{\underline{1{,}1 \text{ mm}^2}}$

3.2 Drehen – Hobeln – Bohren

3.2.1 Verwendete Formelzeichen

γ	[°]	Spanwinkel
η_M	[%]	Maschinenwirkungsgrad
χ	[°]	Werkzeugeinstellwinkel

A	[mm²]	Spanungsquerschnitt
a_p	[mm]	Schnitttiefe (Zustellung)
B	[mm]	Hubbreite
b	[mm]	Spanungsbreite
B_a	[mm]	Anlaufweg des Werkzeugs
$B_ü$	[mm]	Überlaufweg des Werkstücks
B_w	[mm]	Breite des Werkzeugs
d	[mm]	Werkstückdurchmesser/Bohrungsdurchmesser
f	[mm]	Vorschub (bezogen auf eine Umdrehung)
F_{cz}	[N]	Schnittkraft pro Schneide
f_z	[mm]	Vorschub pro Schneide
g_w	[%]	Werkzeugkosten-Teilsatz
h	[mm]	Spanungsdicke
i		Anzahl der Schnitte
K_M	[€/h]	Maschinenstundensatz
l	[mm]	Gesamtweg des Werkzeugs
L	[€/h]	Lohnkosten
l	[mm]	Werkstücklänge
l_a	[mm]	Anlaufweg
$l_ü$	[mm]	Überlaufweg
M	[Nm]	Drehmoment beim Bohren ins Volle
n	[Stck]	Anzahl der Werkstücke
n	[min⁻¹]	Drehzahl
n_k	[Stck]	Anzahl der Schneiden je Schneidplatte
n_p	[Stck]	Anzahl der Schneidplatten, die ein Tragkörper bis zum Unbrauchbarwerden aufnimmt
n_{WT}	[Stck]	Anzahl der gefertigten Werkstücke pro Standzeit
P_a	[kW]	Antriebsleistung
r	[%]	Restfertigungsgemeinkosten
R		Spanraumzahl
t_e	[min]	Zeit je Einheit
t_{er}	[min]	Erholungszeit
t_g	[min]	Grundzeit
t_h	[min]	Prozesszeit
t_n	[min]	Nebenzeit
T_0	[min]	kostengünstigste Standzeit
t_r	[min]	Rüstzeit
T_{t0}	[min]	zeitgünstigste Standzeit
t_v	[min]	Verteilzeit

t_w	[min]	Werkzeugwechselzeit
v_c	[m/min]	Schnittgeschwindigkeit
v_{cm}	[m/min]	mittlere Schnittgeschwindigkeit
v_r	[m/min]	Rücklaufgeschwindigkeit
V_{sp}	[mm^3/min]	Raumbedarf der Späne
V_z	[mm^3/min]	Gespante Werkstoffmenge je Minute
V_{zm}	[cm^3]	wirkliches Spanvolumen
W_a	[€]	Anschaffungswert des Werkzeugs
W_P	[€]	Preis je Schneidplatte
W_s	[€]	Kosten je Nachschliff
W_u	[€]	Wert des unbrauchbaren Werkzeugs
z_e		Anzahl der Schneiden

(siehe auch Formelzeichen Abschnitt 3.1)

3.2.2 Auswahl verwendeter Formeln

Werkzeugkosten-Teilsatz

$$g_w = \frac{K_w}{K_L} \cdot 100$$

Werkzeugkosten je Standzeit (Hartmetallschneiden)

$$W_T = \frac{W_p}{n_K} + \frac{W_a}{n_p \cdot n_k}$$

Werkzeugkosten je Einheit (bei geklemmten Schneidplatten)

$$K_W = \frac{W_T}{n_{WT}} = \frac{W_T \cdot W_h}{T}$$

Fertigungskosten pro Teilstück

$$K = K_M + t_n \cdot L(1+r) + \frac{W_T \cdot t_h}{T} + t_w \cdot L(1+r) \cdot \frac{t_h}{T} + t_h \cdot L(1+r)$$

Zeit je Einheit

$$t_e = t_g + t_{er} + t_v$$

Grundzeit

$$t_g = t_h + t_n$$

Auftragszeit

$$T = t_r + m \cdot t_e$$

Raumbedarf der Späne

$$V_{Sp} = V_{Ztw} \cdot R$$

Drehmoment beim Bohren ins Volle

$$M = \frac{d^2}{8 \cdot 10^3} \cdot f_z \cdot z_E \cdot k_{cKorr}$$

Schnittkraft F_{c_z} pro Schneide beim Aufbohren und Senken

$$F_{c_z} = \frac{D-d}{2} \cdot f_z \cdot k_{ckorr}$$

F_{c_z}	[N]	Schnittkraft pro Schneide
k_{ckorr}	[Nmm^2]	korrigierte spezifische Schnittkraft
D	[mm]	Durchmesser der Fertigbohrung
d	[mm]	Vorbohrdurchmesser
f_z	[mm]	Vorschub pro Schneide

Drehmoment beim Aufbohren und Senken

$$M = Z_E \cdot F_{c_z} \cdot \frac{D+d}{4} \cdot \frac{1}{10^3} \qquad P_a = \frac{F_{c_z} \cdot v_c}{60 \cdot 1000 \cdot \eta_M}$$

$$M = \frac{D^2 - d^2}{8} \cdot f_z \cdot z_E \cdot k_{ckorr} \cdot \frac{1}{10^3}$$

Antriebsleistung P_a beim Aufbohren und Senken

$$P_a = \frac{F_{c_z} \cdot v_c \cdot \left(1 + \frac{d}{D}\right) \cdot z_E}{2 \cdot 60 \cdot 10^3 \cdot \eta_M}$$

P_a	[kW]	Antriebsleistung
F_{c_z}	[N]	Schnittkraft pro Schneide
v_c	[m/min]	Schnittgeschwindigkeit
d	[mm]	Vorbohrdurchmesser
D	[mm]	Bohrungsdurchmesser (Fertigbohrung)
z_E		Anzahl der Schneiden

3.2.3 Berechnungsbeispiele

1. Auf einer Drehmaschine werden zylindrische Werkstücke aus C45E (Ck 45) mit Hartmetallwerkzeugen bearbeitet. Werkstücklänge 110 mm, Durchmesser 30 mm, Schnittgeschwindigkeit 135 m/min, Vorschub 0,2 mm. Der Steigungswert der Standzeitgeraden beträgt –2,6, die Standzeit 161 min, Schnitttiefe 1 mm. Es wird eine Wendeschneidplatte mit vier Schneiden für das Bearbeiten bereitgestellt, Kosten 30,00 € A/pro Platte, die Kosten für den Drehmeisselschaft betragen 100,00 €. Die Werkzeugwechselzeit für jede Schneide beträgt 1,5 min. Nach dem Spannen von 30 Wendeschneidplatten ist der Werkzeugtragkörper unbrauchbar.

   Weitere Angaben:

Einstellwinkel 45°	Lohnkosten 15,00 €/h
Spanwinkel 8°	Rüstzeit pro Stück 6 sec
Restgemeinkostensatz 280 %	Nebenzeiten pro Stück 4 sec
Maschinenkosten 51,64 €/h	Kühlmittel: Kühlemulsion

   Berechnen Sie:

   a) die Schnittkraft bei einem Werkzeugverschleiß von 50 %
   b) die kostengünstigste Standzeit mit der zugehörigen Schnittgeschwindigkeit
   c) die Zahl der Werkstücke, die bei der kostengünstigsten Standzeit gefertigt werden
   d) die zeitgünstigste Standzeit mit zugehöriger Schnittgeschwindigkeit
   e) die Werkzeugwechselzeit pro Werkstück bei der kostengünstigsten Standzeit
   f) den Werkzeugkosten-Teilsatz, bezogen auf den gesamten Arbeitsablauf, bei einer eingestellten Schnittgeschwindigkeit von 135 m/min
   g) die Fertigungskosten pro Einheit bei der vorgegebenen Schnittgeschwindigkeit.

2. Auf einer Drehmaschine sollen Bolzen aus E360 (St 70-2) hergestellt werden. Abmessungen der Bolzen: Rohlingsdurchmesser 46 mm, Fertigteildurchmesser 40 mm, Bolzenlänge 60 mm. Bis zum Abstumpfen der Werkzeugschneide werden 50 Werkstücke gefertigt.

Die eingestellten Daten sind: Schnitttiefe 1,5 mm, Vorschub 0,2 mm, Schnittgeschwindigkeit 260 m/min. Bei Erhöhung der Schnittgeschwindigkeit auf 320 m/min wird das Werkzeug nach 35 Werkstücken stumpf.

Ermitteln Sie:

a) die Zerspanzeit pro Stück

b) die T-v_c-Gerade, im doppellogarithmischen Koordinatensystem

c) die Steigungsgröße c_2 grafisch und rechnerisch

d) die Standzeit bei einer Schnittgeschwindigkeit von 150 m/min (grafische Lösung).

3. An vorgelängten Wellen von 50 mm Durchmesser aus E335 (St 60-2) sind beiderseits zylindrische Ansätze mit einem Durchmesser von 38 mm und einer Länge von 60 mm zu drehen (senkrechte Schultern). Schnittdaten: Vorschub 0,4 mm, Schnitttiefe 2 mm, Schnittgeschwindigkeit 170 m/min, Spanwinkel 3°, Schneidstoff Oxidkeramik, Werkzeugverschleiß 40 %, Einstellwinkel 90°, Kühlschmierung-Emulsion.

   a) Wie groß ist die Antriebsleistung der Drehmaschine bei einem Wirkungsgrad von 75 %?

   b) Wie groß ist die reine Maschinenzeit bei einer Fertigung von 20 Wellen (Summe der einzelnen Schnittzeiten)?

   c) Ermitteln Sie die Auftragszeit für 100 Wellen, wenn die Nebenzeiten 40 % der Prozesszeit, die Verteilzeit 12 %, die Erholzeit 3 % und die Rüstzeit 30 min beträgt.

   d) Wie groß ist die gespante Werkstoffmenge je Minute?

   e) In welcher Zeit ist spätestens die Spänewanne (Volumen 200 dm?) zu leeren? Der Ausnutzungsgrad der Maschine beträgt 80 %, davon sind 35 % Nebenzeiten, Spanraumzahl 10.

4. Eine Drehmaschine mit einer Antriebsleistung von 18 kW und einem Maschinenwirkungsgrad von 75 % soll für einen Zerspanungsversuch verwendet werden. Bearbeitet wird ein Werkstück aus E335 (St 60-2) mit einem arbeitsscharfen Werkzeug aus Hartmetall P 15.

   Die geplanten Schnittdaten sind:

Schnitttiefe 4 mm	Vorschub 0,4 mm
Schnittgeschwindigkeit 200 m/min	Standzeit 15 min

   alternativ:

   Vorschub 0,16 mm Schnittgeschwindigkeit 250 m/min Einstellwinkel 60°, Spanwinkel 12°, Kühlemulsion

   a) Entscheiden Sie, ob die Maschinenleistung für den geplanten Zerspanungsversuch ausreicht.

   b) Ermitteln Sie den optimalen Arbeitspunkt und den optimalen Vorschub, wenn die Schnitttiefe mit 4 mm gewählt wird.

5. Ein Maschinengestell aus GE-260, Länge 3500 mm, Breite 2 × 320 mm, soll in einem Arbeitsschnitt überhobelt werden.

   Schnittdaten: Werkzeug ist ein Hobelmeißel aus P 40, Vorschub 1,0 mm/DH, Schnitttiefe 12 mm, Schnittgeschwindigkeit 35 m/min, Einstellwinkel 60°, Spanwinkel 14°, Maschinenwirkungsgrad 65 %. Rücklaufgeschwindigkeit des Hobeltisches 60 m/min, Anlauf 250 mm, Überlauf 100 mm, Zugabe bei der Hobelbreite für den An- und Überlauf je 4 mm.

Ermitteln Sie:

a) die Maschinenantriebsleistung (ohne Reibungs- und Beschleunigungsverluste)

b) die reine Prozesszeit, Standzeit 120 min, gewählte Alternativ-Schnittgeschwindigkeit 20 m/min

c) stellen Sie die Standzeitgerade für den Schneidstoff P 40 grafisch dar, wenn der Steigungswert $c_2 = -2{,}5$ beträgt.

6. Auf einer Mehrspindel-Bohrmaschine sollen in einem Arbeitsgang 6 Bohrungen, Durchmesser 10 mm, in Distanzscheiben aus 34CrMo4, Scheibendicke 25 mm dick, gebohrt werden.

   Berechnen Sie:

   a) die notwendige Maschinenantriebsleistung der Bohrmaschine

   b) die Prozesszeit für die Bohrarbeit, wenn folgende Daten bekannt sind:

   Wendelbohrer aus SS-Stahl nach DIN 345 mit Kegelschaft, Typ N, Spitzenwinkel 118°, Spanwinkel 8° , Schneidöl, Werkzeug arbeitsscharf, Vorschub 0,25 mm, Schnittgeschwindigkeit 20 m/min, Überlauf 2,5 mm, Maschinenwirkungsgrad 75 %.

7. Dichtungsdeckel (s. Skizze) aus EN-GJL-250 sind mit Senkbohrungen zu versehen. Für den Fertigungsauftrag stehen drei Tischbohrmaschinen zur Verfügung. Die Auswahl der Maschine soll unter Berücksichtigung des technischen Nutzungsgrades erfolgen.

   Schnittdaten:

   Verschleiß des Zapfensenkers 50 % SS-Stahl mit 6 Schneiden, Vorschub 0,14 mm/U Schnittgeschwindigkeit 14 m/min, Maschinenwirkungsgrad 75 %, Spanwinkel 30°, keine Schmierung

   Ermitteln Sie:

   a) welche Maschine zu wählen ist

   b) den technischen Nutzungsgrad.

   Maschine A: $P_a = 1{,}5$ kW

   Maschine B: $P_a = 2{,}0$ kW

   Maschine C: $P_a = 2{,}5$ kW

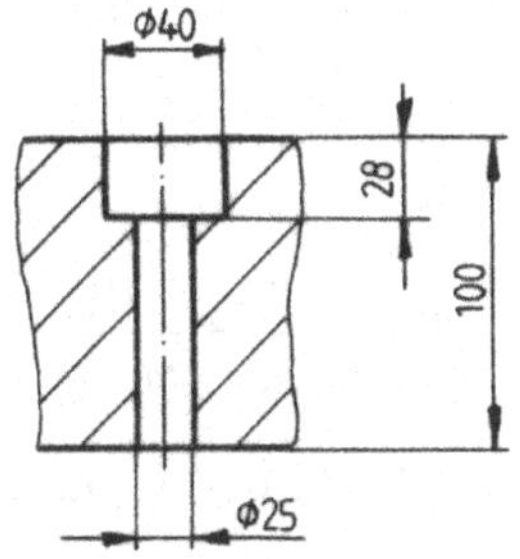

Werkstoff: EN-GJL-250

3.2.4 Lösungen

Lösung zu Beispiel 1

a) Schnittkraft

$$F_c = b \cdot h \cdot k_{cKorr}$$

$$b = \frac{a_p}{\sin \chi} = \frac{1}{\sin 45^o} = 1{,}41 \text{ mm}$$

$$h = f \cdot \sin \chi = 0{,}2 \cdot \sin 45° = 0{,}14 \text{ mm}$$

aus Anhang 4.2.1, C45E:

$\Rightarrow k_{c1.1} = 2220 \text{ N/ mm}^2, z = 0{,}14$

$$k_{cKorr} = k_{c1.1} \cdot f_h \cdot f_\gamma \cdot f_{vc} \cdot f_f \cdot f_{st} \cdot f_{ver} \cdot f_{schn} \cdot f_{schm}$$

$$f_h = \frac{1}{h^z} = \frac{1}{0{,}14^{0{,}14}} = 1{,}32$$ Stahl: $\gamma_0 = 6°$

$$f_\gamma = 1 - \frac{\gamma_{vorh} - \gamma_0}{100} = 1 - \frac{8° - 6°}{100} = 0{,}98$$

$$f_f = 1$$

$$f_{st} = 1$$

$$f_{vc} = 1$$

$$f_{ver} = 1{,}5$$

$$f_{schn} = 1$$

$$f_{schm} = 0{,}9$$

$$k_{cKorr1} = 2220 \cdot 1{,}3 \cdot 0{,}98 \cdot 0{,}97 \cdot 1 \cdot 1 \cdot 1{,}5 \cdot 0{,}9 = 3704 \text{ N/ mm}^2$$

$$F_c = 1{,}41 \cdot 0{,}1414 \cdot 3704 = \underline{\underline{738{,}5 \text{ N}}}$$

b) Kostengünstigste Standzeit T_0 und kostengünstigste Schnittgeschwindigkeit v_{c0}

$$T_0 = (-c_2 - 1) \cdot \left(t_w + \frac{W_T}{L(1+r)} \right)$$

$W_a = 100{,}00$ € $\quad W_P = 30{,}00$ €

$W_T = K_{WK} \quad n_K = 4$

$n_P = 30$

$$W_T = \frac{W_P}{n_K} + \frac{W_a}{n_P \cdot n_K} = \frac{30{,}00 \text{ €}}{4} + \frac{100{,}00 \text{ €}}{4 \cdot 30} = 8{,}33 \text{ € pro Schneide}$$

$$T_0 = (2{,}6 - 1) \cdot \left(1{,}5 + \frac{8{,}33}{\frac{15{,}00 \text{ €}}{60}(1 + 2{,}8)} \right) = \underline{\underline{16{,}43 \text{ min}}}$$

$$v_{c0} = \frac{v_{c1}}{\sqrt[-c]{\frac{T_0}{T_1}}} = \frac{135}{\sqrt[2{,}6]{\frac{16{,}43}{161}}} = 325 \text{ m/min}$$

$$v_{c0} = 325 \text{ m/min}$$

$$t_{h1} = \frac{d \cdot \pi \cdot l}{f \cdot v_c} = \frac{30 \cdot \pi \cdot 110}{0{,}2 \cdot 325 \cdot 1000} = 0{,}16 \text{ min}$$

c) Anzahl der gefertigten Werkstücke in der Standzeit T_0

$$n_{WT} = \frac{T_0}{t_h}$$

$$n_{WT} = \frac{16{,}43 \text{ min}}{0{,}16 \text{ mm}} = 102{,}7 \approx \underline{\underline{102 \text{ Stck}}}$$

d) Zeitgünstigste Standzeit T_{t0}

$$T_{t0} = (-c_2 - 1) \cdot t_w = (2{,}6 - 1) \cdot 1{,}5 = \underline{\underline{2{,}4 \text{ min}}}$$

zeitgünstigste Schnittgeschwindigkeit

$$v_{ct0} = \frac{v_{c1}}{-c_2 \sqrt{\frac{T_{t0}}{T_1}}} = \frac{135}{2{,}6 \sqrt{\frac{2{,}4}{161}}} = \underline{\underline{680 \text{ m / min}}}$$

e) Werkzeugwechselzeit pro Werkstück bei kostengünstigster Standzeit T_0

$$t_w = \frac{1{,}5 \text{ min}}{102} = 0{,}0147 \text{ min} \Rightarrow t_w \approx \underline{\underline{0{,}02 \text{ min}}}$$

f) Werkzeugkosten-Teilsatz bei $v_c = 135$ m/min

$$g_w = \frac{K_w}{K_L} \cdot 100$$

$$K_W = \frac{W_T \cdot t_h}{T} = \frac{8{,}33 \text{ €} \cdot 0{,}384}{161} = 0{,}02 \text{ €/Stück}$$

$$K_L = L \cdot t_e$$

$$t_{h2} = \frac{30 \cdot \pi \cdot 110}{0{,}2 \cdot 135 \cdot 1000} = 0{,}384 \text{ min}$$

$$t_n = \frac{4}{60} = 0{,}067 \text{ min}$$

$$t_r = \frac{6}{60} = 0{,}1 \text{ min}$$

$t_w \mathrel{\hat{=}} t_w^*$ Werkzeugwechselzeit pro Einheit

$$t_w^* = \frac{t_w \cdot t_{h2}}{T} = \frac{1{,}5 \cdot 0{,}384}{161} = 0{,}0036 \text{ min}$$

Zeit je Einheit

$$t_e = t_{h2} + t_n + t_r + t_w = 0{,}384 + 0{,}067 + 0{,}1 + 0{,}0036 = \underline{\underline{0{,}55 \text{ min}}}$$

$$g_w = \frac{K_w}{L \cdot t_e} \cdot 100 = \frac{0{,}02}{\frac{15{,}00 \text{ €}}{60} \cdot 0{,}55} \cdot 100 = \underline{\underline{14{,}5\,\%}}$$

g) Fertigungskosten pro Teilstück

$$K = K_M + t_n \cdot L(1+r) + \left[\frac{W_T \cdot t_n}{T} + t_w \cdot L(1+r) \cdot \frac{t_h}{T}\right] + t_h \cdot L(1+r)$$

$$K = K_M + K_{Ln} + K_W + K_{Lh}$$

$$K_M = t_e \cdot K_M = 0{,}55 \cdot \frac{51{,}64 \text{ €/h}}{60} = 0{,}473 \text{ €/Stück}$$

$$K_{Ln} = t_n \cdot L(1+r) = 0{,}0067 \cdot \frac{15{,}00 \text{ €/h}}{60} \cdot (1+2{,}8) = 0{,}064 \text{ €/Stück}$$

$$K_W = \frac{W_T \cdot t_h}{T} + t_w \cdot L \cdot (1+r) \cdot \left(\frac{t_n}{T}\right) = \frac{8{,}33 \cdot 0{,}384}{161} + 1{,}5 \cdot \frac{15{,}00 \text{ €}}{60} \cdot (1+2{,}8) \cdot \left(\frac{0{,}384}{161}\right) =$$

$$= 0{,}0196 + 0{,}0034$$

$$= 0{,}023 \text{ €/Stück}$$

$$K_{\mathrm{Lh}} = t_{\mathrm{n}} \cdot L(1+r) = 0{,}384 \cdot \frac{15{,}00\ €}{60}(1+2{,}8) = 0{,}365\ €/\text{Stück}$$

$$K = K_{\mathrm{M}} + K_{\mathrm{Ln}} + K_{\mathrm{W}} + K_{\mathrm{Lh}} = 0{,}473 + 0{,}064 + 0{,}023 + 0{,}365 = 0{,}925 = \underline{\underline{0{,}93\ €/\text{Stück}}}$$

Lösung zu Beispiel 2

a) Prozesszeit

$$t_{\mathrm{h}} = \frac{l \cdot i}{f \cdot n} = \frac{L \cdot i \cdot d \cdot \pi}{f \cdot v_{\mathrm{c}} \cdot 1000}$$

$$t_{\mathrm{h}} = \frac{60 \cdot 2 \cdot 46 \cdot \pi}{0{,}2 \cdot 260 \cdot 1000} = \underline{\underline{0{,}33\ \text{min}}} \qquad t_{\mathrm{h2}} = \frac{60 \cdot 2 \cdot 46 \cdot \pi}{0{,}2 \cdot 320 \cdot 1000} = \underline{\underline{0{,}27\ \text{min}}}$$

b) Erstellen der T-v_{c}-Geraden (T-v_{c}-Diagramm)

$T = t_{\mathrm{h}} \cdot n$

$T_1 = t_{\mathrm{h1}} \cdot n_1 = 0{,}33 \cdot 50 = 16{,}5$ min ⇒ bei $v_{\mathrm{c1}} = 260$ m/min

$T_2 = t_{\mathrm{h2}} \cdot n_2 = 0{,}21 \cdot 35 = 9{,}45$ min ⇒ bei $v_{\mathrm{c1}} = 320$ m/min

c) Steigungswert – (grafische Lösung):

Hinweis: Tragen Sie im doppellogarithmischen Koordinatensystem auf der senkrechten Achse die Standzeit T_1 ab. Auf der waagerechten Achse werden die den Standzeiten zugeordneten Schnittgeschwindigkeiten v_{c1} und v_{c2} übertragen. Die Verbindung der Schnittpunkte ergibt die T-v_{c}-Gerade. Aus dem Diagramm messen Sie zwei zusammengehörige Längen a_1 und a_2 ab. Mit Hilfe dieser Längen errechnet man den Steigungswert der T-v_{c}-Geraden.

Diagramm: Standzeit-Gerade aus T-v_{c}-Diagramm ⇒ $a_1 = 6{,}9$ mm

(grafische Lösung) $a_2 = 2{,}6$ mm

somit:

$$-c_2 = \frac{a_1}{a_2} = \frac{6{,}9}{2{,}6} = \underline{\underline{-2{,}65}}$$

Steigungswert (rechnerische Lösung)

$$\frac{T_1}{T_2} = \left(\frac{v_{\mathrm{c2}}}{v_{\mathrm{c1}}}\right)^{-c_2} \Rightarrow \frac{\ln T_1 - \ln T_2}{\ln vc_2 - \ln vc_1} = \frac{\ln 16{,}7 - \ln 9{,}4}{\ln 320 - \ln 260} = \frac{2{,}8 - 2{,}24}{5{,}77 - 5{,}56} = \frac{0{,}56}{0{,}21} = \underline{\underline{-2{,}76}}$$

d) Standzeit bei $v_{\mathrm{c}} = 150$ m/min (grafische Lösung)

aus Diagramm: bei $v_{\mathrm{c}} = 150$ m/min ⇒ $T = \underline{\underline{77\ \text{min}}}$

Lösung 3.2.4 zu Beispiel 2: Standzeitgerade

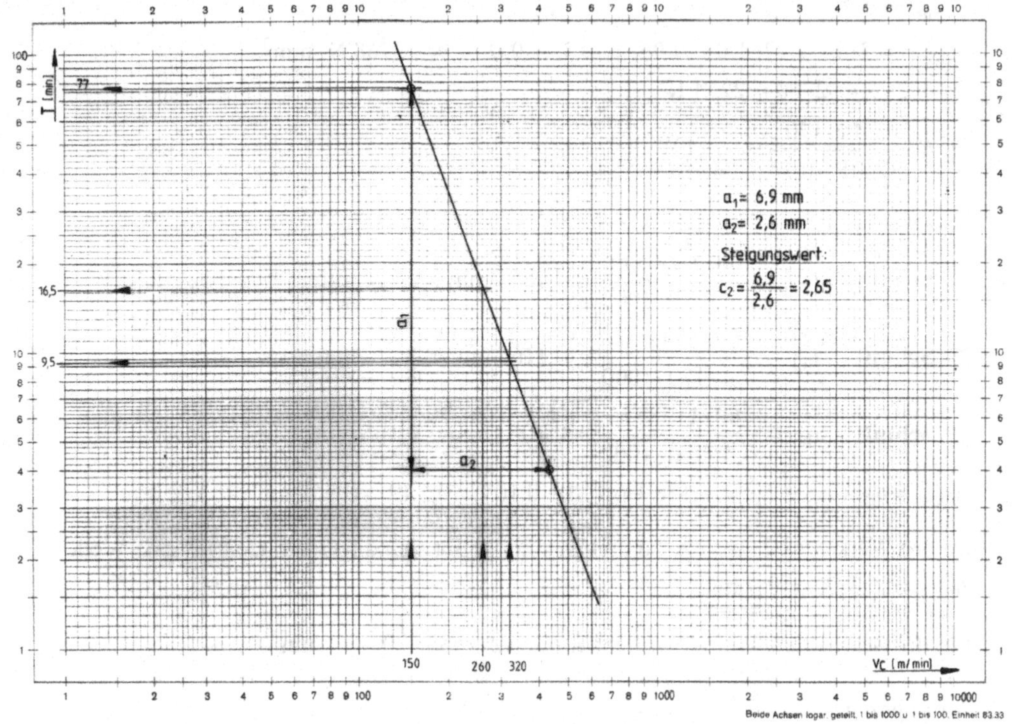

Lösung zu Beispiel 3

a) Antriebsleistung

$$P_a = \frac{F_c \cdot v_c}{60 \cdot 10^3 \cdot \eta_M}$$

bei $\chi = 90^o \Rightarrow b \mathrel{\hat{=}} a_P = 2$ mm

$h \mathrel{\hat{=}} f = 0,4$ mm

$$F_c = b \cdot h \cdot k_{cKorr}$$

$$k_{cKorr} = k_{c1.1} \cdot f_h \cdot f_\gamma \cdot f_{vc} \cdot f_f \cdot f_{st} \cdot f_{ver} \cdot f_{schn} \cdot f_{schm}$$

aus Anhang 4.2.1, E335 (St 60-2):

$\Rightarrow k_{c1.1} = 2110$ N/ mm^2, $z = 0,17$

$$f_h = \frac{1}{h^z} = \frac{1}{0,4^{0,17}} = 1,17$$

$$f_\gamma = 1 - \frac{\gamma_{vorh} - \gamma_0}{100} = 1 - \frac{3^\circ - 6^\circ}{100} = 1,03$$

$$f_{vc} = \frac{1,380}{v_c^{0,070}} = \frac{1,380}{170^{0,070}} = 0,96$$

$$f_f = 1$$

$$f_{st} = 1$$

$$f_{ver} = 1,4$$

$f_{\text{schn}} = 0,9$ (Oxidkeramik)

$f_{\text{schm}} = 0,9$

$k_{\text{cKorr}} = 2110 \cdot 1,17 \cdot 1,03 \cdot 0,96 \cdot 1 \cdot 1 \cdot 1,4 \cdot 0,9 \cdot 0,9 = 2768 \text{ N/ mm}^2$

$F_c = 2 \cdot 0,4 \cdot 2768 = 2214 \text{ N}$

$$P_a = \frac{2214 \cdot 170}{60 \cdot 10^3 \cdot 0,75} = \underline{\underline{8,4 \text{ kW}}}$$

b) Prozesszeit

$$\textbf{1. Schnitt} \quad t_{h1} = \frac{60 \cdot 1 \cdot 46 \cdot \pi}{0,4 \cdot 170 \cdot 1000} = 0,1274 \text{ min} \approx \underline{\underline{0,128 \text{ min}}}$$

$$\textbf{2. Schnitt} \quad t_{h2} = \frac{60 \cdot 1 \cdot 42 \cdot \pi}{0,4 \cdot 170 \cdot 1000} = 0,1164 \text{ min} \approx \underline{\underline{0,116 \text{ min}}}$$

$$\textbf{3. Schnitt} \quad t_{h3} = \frac{60 \cdot 1 \cdot 38 \cdot \pi}{0,4 \cdot 170 \cdot 1000} = 0,1053 \text{ min} \approx \underline{\underline{0,105 \text{ min}}}$$

$$t_{\text{hges}} = t_{h1} + t_{h2} + t_{h3} = 0,128 + 0,116 + 0,105 = 0,349 \approx \underline{\underline{0,35 \text{ min}}}$$

Da pro Werkstück 2 Ansätze zu drehen sind, ergibt sich die Gesamtzeit für eine Welle:

$t_{\text{hges}} = 2 \cdot 0,35 = \underline{\underline{0,7 \text{ min}}}$

Für die Bearbeitung von 20 Wellen: $t_{\text{hges}} = 2 \cdot 0,35 \cdot 20 = \underline{\underline{14 \text{ min}}}$

c) Auftragszeit

$T = t_r + m \cdot t_e$

$t_e = t_g + t_{er} + t_v$

t_r = Rüstzeit = 30 min

m = 100 Werkstücke

t_h = 0,7 min

t_n = 40 % von t_h
= 0,4 · 0,7 = 0,28 min

$t_g = t_h + t_n = 0,7 + 0,28 = 0,98 \text{ min}$

$$t_{er} = \frac{t_g \cdot z_{er}}{100} = \frac{0,98 \cdot 3\,\%}{100} = 0,03 \text{ min}$$

$$t_v = \frac{t_g \cdot z_V}{100} = \frac{0,98 \cdot 12\,\%}{100} = 0,12 \text{ min}$$

$t_e = 0,98 + 0,03 + 0,12 = 1,13 \text{ min}$

$T = T = t_r + m \cdot t_e = 30 + 100 \cdot 1,13 = \underline{\underline{143 \text{ min}}}$

d) gespante Werkstoffmenge je Minute

$$V_z = \frac{\pi}{4} \cdot (D^2 - d^2) \cdot l = \frac{\pi}{4} \cdot (50^2 - 38^2) \cdot 60 \cdot 2 = 99526 = 99,53 \text{ cm}^3/\text{ Werkstück}$$

$$V_{\text{zth}} = \frac{V_z}{t_h} = \frac{99,53}{0,7} = \underline{\underline{142,18 \text{ cm}^3/\text{min}}}$$

Raumbedarf der Späne bei einer Spanraumzahl $C = 10$:

Wirkliches Spanvolumen

$V_{ztw} = V_{zth} \cdot \text{Ausnutzungsgrad} \cdot (1 - t_n) = 142{,}18 \cdot 0{,}8\,(1 - 0{,}28) = 81{,}9\ \text{cm}^3/\text{min}$

$V_{Sp} = V_{ztw} \cdot R = 81{,}9 \cdot 10 = \underline{\underline{819\ \text{cm}^3/\text{min}}}$

Die Spänewanne fasst 200 dm^3, die Zeit zum Leeren beträgt somit:

$$t = \frac{V_{Wanne}}{V_{Sp}} = \frac{200000}{819} = 244\ \text{min} \mathrel{\hat{=}} \underline{\underline{4\ \text{Std}}}$$

Lösung zu Beispiel 4

a) Maschinenantriebsleistung

$$P_a = \frac{F_c \cdot v_c}{60 \cdot 10^3 \cdot \eta_M} \qquad b = \frac{a_P}{\sin\chi} = \frac{4}{\sin 60°} = 4{,}62\ \text{mm}$$

$$F_c = b \cdot h \cdot k_{cKorr} \qquad h = f \cdot \sin\chi = 0{,}4 \cdot \sin 60° = 0{,}35\ \text{mm}$$

$$k_{cKorr} = k_{c1.1} \cdot f_h \cdot f_\gamma \cdot f_{vc} \cdot f_f \cdot f_{st} \cdot f_{ver} \cdot f_{schn} \cdot f_{schm}$$

aus Anhang 4.2.1, E335 (St 60-2):

$\Rightarrow k_{c1.1} = 2110\ \text{N/mm}^2,\ z = 0{,}17$

$$f_h = \frac{1}{h^z} = \frac{1}{0{,}35^{0{,}17}} = 1{,}2$$

$$f_\gamma = 1 - \frac{\gamma_{vorh} - \gamma_0}{100} = 1 - \frac{12° - 6°}{100} = 0{,}94$$

$$f_{vc} = \frac{1{,}380}{v_c^{0{,}070}} = \frac{1{,}380}{200^{0{,}070}} = 0{,}95$$

$f_f = 1$

$f_{st} = 1$

$f_{ver} = 1$

$f_{schn} = 1$

$f_{schm} = 0{,}9$

$$F_c = 4{,}62 \cdot 0{,}35 \cdot 2110 \cdot 1{,}2 \cdot 0{,}94 \cdot 0{,}95 \cdot 1 \cdot 1 \cdot 1 \cdot 1 \cdot 0{,}9 = 3290\ \text{N}$$

$$P_a = \frac{3290 \cdot 200}{60 \cdot 10^3 \cdot 0{,}75} = \underline{\underline{14{,}6\ \text{kW}}}$$

$P_{a\ vorh} > P_{a\ tats}$

18 kW > 14,6 kW ⇒ der Zerspanungsversuch kann mit der vorhandenen Drehmaschine durchgeführt werden!

b) Optimaler Arbeitspunkt

Konstruktion der Werkzeug-Geraden für $T = 15$ min

Hinweis: Die Werkzeug-Gerade erhält man, indem in einem doppellogarithmischen Diagramm die Schnittgeschwindigkeit in Abhängigkeit vom Spanungsquerschnitt bei einer konstanten Standzeit dargestellt wird.

$a_{p1} = 4$ min $\Rightarrow f_1 = 0{,}4$ mm $\Rightarrow v_{c1} = 200$ m/min $\Rightarrow A_1 = a_{p1} \cdot f_1 = 4 \cdot 0{,}4 = 1{,}6\ \text{mm}^2$

$a_{p2} = 4$ min $\Rightarrow f_2 = 0{,}16$ mm $\Rightarrow v_{c2} = 250$ m/min $\Rightarrow A_2 = a_{p2} \cdot f_2 = 4 \cdot 0{,}16 = 0{,}64\ \text{mm}^2$

Konstruktion der Maschinen-Geraden

Hinweis: Um den optimalen Arbeitspunkt für die Drehmaschine ermitteln zu können, muss nun die Maschinen-Gerade konstruiert werden. Sie zeigt im doppellogarithmischen Diagramm die Abhängigkeit zwischen Schnittgeschwindigkeit und Spanungsquerschnitt bei konstanter Maschinenantriebsleistung.

Maschinenantriebsleistung

$$P_a = \frac{a_p \cdot f \cdot k_{ckorr} \cdot v_c}{60 \cdot 10^3 \cdot \eta_M}$$

nach v_c umstellen:

$$v_c = \frac{P_a \cdot 60 \cdot 10^3 \cdot \eta_M}{a_p \cdot f \cdot k_{ckorr}}$$

Hinweis zum Ermitteln der spezifischen Schnittkraft:

Da die optimale Schnittgeschwindigkeit erst ermittelt werden muss, wird der Korrekturfaktor $f_{vc} = 1$ gesetzt, somit:

$A_1 = 1{,}6\ \text{mm}^2$ $P_a = 18$ kW $\qquad h_1 = f_1 \cdot \sin \chi = 0{,}4 \cdot \sin 60° = 0{,}35$ mm

$A_2 = 0{,}64\ \text{mm}^2$ $\quad \eta_M = 0{,}75 \qquad h_2 = f_2 \cdot \sin \chi = 0{,}16 \cdot \sin 60° = 0{,}14$ mm

$\chi = 60°$

$k_{cKorr} = k_{c1.1} \cdot f_h \cdot f_\gamma \cdot f_{vc} \cdot f_f \cdot f_{st} \cdot f_{ver} \cdot f_{schn} \cdot f_{schm}$ aus Anhang 4.2.1, E335 (St 60-2):

$\Rightarrow k_{c1.1} = 2110\ \text{N/mm}^2,\ z = 0{,}17$

$$f_{h1} = \frac{1}{h_1^z} = \frac{1}{0{,}35^{0{,}17}} = 1{,}2$$

$$f_{h2} = \frac{1}{h_2^z} = \frac{1}{0{,}14^{0{,}17}} = 1{,}4$$

$$k_{cKorr1} = 2110 \cdot 1{,}2 \cdot 0{,}94 \cdot 1 \cdot 1 \cdot 1 \cdot 1 \cdot 1 \cdot 0{,}9 = 2142\ \text{N/mm}^2$$

$$k_{cKorr2} = 2110 \cdot 1{,}4 \cdot 0{,}94 \cdot 1 \cdot 1 \cdot 1 \cdot 1 \cdot 1 \cdot 0{,}9 = 2499\ \text{N/mm}^2$$

somit

$$v_{c1} = \frac{60 \cdot 10^3 \cdot \eta_M \cdot P_a}{A_1 \cdot k_{ckorr1}} = \frac{60 \cdot 10^3 \cdot 0{,}75 \cdot 18}{1{,}6 \cdot 2142} = \underline{\underline{236\ \text{m/min}}}$$

$$v_{c2} = \frac{60 \cdot 10^3 \cdot \eta_M \cdot P_a}{A_1 \cdot k_{ckorr2}} = \frac{60 \cdot 10^3 \cdot 0{,}75 \cdot 18}{0{,}64 \cdot 2499} = \underline{\underline{506\ \text{m/min}}}$$

Konstruieren Sie nun die Maschinen-Gerade, indem Sie die ermittelten Schnittgeschwindigkeiten den jeweiligen Spanungsquerschnitten zuordnen. Der Schnittpunkt der Werkzeug-Geraden mit der Maschinen-Geraden ergibt den **optimalen** Arbeitspunkt für die Drehmaschine.

Aus Diagramm. Beispiel 4:

optimaler Arbeitspunkt $\Rightarrow A = 2{,}1\ \text{mm}^2$

$\Rightarrow v_c = 190\ \text{m/min}$

c) optimaler Vorschub

$$f_{op} = \frac{A_{opt}}{a_p} = \frac{2{,}1}{4} = 0{,}53\ \text{mm}$$

Lösung 3.2.4 zu Beispiel 4: Maschinenauslastung – optimaler Arbeitspunkt

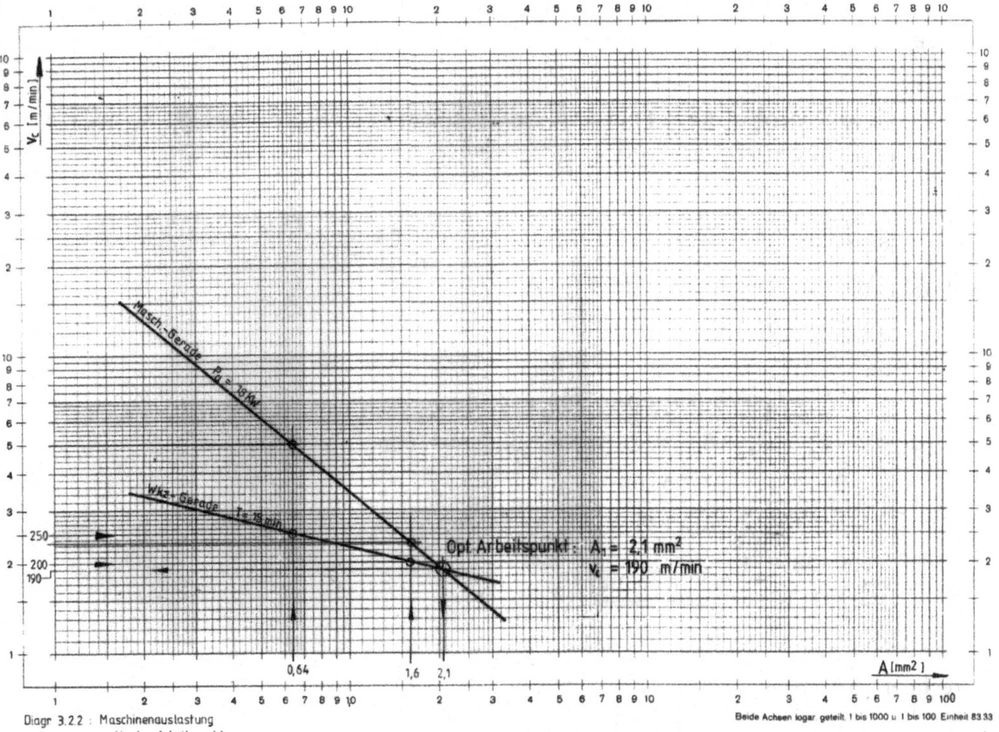

Diagr. 3.2.2 : Maschinenauslastung -optimaler Arbeitspunkt

Lösung zu Beispiel 5

a) Maschinenantriebsleistung

$$P_a = \frac{F_c \cdot v_c}{60 \cdot 10^3 \cdot \eta_M}$$

$$F_c = b \cdot h \cdot k_{cKorr}$$

$$b = \frac{a_P}{\sin \chi} = \frac{12}{\sin 60°} = 13{,}86\ \text{mm}$$

$$h = f \cdot \sin \chi = 1 \cdot \sin 60° = 0{,}87\ \text{mm}$$

$$k_{cKorr} = k_{c1\cdot1} \cdot f_h \cdot f_\gamma \cdot f_{vc} \cdot f_f \cdot f_{st} \cdot f_{ver} \cdot f_{schn} \cdot f_{schm}$$

aus Anhang 4.2.1, GE 260:

$\Rightarrow k_{c1.1} = 1800 \text{ N/ mm}^2,\ z = 0{,}16$

$$f_h = \frac{1}{h^z} = \frac{1}{0{,}87^{0{,}16}} = 1{,}02$$

$$f_\gamma = 1 - \frac{\gamma_{vorh} - \gamma_0}{100} = 1 - \frac{14° - 2°}{100} = 0{,}88$$

$$f_{vc} = \frac{2{,}023}{v_c^{0{,}153}} = \frac{2{,}023}{35^{0{,}153}} = 1{,}17$$

$$f_f = 1{,}05$$

$$f_{st} = 1{,}1$$

$$f_{ver} = 1$$

$$f_{schn} = 1$$

$$f_{schm} = 1$$

$$k_{cKorr} = 1800 \cdot 1{,}02 \cdot 0{,}88 \cdot 1{,}17 \cdot 1{,}05 \cdot 1{,}1 \cdot 1 \cdot 1 \cdot 1 = 2183 \text{ N/ mm}^2$$

$$F_c = 13{,}86 \cdot 0{,}87 \cdot 2183 = 26323 \text{ N}$$

$$P_a = \frac{26323 \cdot 35}{60 \cdot 10^3 \cdot 0{,}65} = \underline{\underline{23{,}6 \text{ kW}}}$$

b) Prozesszeit

$$t_h = \frac{2 \cdot B \cdot l \cdot i}{v_{cm} \cdot f \cdot 10^3}$$

$$l = l_a + l_u + l_w = 250 + 100 + 3500 = 3850 \text{ mm}$$

$$B = 2 \cdot (B_a + B_ü + B_w) = 2 \cdot (4 + 4 + 320) = 656 \text{ mm}$$

$$v_{cm} = \frac{2 \cdot v_c \cdot v_r}{v_c + v_r} = \frac{2 \cdot 35 \cdot 60}{35 + 60} = 44{,}2 \text{ m / min}$$

$$t_h = \frac{2 \cdot 656 \cdot 3850 \cdot 1}{44{,}2 \cdot 1 \cdot 10^3} = \underline{\underline{114{,}28 \text{ min}}}$$

c) Standzeitgerade

<u>rechnerische Lösung</u>

bei $T_1 = 120$ min $\Rightarrow$ $v_{c1} = 35$ m/min

$\Rightarrow$ $v_{c2} = 20$ m/min (alternativ)

Standzeit T_2 für Hobelmeißel P40:

$c_2 = -2{,}5$

$$T_2 = T_1 \cdot \left(\frac{v_{c1}}{v_{c2}}\right)^{-c_2} = 120 \cdot \left(\frac{35}{20}\right)^{2{,}5} = \underline{\underline{486 \text{ min}}}$$

<u>grafische Lösung</u>

aus Diagramm: bei $v_{c2} = 20$ m/min $\Rightarrow$ $T_2 = 486$ min

Lösung 3.2.4 zu Beispiel 5: Standzeitgerade

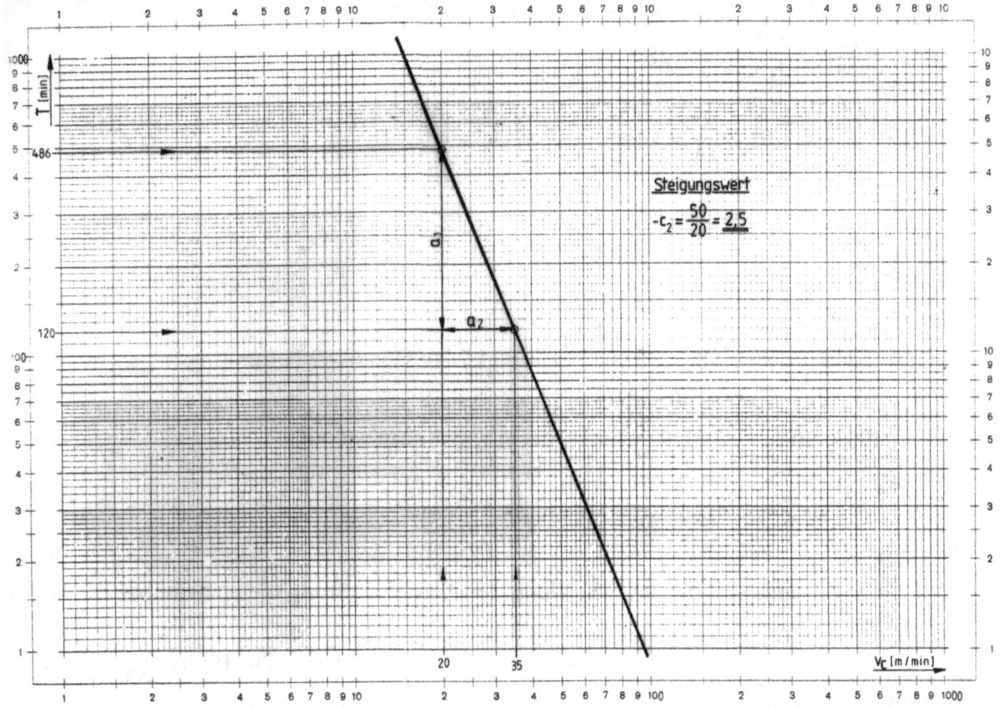

Diagr. 3.2.3: Standzeitgerade

aus Diagramm: Steigerungswert

$$-c_2 = \frac{a_1}{a_2} = \frac{31}{12{,}5} = 2{,}48 \approx 2{,}5$$

Lösung zu Beispiel 6

a) Maschinenantriebsleistung

$$P_a = \frac{F_{cz} \cdot v_c}{60 \cdot 10^3 \cdot \eta_M} \qquad b = \frac{d}{2 \cdot \sin \chi} = \frac{10}{2 \cdot \sin \frac{118°}{2}} = 5{,}83\ \text{mm}$$

$$F_c = b \cdot h \cdot k_{cKorr}$$

$$f_z = \frac{f}{2} \Rightarrow h = f_z \cdot \sin \chi = \frac{0{,}25}{2} \cdot \sin \frac{118°}{2} = 0{,}11\ \text{mm}$$

$$F_{cz} = \frac{F_c}{z_E}$$

$$k_{cKorr} = k_{c1.1} \cdot f_h \cdot f_\gamma \cdot f_{vc} \cdot f_f \cdot f_{st} \cdot f_{ver} \cdot f_{schn} \cdot f_{schm}$$

aus Anhang 4.2.1, 34 CrMo4:
$\Rightarrow k_{c1.1} = 2440\ \text{N/mm}^2$,
$z = 0{,}21$

$$f_h = \frac{1}{h^z} = \frac{1}{0{,}11^{0{,}21}} = 1{,}59$$

$$f_\gamma = 1 - \frac{\gamma_{\text{vorh}} - \gamma_0}{100} = 1 - \frac{8° - 6°}{100} = 0{,}98$$

$$f_{\text{vc}} = \frac{2{,}023}{v_c^{0{,}153}} = \frac{2{,}023}{20^{0{,}153}} = 1{,}28$$

$$f_f = 1{,}05 + \frac{1}{d} = 1{,}05 + \frac{1}{10} = 1{,}15$$

$$f_{\text{st}} = 1{,}2$$

$$f_{\text{ver}} = 1$$

$$f_{\text{schn}} = 1{,}2$$

$$f_{\text{schm}} = 0{,}85$$

$$k_{\text{cKorr}} = 2240 \cdot 1{,}59 \cdot 0{,}98 \cdot 1{,}28 \cdot 1{,}15 \cdot 1{,}2 \cdot 1 \cdot 1{,}2 \cdot 0{,}85 = 6289 \text{ N/mm}^2$$

$$F_{\text{cz}} = 5{,}83 \cdot 0{,}11 \cdot 6289 = 4033 \text{ N}$$

$$P_a = \frac{4033 \cdot 20}{60 \cdot 10^3 \cdot 0{,}75} \approx \underline{\underline{1{,}792 \text{ kW}}}$$

(bei <u>einem</u> Antriebsmodul – 6 Bohrungen gleichzeitig $\Rightarrow P_a = 6 \cdot 1{,}792 = 10{,}75 \text{ kW}$)

<u>alternativ</u>

Ein anderer Lösungsweg für die Ermittlung der Antriebsleistung bietet sich über das Drehmoment an.

$$P_a = \frac{2 \cdot \pi \cdot M \cdot n}{60 \cdot 10^3 \cdot \eta_M} \qquad n = \frac{v_c \cdot 1000}{d \cdot \pi} = \frac{20 \cdot 1000}{10 \cdot \pi} = 637 \text{ min}^{-1}$$

$$M = \frac{d^2}{8 \cdot 10^3} \cdot f_z \cdot z_E \cdot k_{\text{cKorr}} = \frac{10^2}{8 \cdot 10^3} \cdot \frac{0{,}25}{2} \cdot 2 \cdot 6289 = 19{,}65 \text{ Nm}$$

$$P_a = \frac{2 \cdot \pi \cdot 19{,}65 \cdot 637}{60 \cdot 10^3 \cdot 0{,}75} \approx \underline{\underline{1{,}747 \text{ kW}}}$$

b) Prozesszeit

$$l = \frac{d}{3} + l_u + s = \frac{10}{3} + 2{,}5 + 25 = 30{,}83 \text{ mm}$$

$$t_h = \frac{l \cdot i}{f \cdot n} = \frac{30{,}83 \cdot 1}{0{,}25 \cdot 637} = 0{,}194 \text{ min/ Stück}$$

Lösung zu Beispiel 7

a) Maschinenantriebsleistung

$$P_a = \frac{F_{\text{cz}} \cdot v_c \cdot \left(1 + \frac{d}{D}\right) z_E}{2 \cdot 60 \cdot 10^3 \cdot \eta_M} \qquad h = \frac{f}{f_z} \cdot \sin \chi$$

$$F_{cz} = \frac{D-d}{2} \cdot f_z \cdot k_{cKorr} \qquad\qquad = \frac{0,14}{6} \cdot \sin\frac{180°}{2} = 0,023 \text{ mm}$$

$$k_{cKorr} = k_{c1.1} \cdot f_h \cdot f_\gamma \cdot f_{vc} \cdot f_f \cdot f_{st} \cdot f_{ver} \cdot f_{schn} \cdot f_{schm}$$

aus Anhang 4.2.1, EN-GJL-250:

$\Rightarrow k_{c1.1} = 1160 \text{ N/ mm}^2$,

$z = 0,26$

$$f_h = \frac{1}{h^z} = \frac{1}{0,023^{0,26}} = 2,66$$

$$f_\gamma = 1 - \frac{\gamma_{vorh} - \gamma_0}{100} = 1 - \frac{30° - 2°}{100} = 0,72$$

$$f_{vc} = \frac{2,023}{v_c^{0,153}} = \frac{2,023}{14^{0,153}} = 1,35$$

$$f_f = 1,05 + \frac{1}{d} = 1,05 + \frac{1}{40} = 1,08$$

$$f_{st} = 1,2$$

$$f_{ver} = 1,5$$

$$f_{schn} = 1,2$$

$$f_{schm} = 1$$

$$k_{cKorr} = 1160 \cdot 2,66 \cdot 0,72 \cdot 1,35 \cdot 1,08 \cdot 1,2 \cdot 1,5 \cdot 1,2 \cdot 1 = 6996 \text{ N/ mm}^2$$

$$F_{cz} = \frac{40-25}{2} \cdot \frac{0,14}{6} \cdot 6996 = 1224 \text{ N}$$

$$P_a = \frac{1224 \cdot 14 \cdot \left(1 + \frac{25}{40}\right) \cdot 6}{2 \cdot 60 \cdot 10^3 \cdot 0,75} = 1,85 \text{ kW} \approx \underline{\underline{1,8 \text{ kW}}}$$

⇒ Für den Fertigungsauftrag ist die Bohrmaschine **B** zu wählen.

b) technischer Ausnutzungsgrad

$$\text{technischer Ausnutzungsgrad} = \frac{\text{genutzte techn. Kapazität}}{\text{mögliche techn. Kapazität}} \cdot 100\,\%$$

Maschine A: bezüglich der Leistung überbeansprucht, weil $P_{a_{vorh}} = 1,5$ kW und $P_{a_{erf}} = 1,8$ kW

Maschine B: techn. Nutzungsgrad $= \frac{1,8 \text{ kW}}{2 \text{ kW}} \cdot 100 = \underline{\underline{90\,\%}}$

Maschine C: techn. Nutzungsgrad $= \frac{1,8 \text{ kW}}{2,5 \text{ kW}} \cdot 100 = \underline{\underline{72\,\%}}$

Ergebnis: die optimale technische Ausnutzung erfolgt mit Maschine **B**!

3.3 Sägen

3.3.1 Verwendete Formelzeichen

φ_s	[°]	Eingriffswinkel
η_M		Maschinenwirkungsgrad
a_p	[mm]	Schnittbreite
B	[mm]	Werkstückbreite
D	[mm]	Werkstückdurchmesser
F_c	[N]	Schnittkraft
f_z	[mm]	Vorschub pro Zahn
h	[mm]	Werkstückdicke
k_{cKorr}	[N/mm²]	korrigierte spezifische Schnittkraft
L	[mm]	Gesamtweg
m		Anzahl der Einheiten (Werkstücke)
P_a	[kW]	Maschinenantriebsleistung
T	[min]	Auftragszeit
t_e	[min]	Zeit je Einheit
t_{er}	[min]	Erholzeit
t_g	[min]	Grundzeit
t_h	[min]	Hauptzeit (Prozesszeit)
t_n	[min]	Nebennutzungszeit
t_r	[min]	Rüstzeit
t_v	[min]	Verteilzeit
v_c	[m/min]	Schnittgeschwindigkeit
v_f	[mm/min]	Vorschubgeschwindigkeit
z_E		Anzahl der im Eingriff befindlichen Zähne
z_{er}	[%]	Erholzeitprozentsatz
z_v	[%]	Verteilzeitprozentsatz
z_w		Zähnezahl des Kreissägeblattes

3.3.2 Auswahl verwendeter Formeln

Maschinenantriebsleistung

$$P_a = \frac{F_c \cdot v_c}{60 \cdot 10^3 \cdot \eta_M}$$

Schnittkraft

$$F_c = b \cdot h \cdot k_{cKorr} = a_p \cdot f_z \cdot k_{cKorr} \cdot z_E$$

$$F_c = F_{cz} \cdot z_E$$

Korrigierte spezifische Schnittkraft

$$k_{cKorr} = k_{c1.1} \cdot f_h \cdot f_\gamma \cdot f_{vc} \cdot f_f \cdot f_{st} \cdot f_{ver} \cdot f_{schn} \cdot f_{schm}$$

Eingriffswinkel

$$\sin\frac{\varphi_s}{2} = \frac{B}{D}$$

Anzahl der im Eingriff befindlichen Zähne

$$z_E = \frac{\varphi_s \cdot z_w}{360^o}$$

Vorschub pro Zahn

$$f_z = \frac{v_f}{z_w \cdot n}$$

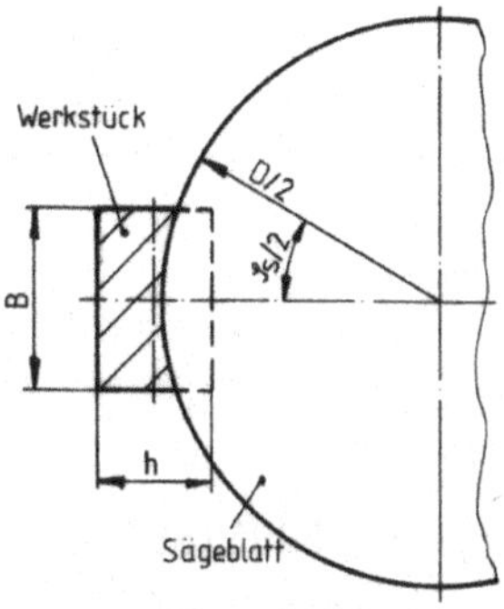

Schnittlängen beim Kreissägeblatt

Gesamtweg beim Sägen

$$L = h + \frac{D}{2} - \frac{1}{2}\sqrt{D^2 - B^2}$$

Auftragszeit

$$T = t_r + m \cdot t_e$$

Zeit je Einheit

$$t_e = t_g + t_{er} + t_r$$

Hauptnutzungszeit

$$t_h = \frac{L}{v_f}$$

Grundzeit

$$t_g = t_h + t_n$$

Erholzeit

$$t_{er} = \frac{z_{er} \cdot t_g}{100}$$

Verteilzeit

$$t_v = \frac{z_v \cdot t_g}{100}$$

3.3.3 Berechnungsbeispiel

1. Von Stangenmaterial aus E295 (St 50-2), mit den Querschnittsmaßen 30 mm × 100 mm, sollen sechs Rohlingsabschnitte von 50 mm Länge mit einer Kaltkreissäge abgelängt werden. Maschinendaten: Maschinenantriebsleistung 10 kW, Maschinenwirkungsgrad 80 %.

   Das neue Sägeblatt aus SS-Stahl mit einem Durchmesser von 315 mm und 80 Zähnen soll mit einer Schnittgeschwindkeit von 25 m/min und einer Vorschubgeschwindigkeit von 40 mm/min arbeiten. Spanwinkel 20°, Spanungsbreite 4,5 mm, Kühlung mittels Kühlemulsion. Als Richtgrößen für den Vorschub ist die Vorschubgeschwindigkeit von 40 mm/min zu wählen.

   Berechnen Sie:

   a) den möglichen Vorschub pro Zahn unter Beachtung der Motorleistung
   b) die Auftragszeit, wenn die Rüstzeit 15 min, die Nebenzeit 1,5 min und die Verteilzeit 12 % beträgt.

3.3.4 Lösung

Lösung zu Beispiel 1

a) $$P_a = \frac{F_c \cdot v_c}{60 \cdot 10^3 \cdot \eta_M}$$

$$F_c = \frac{P_a \cdot 60 \cdot 10^3 \cdot \eta_M}{v_c} = \frac{10 \cdot 60 \cdot 10^3 \cdot 0,8}{25} = \underline{\underline{19200\ \text{N}}}$$

$$F_c = F_{cz} \cdot z_E = a_p \cdot f_z \cdot k_{cKorr} \cdot z_E$$

Vorschub pro Zahn

$$f_z = \frac{F_c}{a_p \cdot k_{cKorr} \cdot z_E}$$

Eingriffswinkel

$$\sin\left(\frac{\varphi_s}{2}\right) = \frac{B}{D} = \frac{100}{315} = 0,317 \Rightarrow \varphi_s = \underline{\underline{37°}}$$

Anzahl der im Eingriff befindlichen Zähne

$$z_E = \frac{\varphi_s \cdot z_w}{360°} = \frac{37° \cdot 80}{360°} = \underline{\underline{8,22\ \text{Zähne}}}$$

korrigierte spezifische Schnittkraft

$$k_{cKorr} = k_{c1 \cdot 1} \cdot f_h \cdot f_\gamma \cdot f_{vc} \cdot f_f \cdot f_{st} \cdot f_{ver} \cdot f_{schn} \cdot f_{schm}$$

Anhang 4.2.1, E295 (St 50-2):
$\Rightarrow k_{c1.1} = 1990\ \text{N/ mm}^2$,
$z = 0,26$

Hinweis: Die Ermittlung der Spanungsdicke erfolgt über den Vorschub pro Zahn.

$$h \mathrel{\hat{=}} f_z$$

$$n = \frac{v_c \cdot 1000}{d \cdot \pi} = \frac{25 \cdot 1000}{315 \cdot \pi} = 25\ \text{min}^{-1}$$

bei $h = f_z = 0,02$ mm

$$f_h = \frac{1}{h^z}$$

$$f_h = \frac{1}{0,02^{0,26}} = 2,76$$

$$f_{z1} = \frac{v_f}{z_w \cdot n} = \frac{40}{80 \cdot 25} = 0,02\ \text{mm/Zahn}$$

$$f_\gamma = 1 - \frac{\gamma_{vorh} - \gamma_0}{100} = 1 - \frac{20° - 6°}{100} = 0,86$$

$$f_{vc} = \frac{2,023}{v_c^{0,153}} = \frac{2,023}{25^{0,153}} = 1,24$$

$$f_f = 1,05 + \frac{1}{d} = 1,05 + \frac{1}{315} = 1,053$$

$$f_{st} = 1,2$$

$$f_{ver} = 1$$

$$f_{schn} = 1,2$$

$$f_{schm} = 0,9$$

$$k_{cKorr} = 1990 \cdot 2,76 \cdot 0,86 \cdot 1,24 \cdot 1,053 \cdot 1,2 \cdot 1 \cdot 1,2 \cdot 0,9 = 7993\ \text{N/ mm}^2$$

Vorschub pro Zahn

$$f_z = \frac{19200}{4{,}5 \cdot 7993 \cdot 8{,}22} = \underline{\underline{0{,}065 \text{ mm/ Zahn}}}$$

b) Auftragszeit

$T = t_r + m \cdot t_e$

$t_e = t_g + t_v \cdot t_{er}$

$t_g = t_h + t_n$

$t_h = \dfrac{L}{v_f}$

$$L = h + \frac{D}{2} - \frac{1}{2}\sqrt{D^2 - B^2}$$

$$= 30 + \frac{315}{2} - \frac{1}{2}\sqrt{315^2 - 100^2} = 38{,}15 \text{ mm}$$

$$t_h = \frac{38{,}15}{40} = 0{,}954 \text{ min}$$

$$t_g = 0{,}954 + 1{,}5 = 2{,}45 \text{ min}$$

$t_n = 1{,}5$ min

$t_r = 15$ min

$$t_v = \frac{t_g \cdot z_v}{100\,\%} = \frac{2{,}45 \cdot 12}{100} = 0{,}29 \text{ min}$$

$$t_e = 2{,}45 + 0{,}29 + 0 = 2{,}74 \text{ min}$$

$$T = 15 + 6 \cdot 2{,}74 = \underline{\underline{31{,}44 \text{ min}}}$$

3.4 Fräsen

3.4.1 Verwendete Formelzeichen

η_M	[%]	Maschinenwirkungsgrad
λ	[°]	Drallwinkel des Fräsers
φ_A	[°]	Vorschubrichtungswinkel am Schnittanfang
φ_E	[°]	Vorschubrichtungswinkel am Schnittende
φ_s	[°]	Eingriffswinkel der Schneide
χ	[°]	Einstellwinkel
A_1	[mm]	Abstandsmaß vom Fräserdurchmesser zum Werkstückanfang
A_2	[mm]	Abstandsmaß vom Fräserdurchmesser zum Werkstückende
a_e	[mm]	Schnitttiefe (Walzenfräsen)
a_P	[mm]	Schnittbreite (Walzenfräsen)
a_P	[mm]	Schnitttiefe (Stirnfräsen)
b	[mm]	Spanungsbreite
B	[mm]	Werkstückbreite

B	[mm]	Werkstückbreite
D	[mm]	Fräserdurchmesser
F_{cm}	[N]	mittlere Schnittkraft pro Schneide
f_Z	[mm]	Vorschub pro Schneide
h_m	[mm]	Mittenspanungsdicke
L	[mm]	Gesamtfräsweg
l	[mm]	Werkstücklänge
n	[min^{-1}]	Drehzahl des Fräsers
P_a	[kW]	Maschinenleistung
P_c	[kW]	Schnittleistung (Zerspanleistung)
Q	[mm^3/min]	Zeitspanungsvolumen
Q_D	[mm^3/min · kW]	leistungsbezogenes Zeitspanungsvolumen
Q_{SD}	[mm^3]	Volumen der ungeordneten Spanmenge
Q_W	[mm^3]	gespantes Volumen
R		Spanraumzahl
t_h	[min]	Prozesszeit (Hauptnutzungszeit)
v_c	[m/min]	Schnittgeschwindigkeit
v_f	[mm/min]	Vorschubgeschwindigkeit
z		Anzahl der im Eingriff befindlichen Zähne/Zähnezahl des Fräsers

3.4.2 Auswahl verwendeter Formeln

Walzenfräsen

Spanungsgrößen

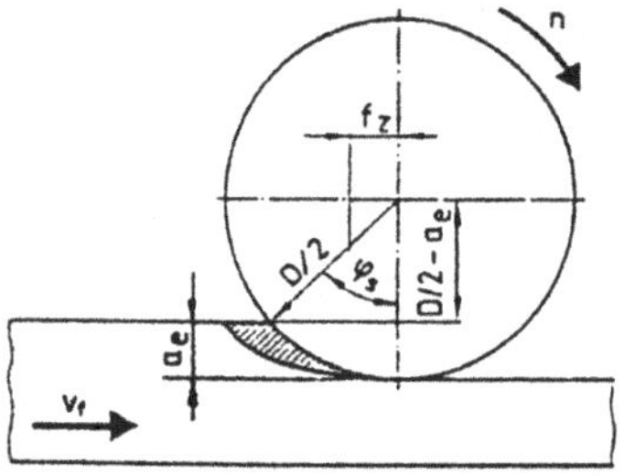

Eingriffswinkel

$$\cos \varphi_S = 1 - \frac{2 \cdot a_e}{D}$$

Mittenspanungsdicke

$$h_m = \frac{360°}{\pi \cdot \varphi_s} \cdot \frac{a_e}{D} \cdot f_z \cdot \sin \chi$$

Spanungsbreite (bei Fräser mit Drallwinkel)

$$b = \frac{a_p}{\cos \lambda}$$

Spanungsgrößen beim Walzenfräsen

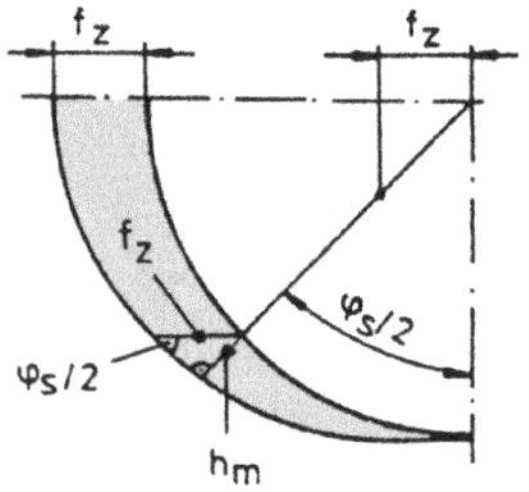

Fräser
mit Drallwinkel

$\chi = 90° - \lambda$

Mittenspanungsdicke h_m

h_m wird bei $\varphi_s/2$ gemessen

Vorschub-geschwindigkeit	Spanungsvolumen	Leistungsbezogenes Zeitspanungsvolumen	Spanungsvolumen
$v_f = f_z \cdot z \cdot n$	$Q = a_e \cdot a_p \cdot v_f$	$Q_P = \dfrac{Q}{P_C}$	$Q_{Sp} = Q_W \cdot R$ $Q = Q_W \cdot t_h$

<u>**Stirnfräsen**</u>

Spanungsgrößen

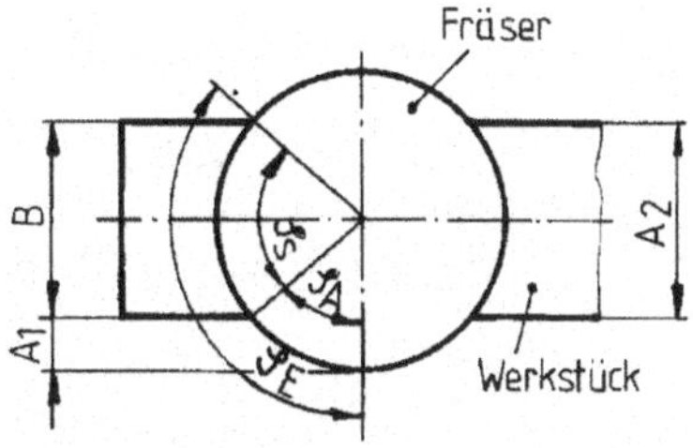

<u>Eingriffswinkel φ_s</u>
<u>mittiges Stirnfräsen</u>

$$\sin\frac{\varphi_s}{2} = \frac{B}{D}$$

<u>außermittiges Fräsen</u>

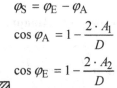

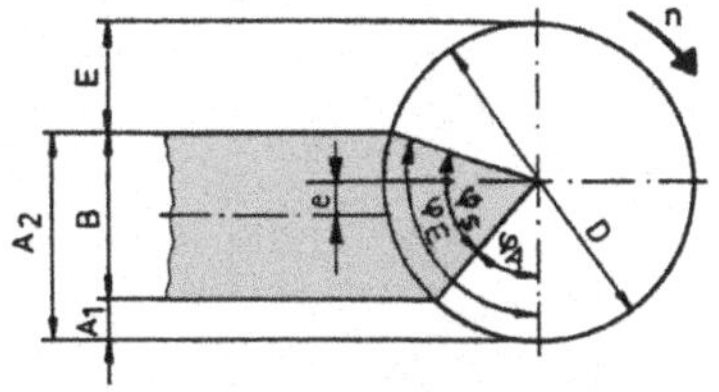

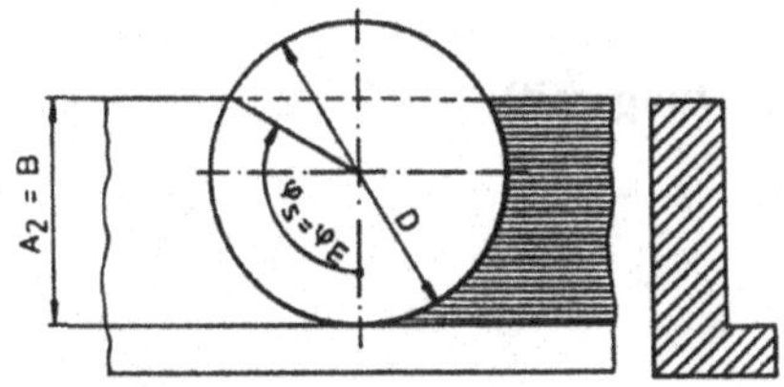

$$\varphi_S = \varphi_E - \varphi_A$$

$$\cos\varphi_A = 1 - \frac{2 \cdot A_1}{D}$$

$$\cos\varphi_E = 1 - \frac{2 \cdot A_2}{D}$$

a) Prinzip des Stirnfräsens
$\varphi_A > 0°$

b) Prinzip des Stirnfräsens
$\varphi_A = 0°$ $\varphi_s = \varphi_E$

Seitenversatz des Fräsers

Um am **Schnittanfang und** am **Schnittende optimale** Spandicken zu erhalten, versetzt man die Fräsermitte zur Werkstückmitte. Als **Faustregel** kann man sagen:

$$\frac{A_1}{E} = \frac{1}{3}$$

daraus folgt:

für GG	für Stahl
$D = 1{,}4 \cdot B$	$D = 1{,}60 \cdot B$
$A_1 = 0{,}1 \cdot B$	$A_1 = 0{,}15 \cdot B$
$E = 0{,}3 \cdot B$	$E = 0{,}45 \cdot B$

Spanungsbreite

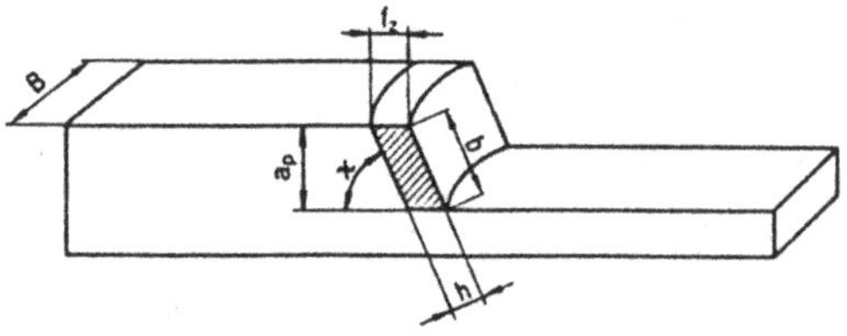

Mittenspanungsdicke

$$h_{\mathrm{m}} = \frac{360^\circ}{\pi \cdot \varphi_{\mathrm{s}}} \cdot f_{\mathrm{z}} \cdot \frac{B}{D} \sin \chi \qquad \chi = 90^\circ - \lambda$$

$$b = \frac{a_{\mathrm{P}}}{\sin \chi}$$

Maschinenantriebsleistung beim Walzen- und Stirnfräsen

Maschinenantriebsleistung

$$P_{\mathrm{a}} = \frac{F_{\mathrm{cm}} \cdot v_{\mathrm{c}} \cdot z_{\mathrm{E}}}{60 \cdot 10^3 \cdot \eta_{\mathrm{M}}}$$

mittlere Hauptschnittkraft

$$F_{\mathrm{cm}} = b \cdot h_{\mathrm{m}} \cdot k_{\mathrm{ckorr}}$$

korrigierte spezifische Schnittkraft

$$k_{\mathrm{cKorr}} = k_{\mathrm{c1.1}} \cdot f_{\mathrm{h}} \cdot f_{\gamma} \cdot f_{v\mathrm{c}} \cdot f_{\mathrm{f}} \cdot f_{\mathrm{st}} \cdot f_{\mathrm{ver}} \cdot f_{\mathrm{schn}} \cdot f_{\mathrm{schm}}$$

Anzahl der im Eingriff befindlichen Zähne

$$z_{\mathrm{E}} = \frac{z_{\mathrm{w}} \cdot \varphi_{\mathrm{s}}}{360^\circ}$$

Prozesszeit (Hauptnutzungszeit)

Prozesszeit

$$t_{\mathrm{h}} = \frac{L \cdot i}{f \cdot n} = \frac{L \cdot i}{v_{\mathrm{f}}}$$

Walzenfräsen

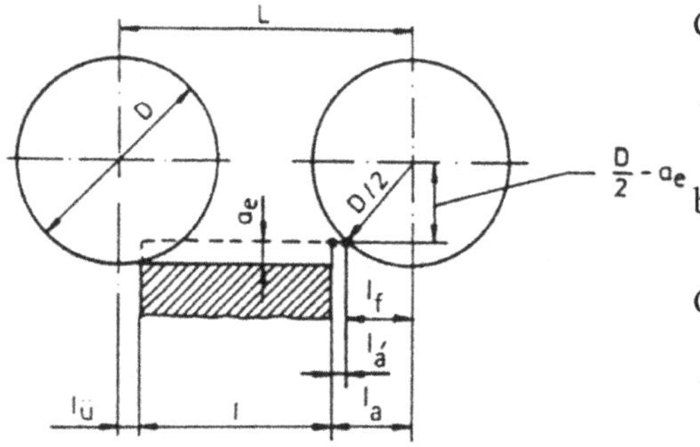

Gesamtweg *L* beim Walzenfräsen

Gesamtweg für das Schruppen

$$L = l + 3 + \sqrt{D \cdot a_{\mathrm{e}} - a_{\mathrm{e}}^2}$$

bei $l_{\ddot{u}} = 1{,}5$ mm

Gesamtweg für das Schlichten

$$L = l + 3 + 2\sqrt{D \cdot a_{\mathrm{e}} - a_{\mathrm{e}}^2}$$

$l_{\ddot{u}} = l_{\mathrm{a}}$

Stirnfräsen

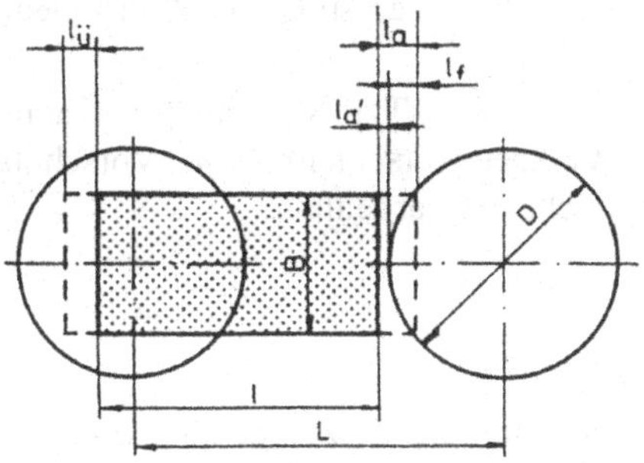

Gesamtweg *L* beim mittigen Stirnfräsen

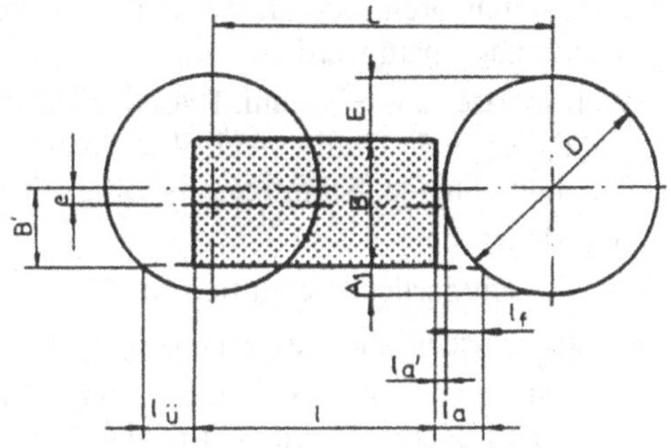

Gesamtweg *L* beim außermittigen Stirnfräsen

Gesamtweg für das Schruppen (mittiges Stirnfräsen)

$$L = l + 3 + \frac{1}{2}\sqrt{D^2 - B^2}$$

bei $l_ü = 1{,}5$ mm

Gesamtweg für das Schruppen (außermittiges Stirnfräsen)

$$L = l + 3 + \frac{D}{2} - \sqrt{\left(\frac{D}{2}\right)^2 - B'^2}$$

Abstand der Fräsermitte von der Werkstückkante

$$B' = \frac{D}{2} - A_1$$

Gesamtweg für das Schlichten

$$L = l + 3 + \frac{1}{2}\sqrt{D^2 - B^2}$$

$l_ü = l_a$

Gesamtweg für das Schlichten

$$L = l + 3 + D$$

3.4.3 Berechnungsbeispiele

1. Die skizzierte Führungsleiste mit einer Werkstücklänge von 3200 mm lang, soll durch Stirnfräsen einen Absatz von 5 mm Tiefe erhalten. Die Bearbeitung erfolgt in einem Schnitt.

   Daten:

   Fräserdurchmesser 180 mm, Fräser arbeitsscharf, Schnittgeschwindigkeit 160 m/min, Vorschubgeschwindigkeit 600 mm/min, Einstellwinkel 60°, Spanwinkel 8°, Zähnezahl 16, Werkstückbreite 120 mm

   Werkstoff EN-GJL-250, Maschinenwirkungsgrad 72 %, Bearbeitung: trocken

   Berechnen Sie:

   a) die Antriebsleistung der Fräsmaschine

   b) die Prozesszeit.

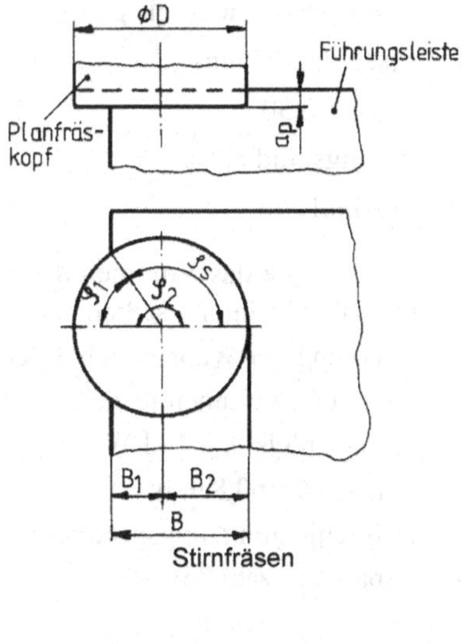

Stirnfräsen

2. An einem Verschlussstück aus EN-GJL-200 mit rechteckiger Auflagefläche, 220 mm lang und 80 mm breit, soll durch Walzenfräsen eine 3 mm dicke Werkstoffschicht in einem Schnitt abgespant werden.

   Walzenfräser aus SS-Stahl, Fräserdurchmesser 65 mm, DIN 884, Typ N – schräg verzahnt – Zähnezahl 5, Drallwinkel 50°, Spanwinkel 12°, Werkzeugverschleiß 20 %, Vorschub 0,2 mm/Schneide, Schnittgeschwindigkeit 12 m/min, trockene Bearbeitung.

   Berechnen Sie:

   a) die erforderliche Schnittleistung
   b) die erforderliche Maschinenantriebsleistung bei $\eta_M = 70\,\%$
   c) Erstellen Sie die Werkzeug- und Maschinen-Gerade für diesen Zerspanungsprozess, wenn folgende Daten zugrunde liegen:

   Schneidstoff: Schnellarbeitsstahl, Schnittgeschwindigkeit v_{c1} = 12 m/min, v_{c2} = 10 m/min, Werkstoff GG-20, Vorschub f_1 = 0,2 mm, f_2 = 0,3 mm, Spanungsverhältnis $a_p : f = 15$, vorhandene Maschinenantriebsleistung 4 kW.

3. Die Montagefläche einer Konsole aus C45E (Ck 45) soll durch Fräsen in einem Schnitt um 5 mm abgespant werden, die Konsolenbreite beträgt 150 mm.

   a) Entscheiden Sie durch Nachrechnung, welches Fräsverfahren (Walzen- oder Stirnfräsen) von den Energiekosten wirtschaftlicher ist.
   b) Beurteilen Sie die Wirtschaftlichkeit über das Zeitspanungsvolumen und die Leistungseinheit.

   Folgende Daten sind bekannt:

Walzenfräsen	Stirnfräsen
Fräser ∅ 160 × 160, Typ N, SS-Stahl	Messerkopfdurchmesser 0250 mm, HM
Schneidenzahl 16	Schneidenzahl 16
Drallwinkel 25°	Drallwinkel 25°
Spanwinkel 12°	Spanwinkel 12°
Schnittgeschwindigkeit 120 m/min	Schnittgeschwindigkeit 120 m/min
Vorschub 0,25 mm	Vorschub 0,25 mm
Verschleiß 30 %	Verschleiß 30 %
Wirkungsgrad 80 %	Wirkungsgrad 80 %
Kühlemulsion	Kühlemulsion

4. Berechnen Sie das Volumen der Spänewanne für eine Fräsmaschine, wenn Ihnen folgende Daten zur Verfügung stehen:

   – Leerung der Wanne nach 3 Schichten zu je 8 Stunden
   – Spanungsvolumen je Zeit und Leistungseinheit 0,0157 dm^3/min kW
   – Zerspanleistung 43 kW
   – Prozesszeit 0,8 min
   – Maschinennutzungsgrad 65 %, davon sind 35 % Erhol- und Verteilzeiten
   – Spanraumzahl 25.

3.4.4 Lösungen

Lösung zu Beispiel 1

Stirnfräsen

a) Maschinenantriebsleistung

$$P_a = \frac{F_{cm} \cdot v_c \cdot z_E}{60 \cdot 10^3 \cdot \eta_M} \qquad b = \frac{a_P}{\sin \chi} = \frac{5}{\sin 60°} = 5,77 \text{ mm}$$

$$F_{cm} = b \cdot h_m \cdot k_{cKorr} \qquad n = \frac{v_c \cdot 1000}{d \cdot \pi} = \frac{160 \cdot 1000}{180 \cdot \pi} = 283 \text{ min}^{-1}$$

$$f_z = \frac{v_f}{n \cdot z} = \frac{600}{283 \cdot 16} = 0,133 \text{ mm/ Schneide}$$

$$\cos \varphi_s = 1 - \frac{2 \cdot B}{D} = 1 - \frac{2 \cdot 120}{180} = -0,333 \Rightarrow \varphi_s = 109,47°$$

$$h_m = \frac{360°}{\pi \cdot \varphi_s} \cdot f_z \cdot \frac{B}{D} \sin \chi = \frac{360°}{\pi \cdot 109,47} \cdot 0,133 \frac{120}{180} \sin 60° = 0,08 \text{ mm}$$

aus Anhang 4.2.1, EN-GJL-250:

$\Rightarrow k_{c1.1} = 1160 \text{ N/ mm}^2, z = 0,26$

$$k_{cKorr} = k_{c1.1} \cdot f_h \cdot f_\gamma \cdot f_{vc} \cdot f_f \cdot f_{st} \cdot f_{ver} \cdot f_{schn} \cdot f_{schm}$$

$$f_h = \frac{1}{h_m^z} = \frac{1}{0,08^{0,26}} = 1,93$$

$$f_\gamma = 1 - \frac{\gamma_{vorh} - \gamma_0}{100} = 1 - \frac{8° - 2°}{100} = 0,94$$

$$f_{vc} = \frac{1,38}{v_c^{0,07}} = \frac{1,38}{160^{0,07}} = 0,97$$

$$f_f = 1,05 + \frac{1}{d} = 1,05 + \frac{1}{180} = 1,06$$

$$f_{st} = 1,2$$

$$f_{ver} = 1$$

$$f_{schn} = 1$$

$$f_{schm} = 1$$

$$k_{cKorr} = 1160 \cdot 1,93 \cdot 0,94 \cdot 0,97 \cdot 1,06 \cdot 1,2 \cdot 1 \cdot 1 \cdot 1 = 2597 \text{ N/ mm}^2$$

$$F_{cm} = 5,77 \cdot 0,08 \cdot 2597 = 1199 \text{ N} \qquad z_E = \frac{z \cdot \varphi_s}{360°} = \frac{16 \cdot 109,47°}{360°} = 4,86$$

$$P_a = \frac{1199 \cdot 160 \cdot 4,86}{60 \cdot 10^3 \cdot 0,72} = \underline{\underline{21,6 \text{ kW}}}$$

b) Prozesszeit

$$L = l + 3 + \frac{D}{2} - \sqrt{\left(\frac{D}{2}\right)^2 - B'^2} = 3200 + 3 + \frac{180}{2} - \sqrt{\left(\frac{180}{2}\right)^2 - 90^2} =$$

$$= 3200 + 3 + 90 - 0 = 3293 \text{ mm}$$

$$t_h = \frac{L \cdot i}{f \cdot n} = \frac{3293 \cdot 1}{0{,}133 \cdot 16 \cdot 283} = \underline{\underline{5{,}47 \text{ min}}}$$

oder

$$t_h = \frac{L \cdot i}{v_f} = \frac{3293 \cdot 1}{600} = \underline{\underline{5{,}48 \text{ min}}}$$

Lösung zu Beispiel 2

Walzenfräsen

a) Erforderliche Maschinenantriebsleistung

$$P_a = \frac{F_{cm} \cdot v_c \cdot z_E}{60 \cdot 10^3 \cdot \eta_M}$$

$$F_{cm} = b \cdot h_m \cdot k_{cKorr}$$

$$b = \frac{b}{\cos \chi} = \frac{80}{\cos 40°} = 104{,}43 \text{ mm}$$

bei $a_p / f = 15$

$$\cos \varphi_s = 1 - \frac{2 \cdot a_{p1}}{D} = 1 - \frac{2 \cdot 3}{65}$$

$$\varphi_{s1} = 24{,}8°$$

$$\chi = 90° - \lambda = 90° - 40° = 50°$$

$$h_{m1} = \frac{360°}{\pi \cdot \varphi_s} \cdot \frac{a_p}{D} \cdot f_z \cdot \sin \chi$$

$$h_{m1} = \frac{360°}{\pi \cdot 24{,}8°} \cdot \frac{3}{65} \cdot 0{,}2 \cdot \sin 50° = 0{,}033 \text{ mm}$$

aus Anhang 4.2.1, EN-GJL-200:

$\Rightarrow k_{c1.1} = 1030 \text{ N/ mm}^2,\ z = 0{,}25$

$h_{m1} = 0{,}033 \text{ mm}$

$$f_h = \frac{1}{h_m^z} = \frac{1}{0{,}033^{0{,}25}} = 2{,}35$$

$$f_\gamma = 1 - \frac{\gamma_{vorh} - \gamma_0}{100} = 1 - \frac{12° - 2°}{100} = 0{,}9$$

$$f_{vc} = \frac{2{,}023}{v_c^{0{,}153}} = \frac{2{,}023}{12^{0{,}153}} = 1{,}38$$

$$f_f = 1{,}05 + \frac{1}{d} = 1{,}05 + \frac{1}{65} = 1{,}07$$

$$f_{st} = 1{,}2$$

$$f_{ver} = 1{,}2$$

$$f_{schn} = 1{,}2$$

$$f_{schm} = 1$$

$$k_{cKorr} = 1030 \cdot 2{,}35 \cdot 0{,}9 \cdot 1{,}38 \cdot 1{,}07 \cdot 1{,}2 \cdot 1{,}2 \cdot 1{,}2 \cdot 1 = 5558 \text{ N/ mm}^2$$

$$F_{cm} = 104,43 \cdot 0,033 \cdot 5558 = 19154 \text{ N}$$

$$z_E = \frac{z_W \cdot \varphi_s}{360°} = \frac{5 \cdot 24,8}{360} = \underline{\underline{0,34}}$$

Schnittleistung

$$P_c = \frac{19154 \cdot 12 \cdot 0,34}{60 \cdot 10^3} = \underline{\underline{1,3 \text{ kW}}}$$

b) Maschinenantriebsleistung

$$P_a = \frac{P_c}{\eta_M} = \frac{1,3}{0,7} = 1,85 \text{ kW} \sim 1,9 \text{ kW}$$

c) Werkzeug-Maschinen-Gerade

Konstruktion der Werkzeug-Gerade

Schneidstoff SS-Stahl, Werkstoff EN-GJL-200:

$f_1 = 0,2$ mm $a_{p1} = 3,0$ mm $\Rightarrow A_1 = b \cdot h_{m1} = 104,43 \cdot 0,033 = 3,4 \text{ mm}^2 \Rightarrow v_{c1} = 12$ m/min

$$\cos\varphi_{s2} = 1 - \frac{2 \cdot a_p}{D} = 1 - \frac{2 \cdot 4,5}{65} = 30,5°$$

$$h_{m2} = \frac{360° \cdot 4,5}{\pi \cdot 30,5 \cdot 65} \cdot 0,3 \cdot \sin 50° = 0,06 \text{ mm}$$

$f_2 = 0,3$ mm $a_{p2} = 4,5$ mm $\Rightarrow A_2 = b \cdot h_{m1} = 104,43 \cdot 0,060 = 6,30 \text{ mm}^2 \Rightarrow v_{c2} = 10$ m/min

Konstruktion der Maschinen-Gerade

Hinweis: Aus der vorhandenen Maschinenantriebsleistung und den vorgegebenen Zerspanungsbedingungen werden die zugehörigen Schnittgeschwindigkeiten ermittelt. Bei den zu ermittelnden korrigierten spezifischen Schnittkräften k_{ckorr1} und k_{ckorr2} kann der Korrekturfaktor f_{vc} nicht berücksichtigt werden, weil die Schnittgeschwindigkeit v_{c1} und v_{c2} erst ermittelt werden muss!

aus $P_a = \dfrac{F_{cm} \cdot v_c \cdot z_E}{60 \cdot 10^3 \cdot \eta_M}$

erhält man

$$v_c = \frac{P_a \cdot 60 \cdot 10^3 \cdot \eta_M}{F_{cm} \cdot z_E}$$

$$F_{cm} = b \cdot h_m \cdot k_{cKorr}$$

korrigierte spezifische Schnittkraft bei $f_2 = 0,3$ mm und $a_P = 4,5$ mm:

$$k_{cKorr} = k_{c1.1} \cdot f_h \cdot f_\gamma \cdot f_{vc} \cdot f_f \cdot f_{st} \cdot f_{ver} \cdot f_{schn} \cdot f_{schm}$$

$$h_{m2} = 0,06 \text{ mm} \mathrel{\hat{=}} h_m$$

$$f_h = \frac{1}{h_m^z} = \frac{1}{0,06^{0,25}} = 2,02$$

$$f_\gamma = 1 - \frac{\gamma_{tat} - \gamma_0}{100} = 1 - \frac{12° - 2°}{100} = 0,9$$

$$f_{vc} = 1$$

$$f_f = 1,05 + \frac{1}{d} = 1,05 + \frac{1}{65} = 1,07$$

$f_{\text{st}} = 1,2$

$f_{\text{ver}} = 1,2$

$f_{\text{schn}} = 1,2$

$f_{\text{schm}} = 1$

$k_{\text{cKorr}} = 1030 \cdot 2,02 \cdot 0,9 \cdot 1 \cdot 1,07 \cdot 1,2 \cdot 1,2 \cdot 1,2 \cdot 1 = 3462 \text{ N/ mm}^2$

bei $f_1 = 0{,}2$ mm und $a_{\text{P1}} = 3{,}0$ mm $\Rightarrow$ $f_{\text{vc}} = 1$ $\Rightarrow$ $k_{\text{cKorr1}} = 3970 \text{ N/mm}^2$

bei $f_2 = 0{,}3$ mm und $a_{\text{P2}} = 4{,}5$ mm $\Rightarrow$ $f_{\text{vc}} = 1$ $\Rightarrow$ $k_{\text{cKorr2}} = 3462 \text{ N/mm}^2$

somit:

$P_a = 4 \text{ kW}, \eta_M = 0,7$

$b = 104,43 \text{ mm}$

$$v_{c1} = \frac{4 \cdot 60 \cdot 10^3 \cdot 0,7}{104,43 \cdot 0,03 \cdot 3970 \cdot 0,34} \approx \underline{\underline{40 \text{ m / min}}}$$

$$z_{E1} = \frac{z_w \cdot \varphi_s}{360°} = \frac{5 \cdot 24,8°}{360°} = 0,34$$

$$v_{c2} = \frac{4 \cdot 60 \cdot 10^3 \cdot 0,7}{104,43 \cdot 0,06 \cdot 3462 \cdot 0,42} \approx \underline{\underline{18 \text{ m / min}}}$$

$$z_{E2} = \frac{z_w \cdot \varphi_s}{360°} = \frac{5 \cdot 30,5°}{360°} = 0,42$$

ermittelte Schnittbedingungen:

$A_1 = 3{,}40 \text{ mm}^2 \Rightarrow v_{c1} \approx 40 \text{ m/min}$

$A_2 = 6{,}3 \text{ mm}^2 \Rightarrow v_{\text{Copt}} \approx 18 \text{ m/min}$

Lösung 3.4.4 zu Beispiel 2: optimaler Arbeitspunkt

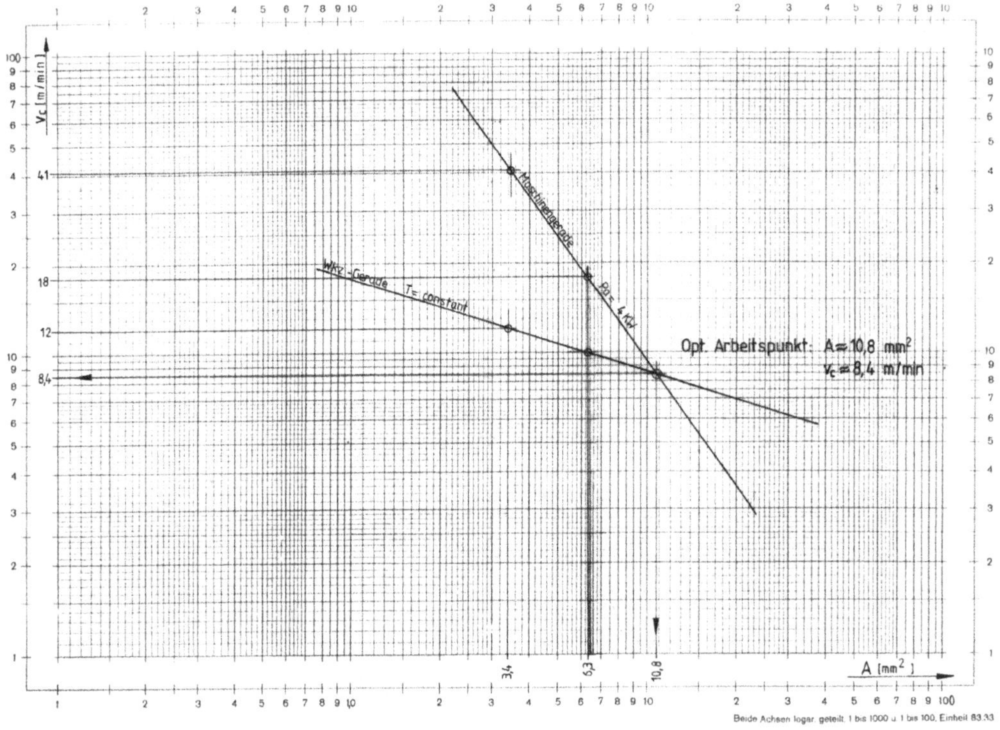

aus Diagramm:

$\Rightarrow A_{opt} = 10{,}8\ \text{mm}^2$

Der **optimale** Arbeitspunkt liegt bei:

$\Rightarrow V_{c\,opt} = 8{,}4\ \text{m/min}$

Lösung zu Beispiel 3

Vergleich: **Walzenfräsen-Stirnfräsen**

a) Maschinenantriebsleistung

$$P_a = \frac{F_{cm} \cdot v_c \cdot z_E}{60 \cdot 10^3 \cdot \eta_M}$$

$$F_{cm} = b \cdot h_m \cdot k_{cKorr} \qquad b = \frac{a_P}{\cos\lambda} = \frac{150}{\cos 25°} = 165{,}5\ \text{mm}$$

Walzenfräsen

$$\cos\varphi_s = 1 - \frac{2 \cdot a_e}{D} = 1 - \frac{2 \cdot 5}{160} = 0{,}9376 \Rightarrow \varphi_s = 20{,}4° \qquad \chi = 90° - \lambda$$

$$= 90° - 25° = 65°$$

$$h_m = \frac{360°}{\pi \cdot \varphi_s} \cdot f_z \cdot \sin\chi = \frac{360°}{\pi \cdot 20{,}4} \cdot \frac{5}{160} \cdot 0{,}25 \cdot \sin 65° = 0{,}0396 = \underline{\underline{0{,}04\ \text{mm}}}$$

Stirnfräsen (außermittig)

$$\varphi_S = \varphi_E - \varphi_A \qquad A_2 = D - A_1 = 250 - 50 = 200\ \text{mm}$$

$$\cos\varphi_E = 1 - \frac{2 \cdot A_2}{D} = 1 - \frac{2 \cdot 200}{250} = -0{,}6 \Rightarrow \varphi_E = 126{,}87°$$

$$\cos\varphi_E = 1 - \frac{2 \cdot A_1}{D} = 1 - \frac{2 \cdot 50}{250} = 0{,}6 \Rightarrow \varphi_A = 53{,}13°$$

$$\varphi_S = 126{,}87° - 53{,}13° = \underline{\underline{73{,}74°}} \qquad b = \frac{a_P}{\sin\chi} = \frac{5}{\sin 65°} = 5{,}52\ \text{mm}$$

$$h_m = \frac{360°}{\pi \cdot \varphi_s} \cdot f_z \cdot \frac{B}{D} \sin\chi = \frac{360°}{\pi \cdot 73{,}74°} \cdot 0{,}25 \cdot \frac{15°}{25°} \cdot \sin 65° = \underline{\underline{0{,}21\ \text{mm}}}$$

Ermittlung der korrigierten spezifischen Schnittkraft aus Anhang 4.21, C45E (Ck45):

$\Rightarrow k_{c1.1} = 2220\ \text{N/mm}^2,\ z = 0{,}14$

Walzenfräsen

$$f_h = \frac{1}{h_m^z} = \frac{1}{0{,}04^{0{,}14}} = 1{,}57$$

$$f_\gamma = 1 - \frac{\gamma_{vorh} - \gamma_0}{100} = 1 - \frac{12° - 6°}{100} = 0{,}94$$

Stirnfräsen

$$f_h = \frac{1}{0{,}21^{0{,}14}} = 1{,}24$$

$$f_\gamma = 1 - \frac{\gamma_{vorh} - \gamma_0}{100} = 1 - \frac{12° - 6°}{100} = 0{,}94$$

$$f_{vc} = \frac{1{,}38}{v_c^{0{,}07}} = \frac{1{,}38}{120^{0{,}07}} = 0{,}99$$

$$f_f = 1{,}05 + \frac{1}{d} = 1{,}05 + \frac{1}{160} = 1{,}06$$

$$f_{st} = 1{,}2$$

$$f_{ver} = 1{,}3$$

$$f_{schn} = 1{,}2\ (SS)$$

$$f_{schm} = 0{,}9$$

$$f_{vc} = \frac{1{,}38}{v_c^{0{,}07}} = \frac{1{,}38}{120^{0{,}07}} = 0{,}99$$

$$f_f = 1{,}05 + \frac{1}{d} = 1{,}05 + \frac{1}{250} = 1{,}05$$

$$f_{st} = 1{,}2$$

$$f_{ver} = 1{,}3$$

$$f_{schn} = 1\ (\text{HM})$$

$$f_{schm} = 0{,}9$$

Walzenfräsen

$$k_{cKorr} = 2220 \cdot 1{,}57 \cdot 0{,}94 \cdot 0{,}99 \cdot 1{,}06 \cdot 1{,}2 \cdot 1{,}3 \cdot 1{,}2 \cdot 0{,}9 = 5793\ \text{N/mm}^2$$

$$F_{cm} = 165{,}5 \cdot 0{,}04 \cdot 5793 = 38373\ \text{N}$$

$$z_E = \frac{z_w \cdot \varphi_s}{360^\circ} = \frac{16 \cdot 20{,}4^\circ}{360^\circ} = 0{,}91$$

$$P_a = \frac{38373 \cdot 120 \cdot 0{,}91}{60 \cdot 10^3 \cdot 0{,}8} = \underline{\underline{87{,}3\ \text{kW}}}$$

Stirnfräsen

$$k_{cKorr} = 2220 \cdot 1{,}24 \cdot 0{,}94 \cdot 0{,}99 \cdot 1{,}05 \cdot 1{,}2 \cdot 1{,}3 \cdot 1 \cdot 0{,}9 = 3777\ \text{N/mm}^2$$

$$F_{cm} = 5{,}52 \cdot 0{,}21 \cdot 3777 = 4378\ \text{N}$$

$$z_E = \frac{z_w \cdot \varphi_s}{360^\circ} = \frac{16 \cdot 73{,}74^\circ}{360^\circ} = 3{,}28$$

$$P_a = \frac{4378 \cdot 120 \cdot 3{,}28}{60 \cdot 10^3 \cdot 0{,}8} = \underline{\underline{35{,}9\ \text{kW}}}$$

Ergebnis: Der Energieverbrauch ist beim Stirnfräsen geringer!

b) Vergleich: Zeitspanungsvolumen und Leistungseinheit

Walzenfräsen

$$v_f = f_z \cdot z \cdot n = \frac{0{,}25 \cdot 16 \cdot 120 \cdot 1000}{\pi \cdot 160} = 955\ \text{mm/min}$$

$$Q = a_P \cdot b \cdot v_f = 5 \cdot 150 \cdot 955 = 716{,}25\ \text{cm}^3/\text{min} \qquad P_c = P_a \cdot \eta_M = 87{,}3 \cdot 0{,}8 = 69{,}8\ \text{kW}$$

$$Q_P = \frac{Q}{P_c} = \frac{716{,}25}{69{,}8} = 10{,}3\ \text{cm}^3/\text{min kW}$$

Stirnfräsen

$$v_f = f_z \cdot z \cdot n = \frac{0{,}25 \cdot 16 \cdot 120 \cdot 1000}{\pi \cdot 250} = 611{,}5\ \text{mm/min}$$

$$Q = a_P \cdot b \cdot v_f = 5 \cdot 150 \cdot 611{,}5 = 458{,}63\ \text{cm}^3/\text{min} \qquad P_c = P_a \cdot \eta_M = 35{,}9 \cdot 0{,}8 = 28{,}7\ \text{kW}$$

$$Q_P = \frac{Q}{P_c} = \frac{458{,}63}{28{,}7} = 15{,}98\ \text{cm}^3/\text{min kW}$$

Ergebnis: Das Zeitspanungsvolumen ist beim Stirnfräsen größer als beim Walzenfräsen!

Lösung zu Beispiel 4

$$Q_P = \frac{Q}{P_c}$$

$$Q = Q_P \cdot P_c = 0{,}0157 \cdot 43 = 0{,}6751\ \mathrm{dm^3/min}$$

tatsächlich anfallendes Spanungsvolumen pro min

$$Q_W = 0{,}6751 \cdot 0{,}65 \cdot (1 - 0{,}35) = 0{,}285\ \mathrm{dm^3/min}$$

Raumbedarf dieser Spänemenge

$$Q_{Sp} = Q_W \cdot R = 0{,}285 \cdot 25 = 7{,}13\ \mathrm{dm^3/min}$$

erforderliches Volumen der Spänewanne

$$V_{Sp} = Q_{Sp} \cdot t_h = 7{,}13 \cdot 3 \cdot 8 \cdot 60 = 10{,}3\ \mathrm{m^3} \Rightarrow \underline{\underline{11\ \mathrm{m^3}}}$$

3.5 Räumen

3.5.1 Verwendete Formelzeichen

λ	[°]	Neigungswinkel
χ	[°]	Einstellwinkel
A_0	[mm²]	Kennquerschnitt der Räumnadel
a_1	[mm]	Länge der Führung der Räumnadel
a_2	[mm]	Länge des Schneidenteils der Räumnadel
a_3	[mm]	Länge der hinteren Führung der Räumnadel
a_p	[mm]	Schnittbreite der Räumnadel
b	[mm]	Spanungsbreite
C		Spanraumzahl
F_m	[N]	Zugkraft der Maschine
f_z	[mm]	Vorschub pro Schneide
f_{z1}	[mm]	Vorschub pro Schneide beim Schruppen
f_{z2}	[mm]	Vorschub pro Schneide beim Schlichten
H	[mm]	Arbeitshub beim Innenräumen
h	[mm]	Spanungsdicke
h_{ges}	[mm]	Bearbeitungsaufmass
L	[mm]	Gesamtlänge der Innenräumnadel
l	[mm]	Räumlänge im Werkstück
l_2	[mm]	Länge des Endstückes der Räumnadel
l_a	[mm]	Dicke der Anschlussplatte
P_a	[kW]	Maschinenantriebsleistung

P_c	[kW]	Schnittleistung
t	[mm]	Zahnteilung
t_1	[mm]	Teilung der Schruppzähne
t_2	[mm]	Teilung der Schlichtzähne
t_h	[min]	Prozesszeit
t_{min}	[mm]	kleinste zulässige Teilung
v_c	[m/min]	Schnittgeschwindigkeit
v_r	[m/min]	Rücklaufgeschwindigkeit
w	[mm]	Werkstückhöhe
x	[mm]	Zahnhöhe
z_1		Anzahl der Zähne für das Schruppen
z_2		Anzahl der Zähne für das Schlichten
z_3		Anzahl der Zähne für das Kalibrieren
z_E		Anzahl der im Eingriff befindlichen Zähne

3.5.2 Auswahl verwendeter Formeln

Kleinste zulässige Teilung unter Berücksichtigung des Spanraums

$$t_{min} = \sqrt[3]{l \cdot f_z \cdot C}$$

Anzahl der im Eingriff befindlichen Zähne

$$z_E = \frac{l}{t}$$

Spanungsbreite **Innenräumen** bei $\chi = 90°$

$$b = a_p$$

Spanungsbreite Außenräumen bei $\chi = 90° - \lambda$

$$b = \frac{ap}{\cos \lambda}$$

Teilung unter Berücksichtigung der zulässigen Festigkeit der Räumnadel

$$t_{min} = \frac{l \cdot a_p \cdot f_z \cdot k_{ckorr}}{A_0 \cdot \sigma_{zul}}$$

Teilung aufgrund der vorhandenen Räumkraft

$$t_{min} = \frac{l \cdot a_p \cdot f_z \cdot k_{ckorr}}{F_m}$$

Zähnezahl für das Schruppen

$$z_1 = \frac{h_{ges} - 5 \cdot f_{z2}}{f_{z1}}$$

Zähnezahl

Schlichten: $z_2 = 5$

Kalibrieren: $z_3 = 5$

Länge des Schneidenteils

$$a_2 = t_1 \cdot z_1 + t_2 \cdot (z_2 + z_3)$$

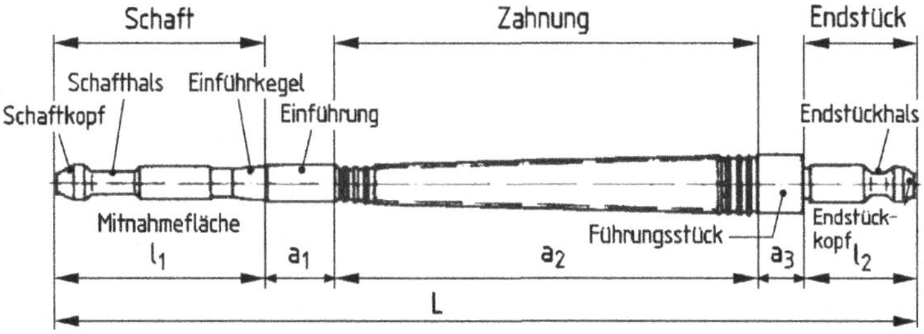

Aufbau einer Innenräumnadel

l_1 Schaft, a_1 Führung, a_2 Schneidenteil, a_3 Führung, l_2 Endstück, L Gesamtlänge

Spanungsdicke $h = f_z$

Gesamtlänge der Innenräumnadel $L = l_1 + a_1 + a_2 + a_3 + l_2$

Korrigierte spezifische Schnittkraft

$$k_{cKorr} = k_{c1\cdot 1} \cdot f_h \cdot f_\gamma \cdot f_{vc} \cdot f_f \cdot f_{st} \cdot f_{ver} \cdot f_{schn} \cdot f_{schm}$$

Korrekturfaktor für v_c $\quad f_{vc} = \dfrac{(100)^{0,1}}{v_{ctats}}$ bei $\mathbf{v_c < 20}$ **m/min**

Hauptschnittkraft $F_c = a_p \cdot f_z \cdot k_{cKorr} \cdot z_E$

Zahnhöhe $x = 0,4 \cdot t$

Schnittleistung $P_c = \dfrac{F_c \cdot v_c}{60 \cdot 10^3}$

Maschinenantriebsleistung $P_a = \dfrac{P_c}{\eta_M} = \dfrac{F_c \cdot v_c}{60 \cdot 10^3 \cdot \eta_M}$

Prozesszeit $t_h = \dfrac{H \cdot (v_c + v_r)}{v_c \cdot v_r}$

Arbeitshub beim Innenräumen $H = 1,2 \cdot l + a_2 + a_3 + l_2$

Arbeitshub beim Außenräumen $H = 1,2 \cdot L + l_a + w$

3.5.3 Berechnungsbeispiele

1. In die Bohrung der skizzierten Führungsbuchse aus 16MnCr5 soll eine Führungsnut durch Räumen eingearbeitet werden. Um die bestmögliche Fertigung zu finden, soll die Berechnung des Räumvorganges für zwei Alternativen durchgeführt werden.

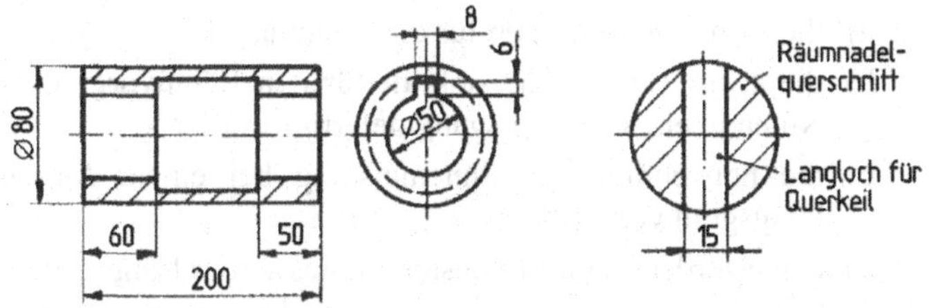

Fall I: Vorschub beim Schruppen 0,08 mm, Schneide beim Schlichten 0,01 mm

Fall II: Vorschub beim Schruppen 0,16 mm, Schneide beim Schlichten 0,01 mm

Der gefährdete Schaftdurchmesser der Räumnadel soll 8 mm kleiner sein als die Werkstückbohrung, er wird durch ein Querkeilloch 20 mm × 15 mm geschwächt. Der Räumnadelwerkstoff – 105 WCr 6 – hat eine Festigkeit von 350 N/mm^2.

Spanraumzahl 8

Verschleiß des Werkzeuges 35 %

Kühlschmiermittel: Räumöl Spanwinkel 15°

Schnittgeschwindigkeit 6 m/min

Ermitteln Sie:

a) die Zahnteilung der Räumnadel für das Schruppen und Schlichten
b) die Anzahl der im Eingriff befindlichen Zähne

c) die Zähnezahl für das Schruppen, Schlichten und Kalibrieren
d) die Länge des Schneidenteils der Räumnadel (Zahnbereich)
e) die korrigierte spezifische Schnittkraft
f) die Schnittkraft beim Schruppen
g) Festigkeitskontrolle der Räumnadel bei Räumvorgang I und II)
h) die Zahnhöhe
i) die Schnittleistung und die Maschinenantriebsleistung bei einem Wirkungsgrad von 75 %
j) die Prozesszeit, wenn das Endstück der Räumnadel 120 mm und die Führungslänge 40 mm beträgt. Die Rücklaufgeschwindigkeit wird mit 20 m/min gewählt.
k) Welche Alternative (Fall I oder Fall II) ist wirtschaftlicher?

2. In eine 130 mm lange Schiebemuffe aus 30CrNiMo8 sind drei Profilnuten zu räumen (siehe Skizze).

   Technische Vorgaben: Werkstoff der Räumnadel HSS mit R_m = 750 N/mm^2, Spanraumzahl 8, Vorschub für Schruppen 0,15 mm/Schneide, Vorschub für Schlichten 0,06 mm/Schneide, Spanwinkel 10°, Schnittgeschwindigkeit 4 m/min, Kühlschmiermittel: Räumöl, Verschleiß des Werkzeugs 40 %.

   Länge des Schaftes 100 mm
   Länge des Führungstückes 40 mm
   Länge des Endstückes 30 mm
   Länge der hinteren Führung 30 mm

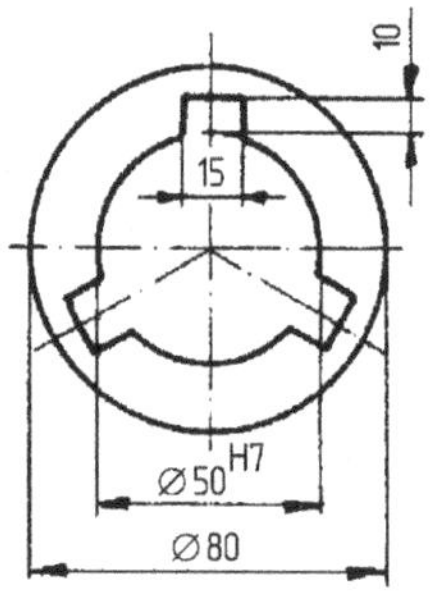

   Berechnen Sie:
   a) die Konstruktionsdaten für die Räumnadel
   b) die erforderliche Zerspankraft für den Räumvorgang, wenn die Nuten in einem Arbeitsgang gefertigt werden
   c) die notwendige Maschinenleistung bei einem Maschinenwirkungsgrad von 65 %
   d) den erforderlichen Mindestdurchmesser der Räumnadel.

3.5.4 Lösungen

Lösung zu Beispiel 1

a) Zahnteilung

Räumvorgang I	Räumvorgang II
$t_{min} = 3\sqrt{l \cdot f_z \cdot C}$	
Schruppen $t_{min} = 3\sqrt{110 \cdot 0{,}08 \cdot 8} = 25{,}2 \text{ mm} \approx 26 \text{ mm}$	Schruppen $t_{min} = 3\sqrt{110 \cdot 0{,}16 \cdot 8} = 35{,}6 \text{ mm} \approx 36 \text{ mm}$
Schlichten $t_{min} = 3\sqrt{110 \cdot 0{,}01 \cdot 8} = 8{,}9 \text{ mm} \approx 9 \text{ mm}$	Schlichten $t_{min} = 3\sqrt{110 \cdot 0{,}01 \cdot 8} = 8{,}9 \text{ mm} \approx 9 \text{ mm}$

b) Anzahl der im Eingriff befindlichen Zähne

Räumvorgang I			Räumvorgang II		
		$z_E = \frac{l}{t}$			
Schruppen	$z_E = \frac{100}{26} = 3{,}9 \approx 4$	Zähne	Schruppen	$z_E = \frac{100}{36} = 3{,}06 \approx 3$	Zähne
Schlichten	$z_E = \frac{110}{9} = 12{,}2 \approx 12$	Zähne	Schlichten	$z_E = 12$	Zähne

c) Zähnezahl für Schruppen, Schlichten und Kalibrieren

$z_1 = \frac{6 - 5 \cdot 0{,}01}{0{,}08}$ $z_1 = 74{,}3 \text{ Zähne} \approx \underline{\underline{74 \text{ Zähne}}}$	$z_1 = \frac{h - 5 \cdot f_{z2}}{f_{z1}}$	$z_1 = \frac{6 - 5 \cdot 0{,}01}{0{,}16}$ $z_1 = 37{,}2 \text{ Zähne} \approx \underline{\underline{37 \text{ Zähne}}}$

Hinweis: Für das Schlichten z_2 und Kalibrieren z_3 werden jeweils 5 Zähne angenommen.

d) Länge des Schneidenteils

Räumvorgang I	Räumvorgang II
$a_2 = t_1 \cdot z_1 + t_2 \cdot (z_2 + z_3)$	
$a_2 = 26 \cdot 74 + 8{,}9 \cdot (5 + 5)$ $a_2 = \underline{\underline{2013 \text{ mm}}}$	$a_2 = 36 \cdot 37 + 9 \cdot (5 + 5)$ $a_2 = \underline{\underline{1422 \text{ mm}}}$

e) Korrigierte spezifische Schnittkraft

Räumvorgang I	$k_{cKorr} = k_{c1\cdot 1}$ Korrekturfaktor $k_{c1.1} = 1600$ N/mm²; $z = 0{,}19$	Räumvorgang II
$f_h = \dfrac{1}{0{,}08^{0{,}19}} = 1{,}62$	$f_h = \dfrac{1}{h^z} \quad h \triangleq f_z$	$f_h = \dfrac{1}{0{,}16^{019}} = 1{,}42$
$f_\gamma = 1 - \dfrac{15° - 6°}{100} = 0{,}91$	$f_\gamma = 1 - \dfrac{\gamma_{tat} - \gamma_0}{100}$	$f_\gamma = 0{,}91$
$f_{vc} = \left(\dfrac{100}{6}\right)^{0{,}1} = 1{,}32$	bei $v_c < 20$ m / min $\Rightarrow f_{vc} = \left(\dfrac{100}{v_{ctat}}\right)^{0{,}1}$	$f_{vc} = 1{,}32$
	$f_f = 1{,}05$ $f_{st} = 1{,}1$ $f_{ver} = 1{,}35$ $f_{schst} = 1{,}2$ $f_{schm} = 0{,}85$	
$k_{cKorr2} =$ $1600 \cdot 1{,}62 \cdot 0{,}91 \cdot 1{,}32 \cdot 1{,}05 \cdot 1{,}1 \cdot 1{,}35 \cdot 1{,}2 \cdot 0.85$ $k_{cKorr2} = \underline{\underline{4952\ \text{N/mm}^2}}$		$k_{cKorr2} =$ $1600 \cdot 1{,}42 \cdot 0{,}91 \cdot 1{,}32 \cdot 1{,}05 \cdot 1{,}1 \cdot 1{,}35 \cdot 1{,}2 \cdot 0.85$ $k_{cKorr2} = \underline{\underline{4340\ \text{N/mm}^2}}$

f) Schnittkraft beim Schruppen

Räumvorgang I		Räumvorgang II
$F_{c1} = 8 \cdot 0{,}08 \cdot 4952 \cdot 4 = \underline{\underline{12677\ \text{N}}}$	$F_c = a_p \cdot f_z \cdot k_{cKorr} \cdot z_E$	$F_{c2} = 8 \cdot 0{,}16 \cdot 4340 \cdot 3 = \underline{\underline{16666\ \text{N}}}$

g) Festigkeitskontrolle der Räumnadel

Räumvorgang I	$A_0 = (50-8)^2 \cdot \dfrac{\pi}{4} = 754{,}74\,\text{mm}^2$	Räumvorgang II
$\sigma_{vorh\,1} = \dfrac{12677}{754{,}74} = 16{,}8$ N/mm²	$\sigma = \dfrac{F_c}{A_0}$	$\sigma_{vorh\,2} = \dfrac{16666}{754{,}74} = 22{,}1$ N/mm²
= 16,8 N/ mm²	$\sigma > \sigma_{vorh\,1}$ und $\sigma_{vorh\,2}$ 350 N/mm² > 16,8 N/mm² und 22,1 N/mm² ⇒ Räumnadel kann eingesetzt werden!	= 22,1 N/ mm²

h) Zahnhöhe

Räumvorgang I		Räumvorgang II
$x_1 = 0,4 \cdot 26 = 10,4$ mm	$x = 0,4 \cdot t$	$x_2 = 0,4 \cdot 36 = 14,4$ mm

i) Schnittleistung und Maschinenantriebsleistung

Räumvorgang I		Räumvorgang II
$P_{cI} = \frac{12677}{60 \cdot 10^3} = \underline{\underline{1,27\text{ kW}}}$	$P_c = \frac{F_c \cdot v_c}{60 \cdot 10^3}$	$P_{cII} = \frac{16666 \cdot 6}{60 \cdot 10^3} = \underline{\underline{1,7\text{ kW}}}$
$P_{aI} = \frac{P_c}{\eta_M} = \frac{1,27}{0,75} = \underline{\underline{1,7\text{ kW}}}$	$P_a = \frac{P_c}{\eta_M}$	$P_{aII} = \frac{P_c}{\eta_M} = \underline{\underline{2,3\text{ kW}}}$

j) Prozesszeit

Räumvorgang I		Räumvorgang II
$H = 1,2 \cdot l + a_2 + a_3 + l_2$ $H = 1,2 \cdot 200 + 2014 + 120 + 40 =$ $= 2414$ mm	$t_h = \frac{H \cdot (v_c + v_r)}{v_c + v_r}$	$H = 1,2 \cdot l + a_2 + a_3 + l_2$ $H = 1,2 \cdot 200 + 1422 + 120 + 40 =$ $= 1822$ mm
$t_{h1} = \frac{2,414 \cdot (6 + 20)}{6 \cdot 20} = \underline{\underline{0,52\text{ min}}}$		$t_{h1} = \frac{1,822 \cdot (6 + 20)}{6 \cdot 20} = \underline{\underline{0,39\text{ min}}}$

k) Beim Räumvorgang I ist die auftretende Schnittkraft geringer, die Prozesszeit aber größer.
⇒ Für den Fertigungsauftrag ist Verfahren II wirtschaftlicher!

Lösung zu Beispiel 2

a) Konstruktionswerte für die Räumnadel

Kleinste zulässige Teilung für das Schruppen

$t_{min} = 3\sqrt{l \cdot f_z \cdot C} = 3\sqrt{130 \cdot 0,15 \cdot 8} = 37,5$ mm gewählt ⇒ $t_{min} = 38$ mm

Kleinste zulässige Teilung für das Schlichten

$t_{min} = 3\sqrt{l \cdot f_z \cdot C} = 3\sqrt{130 \cdot 0,06 \cdot 8} = 23,7$ mm gewählt ⇒ $t_{min} = 24$ mm

Anzahl der im Eingriff befindlichen Zähne für das Schruppen

$$z_E = \frac{l}{t} = \frac{130}{38} = \underline{\underline{3,4}}$$

Anzahl der im Eingriff befindlichen Zähne für das Schlichten

$$z_E = \frac{l}{t} = \frac{130}{24} = \underline{\underline{5,4}}$$

Erforderliche Zähnezahl für das Schruppen und Schlichten

Schruppen

$$z_1 = \frac{h_{ges} - 5 \cdot f_{z2}}{f_{z1}} = \frac{10 - 5 \cdot 0,06}{0,15} = 64,66 \Rightarrow 65 \text{ Zähne}$$

Schlichten:

Für das Schlichten werden $z_2 = 5$ Zähne gewählt.

Kalibrieren:

Für das Kalibrieren werden ebenfalls $z_3 = 5$ Zähne gewählt

Länge des Schneidenteils

$$a_2 = t_1 \cdot z_1 + t_2 \cdot (z_2 + z_3) = 38 \cdot 65 + 24 \cdot (5 + 5) = 2470 + 240 = \underline{\underline{2710 \text{ mm}}}$$

b) maximale Zerspankraft beim Räumen

$$F_c = a_p \cdot f_z \cdot k_{cKorr} \cdot z_E$$

aus Anhang 4.2.1, 30CrNiMo8:

$\Rightarrow f_{c1.1} = 2300 \text{ N/mm}^2$; $1 - z = 0,81$

$$k_{cKorr} = k_{c1 \cdot 1} \cdot f_h \cdot f_\gamma \cdot f_{vc} \cdot f_f \cdot f_{st} \cdot f_{ver} \cdot f_{schn} \cdot f_{schm}$$

$$f_h = \frac{1}{h_m^z} = \frac{1}{0,15^{0,19}} = 1,43$$

$$f_\gamma = 1 - \frac{\gamma_{tat} - \gamma_0}{100} = 1 - \frac{10° - 6°}{100} = 0,96$$

$$f_{vc} = \left(\frac{100}{4}\right)^{0,1} = 1,38 \quad \text{weil } v_c < 20 \text{ m / min}$$

$$f_f = 1,05$$

$$f_{st} = 1,1$$

$$f_{ver} = 1,4$$

$$f_{schn} = 1,2$$

$$f_{schm} = 0,85$$

$$k_{cKorr} = 2300 \cdot 1,43 \cdot 0,96 \cdot 1,38 \cdot 1,05 \cdot 1,1 \cdot 1,4 \cdot 1,2 \cdot 0,85 = 7187 \text{ N/ mm}^2$$

$$F_c = a_p \cdot f_z \cdot k_{cKorr} \cdot z_E = 15 \cdot 0,15 \cdot 7187 \cdot 3,4 = \underline{\underline{54981 \text{ N}}}$$

Da gleichzeitig 3 Nuten geräumt werden, erhöht sich die Räumkraft auf

$$F_{cges} = 3 \cdot F_c = 3 \cdot 54981 = 164943 \approx \underline{\underline{165 \text{ kN}}}$$

c) Maschinenantriebsleistung

$$P_a = \frac{F_c \cdot v_c}{60 \cdot 10^3 \cdot \eta_M} = \frac{164943 \cdot 4}{60 \cdot 10^3 \cdot 0,65} = \underline{\underline{16,9 \text{ kW} \approx 17 \text{ kW}}}$$

d) erforderlicher Mindestdurchmesser der Räumnadel

$$\sigma = \frac{F_{ges}}{A}$$

$$A_{\text{min}} = \frac{F_{\text{ges}}}{\sigma} = \frac{164943}{750} = 220\ \text{mm}^2$$

$$A_{\text{min}} = \frac{d^2 \cdot \pi}{4}$$

$$d = \sqrt{\frac{A_{\text{m}} \cdot 4}{\pi}} = \sqrt{\frac{220 \cdot 4}{\pi}} = 16{,}7\ \text{mm} \quad \text{gewählt} \Rightarrow d = 18\ \text{mm}$$

3.6 Schleifen

3.6.1 Verwendete Formelzeichen

η_M	[%]	Maschinenwirkungsgrad
λ_{ke}	[mm]	effektiver Kornabstand
φ	[°]	Eingriffswinkel
a_c	[mm]	Zustellung beim Schleifen
a_e	[mm]	Schnittbreite
a_f	[mm]	Vorschubeingriff
a_p	[mm]	Schnitttiefe
B	[mm]	Schleifscheibenbreite
b	[mm]	Werkstückbreite
b_a	[mm]	Schleifscheibenweg-Überlauf
B_b	[mm]	Weg der Schleifscheibe in Querrichtung
Δd	[mm]	Durchmesserdifferenz
d_n	[mm]	Durchmesser nach dem Schleifen
D_s	[mm]	Schleifscheibendurchmesser
d_v	[mm]	Durchmesser vor dem Schleifen
d_w	[mm]	Werkstückdurchmesser
f	[mm]	Vorschub je Doppelhub
F_{cm}	[N]	mittlere Gesamthauptschnittkraft pro Schneide
f_h		Korrekturfaktor der Spanungstiefe
f_k		Korrekturfaktor, der den Einfluss der Korngröße berücksichtigt
F_m	[N]	mittlere Gesamthauptschnittkraft
h_m	[mm]	Mittenspanungsdicke
i		Anzahl der Schliffe mit Ausfeuern
k		Korrekturfaktor, der den Einfluss der Korngröße berücksichtigt
k_{cKorr}	[N/mm²]	korrigierte spezifische Schnittkraft
L	[mm]	Schleifscheibenweg in Längsrichtung
l_a	[mm]	Schleifscheibenweg-Anlauf

l_u	[mm]	Oberlaufweg
$l_ü$	[mm]	Überlaufweg
L_w	[mm]	Werkstücklänge
n	[DH/min]	Anzahl der Doppelhübe pro min
n_s	[min^{-1}]	Drehzahl der Schleifscheibe
n_w	[min^{-1}]	Drehzahl des Werkstückes
P_a	[kW]	Maschinenantriebsleistung
q		Geschwindigkeitsverhältniszahl
s	[mm]	Längshub beim Schleifen
t_h	[min]	Prozesszeit
v_c	[m/s]	Schnittgeschwindigkeit der Schleifscheibe
v_f	[mm/min]	Vorschubgeschwindigkeit
v_w	[m/s]	Umfangsgeschwindigkeit des Werkstückes
z_E		Anzahl der im Eingriff befindlichen Schneiden
z_h	[mm]	Schleifzugabe

3.6.2 Auswahl verwendeter Formeln

Eingriffswinkel beim Umfangsschleifen (Flachschleifen)

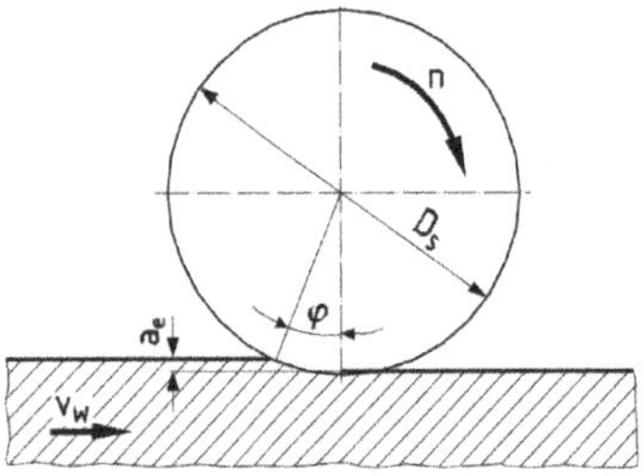

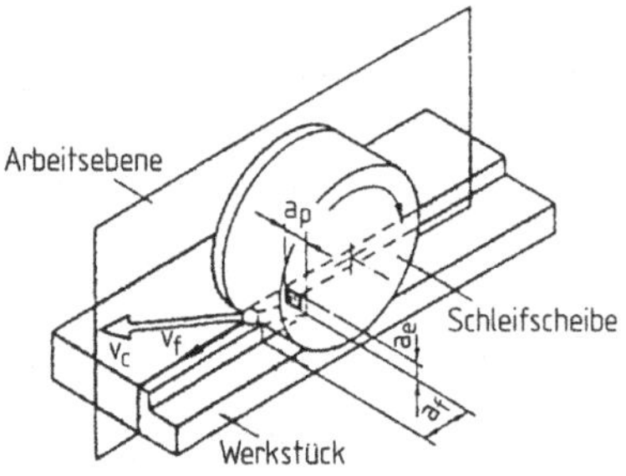

Eingriffswinkel φ

$$\cos\varphi = 1 - \frac{2 \cdot a_e}{D_s}$$

Eingriffswinkel beim Stirnschleifen (Flachschleifen)

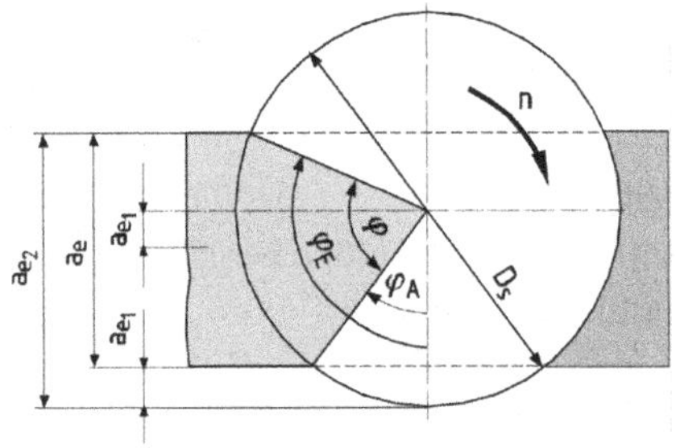

Zerspanungsgrössen beim Seitenschleifen

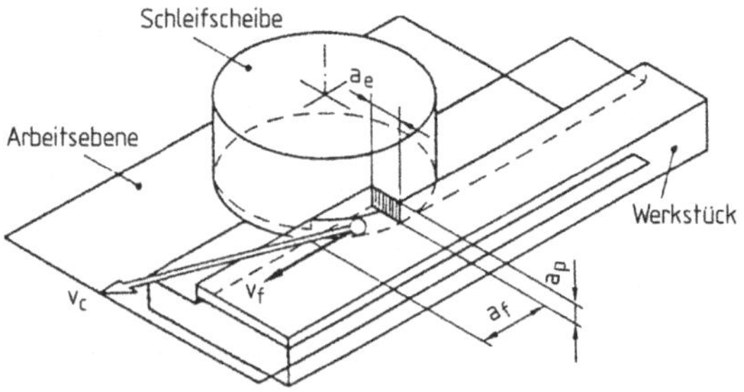

Eingriffswinkel φ

$$\varphi = \varphi_E - \varphi_A \qquad \cos\varphi_A = 1 - \frac{2 \cdot a_{e1}}{D_s} \qquad \cos\varphi_E = 1 - \frac{2 \cdot a_{e2}}{D_s}$$

Eingriffswinkel beim Rundschleifen (Näherungsformel)
Rundschleifen (Näherungsformel)

$$\varphi = \frac{360°}{\pi} \cdot \sqrt{\frac{a_e}{D_s\left(1 \pm \frac{D_s}{d}\right)}}$$

+ für Außenrundschleifen
– für Innenrundschleifen

Mittenspanungsdicke

$$h_m = f_z \sqrt{\frac{a_c}{D_s}}$$

Flachschleifen

$$h_m = \frac{\lambda_{ke}}{q} \sqrt{\frac{a_c}{D_s}}$$

Mittenspanungsdicke unter Berücksichtigung des effektiven Kornabstandes und des Geschwindigkeitverhältnisses

Rundschleifen

$$h_m = \frac{\lambda_{ke}}{q} \sqrt{a_c\left(\frac{1}{D_s} \pm \frac{1}{d}\right)}$$

+ für Außenrundschleifen
– für Innenrundschleifen

Maschinenantriebsleistung

$$P_a = \frac{F_m \cdot v_c}{10^3 \cdot \eta_M}$$

mittlere Gesamt-Hauptschnittkraft

$$F_m = z_E \cdot F_{cm}$$
$$F_{cm} = b \cdot h_m \cdot k_{ckorr}$$
$$k_{ckorr} = k_{c1.1} \cdot f_h \cdot f_k$$

Anzahl der im Eingriff befindlichen Schneiden

$$z_E = \frac{D_s \cdot \pi \cdot \varphi}{\lambda_{ke} \cdot 360°}$$

Umfangsgeschwindigkeit der Schleifscheibe

$$V_c = \frac{D_s \cdot \pi \cdot n_s}{60 \cdot 10^3}$$

Umfangsgeschwindigkeit des Werkstückes

$$V_w = \frac{d \cdot \pi \cdot n_w}{60 \cdot 10^3}$$

Geschwindigkeitsverhältnis

$$q = \frac{v_c}{v_w}$$

Prozesszeit beim Flachschleifen

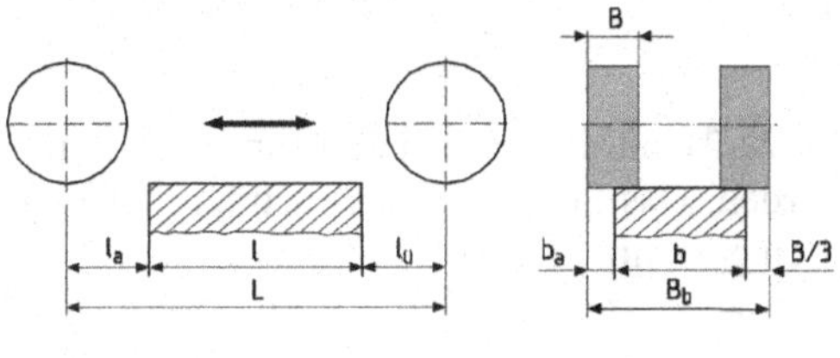

Umfangsschleifen

$$t_h = \frac{B_b \cdot i}{f \cdot n}$$

Weg der Schleifscheibe in Querrichtung (Flachschleifen)

$$B_b = \frac{2}{3} \cdot B + b$$

$$b_a = \frac{1}{3} \cdot B$$

Prinzip des Flachschleifens – Umfangsschleifens

Weg der Schleifscheibe in Längsrichtung (Flachschleifen)

$$L = l_a + l + l_ü$$

Anzahl der Doppelhübe

$$n = \frac{v_W}{2 \cdot L}$$

Anzahl der Schliffe (Außen- und Innenrundschleifen)

$$i = \frac{\Delta d}{2 \cdot a_c} + 8$$

Anzahl der Doppelhübe beim Ausfeuern = 8

Prozesszeit beim Stirnschleifen

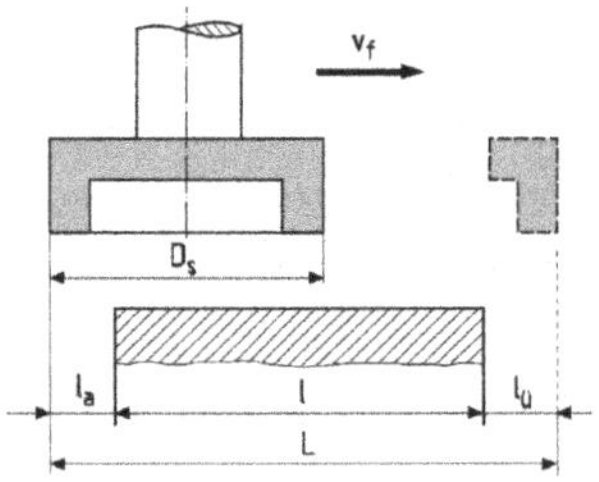

Stirnschleifen

$$t_h = \frac{i}{n}$$

Prinzip des Flachschleifens – Stirnschleifen

Prozesszeit beim Außen- und Innenrundschleifen

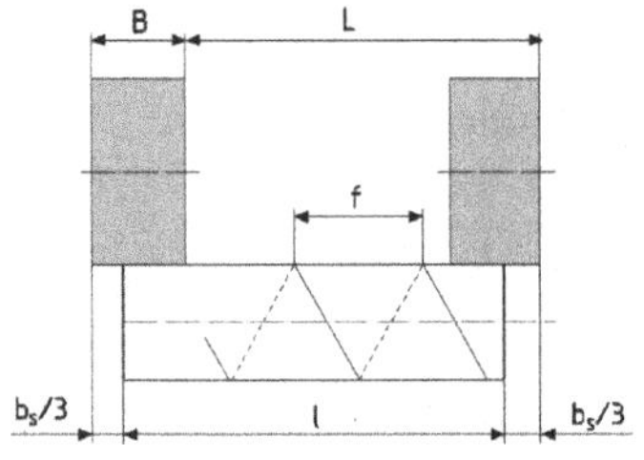

Außen- und Innenrundschleifen

$$t_h = \frac{L \cdot i}{f \cdot n_W}$$

Durchmesser differenz

$$\Delta d = d_v - d_n$$

Anzahl der Schliffe (Außen- und Innenrundschleifen)

$$i = \frac{\Delta d}{2 \cdot a_c} + 8$$

Weg der Schleifscheibe in Längsrichtung (Außen- und Innenrundschleifen)

$$L = l - \frac{1}{3} \cdot B$$

3.6.3 Berechnungsbeispiele

1. Die Fläche eines Anschlagwinkels aus E360 (St 70-2) mit den Maßen 250 mm × 200 mm × 15 mm, soll an einer Fläche plangeschliffen werden. Das Schleifaufmass beträgt 0,04 mm. Als Schleifverfahren wird Umfangs-Planschleifen gewählt.

   Technische Daten:

Werkzeug:	Schleifscheibe EK46K14	
	Schleifscheibenabmessung ∅ 150 mm × 25 mm	
	Schnittdaten: Schnittgeschwindigkeit	30 m/s
	Vorschub je Doppelhub	2 mm
	Schnitttiefe	0,01 mm

Werkstück: Werkstückgeschwindigkeit 15 m/min
Geschwindigkeitsverhältniszahl 120
An- und Überlauf in Längsrichtung je 25 mm

Berechnen Sie:

a) die Maschinenantriebsleistung bei einem Maschinenwirkungsgrad von 80 %
b) die Prozesszeit

2. Der Zylinder einer Einziehstrebe aus G-AlSi6Cu4 mit den Maßen ∅ 30 mm × 150 mm soll durch Innenrundschleifen auf das Fertigmaß ∅ 30,01 geschliffen werden.

   Folgende Werkzeuge und Schnittdaten sind bekannt:

   Schleifscheibe SC60J9, Durchmesser 20 mm, Breite 40 mm, Körnung 60
   Schnittgeschwindigkeit 25 m/s, Vorschub 5 mm
   Werkstückgeschwindigkeit 0,42 m/s
   Geschwindigkeitsverhältniszahl 60
   Zustellung 0,001 mm, Überschliffzahl 8

   Berechnen Sie:

   a) die Drehzahl der Schleifscheibe und des Werkstücks
   b) die Schnittkraft
   c) die Prozesszeit.

3.6.4 Lösungen

Lösung zu Beispiel 1

a) Maschinenantriebsleistung

$$P_a = \frac{F_m \cdot v_c}{10^3 \cdot \eta_M}$$

$$F_m = F_{cm} \cdot z_E$$

$$F_{cm} = b \cdot h_m \cdot k_{ckorr}$$

Mittenspandicke

aus Anhang 4.2.6:
bei $a_c = 0{,}01$ und Körnung bis 60 ⇒ $\lambda_{Ke} = 33$

$$h_m = \frac{\lambda_{Ke}}{q} \cdot \sqrt{\frac{a_c}{D_s}} = \frac{33}{120} \cdot \sqrt{\frac{0{,}01}{150}} = 0{,}00225 \text{ mm}$$

aus Anhang 4.2.1:
E360 (St70-2):
$\Rightarrow k_{c1.1} = 2430 \text{ N/ mm}^2,\ z = 0{,}16$

Korrektur der Spanungsdicke

$$f_h = \frac{1}{h_m^z} = \frac{1}{0{,}00225^{0{,}16}} = 2{,}65$$

Hinweis: Beim Schleifen wird die spezifische Schnittkraft nur durch den Korrekturfaktor k korrigiert. Er berücksichtigt den Einfluss der Korngröße.

somit: aus Anhang 4.2.6 ⇒ $k = 4{,}3$

$$k_{\text{cKorr}} = k_{\text{c1.1}} \cdot f_{\text{h}} \cdot k$$

$$F_{\text{cm}} = 25 \cdot 0{,}00225 \cdot 2430 \cdot 2{,}65 \cdot 4{,}3 = \underline{\underline{1560\ \text{N}}}$$

Anzahl der im Eingriff befindlichen Schneiden

$$z_{\text{E}} = \frac{D_{\text{s}} \cdot \pi \cdot \varphi}{\lambda_{\text{Ke}} \cdot 360°}$$

Eingriffswinkel

$$\cos\varphi = 1 - \frac{2 \cdot a_{\text{e}}}{D_{\text{s}}} = 1 - \frac{2 \cdot 0{,}01}{150} = 0{,}999$$

$$\varphi = 0{,}93°$$

$$z_{\text{E}} = \frac{150 \cdot \pi \cdot 0{,}93°}{33 \cdot 360°} = 0{,}0369$$

$$F_{\text{m}} = F_{\text{cm}} \cdot z_{\text{E}} = 1560 \cdot 0{,}0369 = \underline{\underline{57{,}5\ \text{N}}}$$

$$P_{\text{a}} = \frac{57{,}5 \cdot 30}{10^3 \cdot 0{,}8} = \underline{\underline{2{,}2\ \text{kW}}}$$

b) Prozesszeit

Anzahl der Schnitte

$$B_{\text{b}} = \frac{2}{3} \cdot B + b = \frac{2}{3} \cdot 25 + 200 = 217\ \text{mm}$$

$$f = 2{,}0\ \text{mm/ Hub} = 4\ \text{mm/ DH}$$

$$i = \frac{\text{Bearbeitungszugabe}}{a_{\text{e}}} + 8 = \frac{0{,}04}{0{,}01} + 8 = 12$$

$$L = l_{\text{a}} + l + l_{\text{n}} = 25 + 250 + 25 = 300\ \text{mm}$$

$$n = \frac{v_{\text{W}}}{2 \cdot \text{L}} = \frac{15}{2 \cdot 0{,}3} = 25\ \text{DH/min}$$

$$t_{\text{h}} = \frac{B_{\text{b}} \cdot i}{f \cdot n} = \frac{217 \cdot 12}{4 \cdot 25} = \underline{\underline{26\ \text{min}}}$$

Lösung zu Beispiel 2

a) Drehzahl der Schleifscheibe

$$n_{\text{s}} = \frac{v_{\text{c}}}{\pi \cdot d_{\text{s}}} = \frac{25 \cdot 60}{\pi \cdot 0{,}02} = \underline{\underline{23873\ \text{min}^{-1}}}$$

Drehzahl des Werkstücks

$$n_W = \frac{v_W \cdot 60 \cdot 10^3}{d \cdot \pi} = \frac{0,42 \cdot 60 \cdot 10^3}{30 \cdot \pi} = \underline{\underline{267\ \text{min}^{-1}}}$$

Geschwindigkeitsverhältniszahl

$$q = \frac{v_c}{v_W} = \frac{25}{0,42} = 59,5 \quad \text{gewählt} \Rightarrow q = 60$$

b) Schnittkraft

$$F_m = b \cdot h_m \cdot k_{cKorr} \cdot z_E$$

$b = 40$ mm (wirksame Schleifbreite)

$$f = \frac{b}{ü} = \frac{40}{8} = 5\ \text{mm}$$

mittlere Spandicke

aus Anhang 4.2.6:
bei $a_c = 0,003$ und Körnung bis 60 ⇒ $\lambda_{ke} = 39$

$$h_m = \frac{\lambda_{ke}}{q} \cdot \sqrt{a_c \left(\frac{1}{D_s} - \frac{1}{d}\right)} = \frac{39}{60} \cdot \sqrt{0,003 \cdot \left(\frac{1}{20} - \frac{1}{30}\right)} = 0,005\ \text{mm}$$

$$f_h = \frac{1}{h_m^z} = \frac{1}{0,005^{0,27}} = 4,18$$

aus Anhang 4.2.1, AlSi6Cu4:
$\Rightarrow k_{c1.1} = 460\ \text{N/mm}^2,\ z = 0,27$
aus Anhang 4.2.6:
Korrekturfaktor $k = 3,2$

$$k_{cKorr} = k_{c1\cdot 1} \cdot f_h \cdot k$$

$$k_{cKorr} = 460 \cdot 4,18 \cdot 3,2 = 6153\ \text{N/mm}^2$$

Anzahl der im Eingriff befindlichen Schneiden

$$z_E = \frac{D_s \cdot \pi \cdot \varphi}{\lambda_{Ke} \cdot 360^\circ}$$

Eingriffswinkel

$$\varphi = \frac{360^\circ}{\pi} \cdot \sqrt{\frac{a_e}{D_s \cdot \left(1 - \frac{D_s}{d}\right)}} = \frac{360}{\pi} \cdot \sqrt{\frac{0,003}{20 \cdot \left(1 - \frac{20}{30}\right)}} = 2,44^\circ$$

$$z_E = \frac{20 \cdot \pi \cdot 2,44}{39 \cdot 360^\circ} = 0,011$$

$$F_m = 40 \cdot 0,005 \cdot 6153 \cdot 0,011 = \underline{\underline{13,55\ \text{N}}} \approx \underline{\underline{14\ \text{N}}}$$

c) Prozesszeit

$$t_h = \frac{L \cdot i}{v_f}$$

$$L = l - \frac{1}{3} \cdot B = 150 - \frac{40}{3} = 137 \text{ mm}$$

Anzahl der Schnitte

$$i = \frac{\Delta d}{a_c} + 8 = \frac{30,01 - 30}{0,001} + 8 = 18$$

$$v_f = f \cdot n_W = 5 \cdot 267 = 1335 \text{ mm/ min}$$

$$t_h = \frac{137 \cdot 18}{1335} = \underline{\underline{1,85 \text{ min}}}$$

3.7 Projektaufgabe

1. Die skizzierte Flanschbuchse aus GS-42CrMo4 (R_m = 1000 N/mm²) ist als Ersatzteil wirtschaftlich herzustellen.

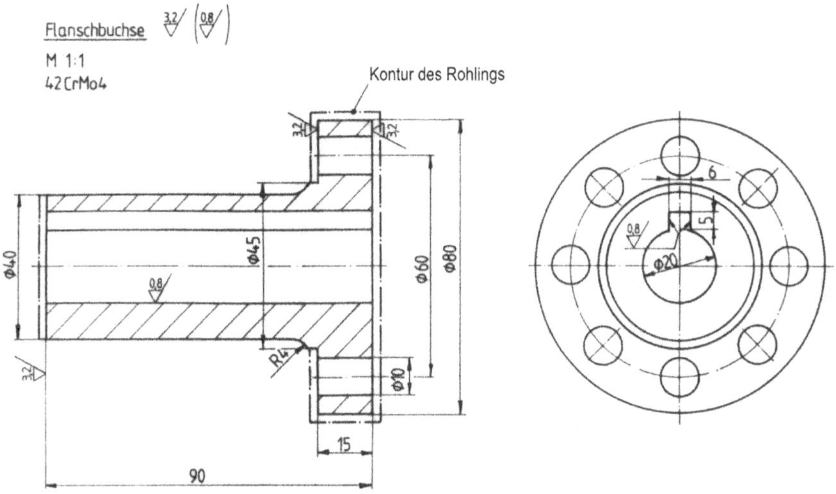

Es stehen vier Drehmaschinen mit unterschiedlicher Leistung zur Verfügung. Maschine A mit 5 kW, Maschine B mit 7 kW, Maschine C mit 10 kW und Maschine D mit 14 kW.

Für das Herstellen der Nut ist eine Räummaschine vorgesehen, eine Räumnadel mit den passenden Nutabmessungen ist ebenfalls vorhanden.

Maße des Werkstückrohlings: ∅ 84 mm × 96 mm.

Die Bohrung ∅ 20 mm ist auf ∅ 15 mm vorgegossen.

Bearbeitet werden die beiden Stirnflächen des Werkstücks und der Flanschaußendurchmesser.

Die rechte Flanschstirnfläche soll in einem Schnitt überdreht werden.

Schnittdaten: Schnitttiefe bei allen Arbeitsstufen 2 mm, Vorschub 0,25 mm.

Hinweis: Die für die Berechnung erforderlichen Richtwerte befinden sich im Anhang, s. 3.9.

Arbeitsaufträge:

a) Erstellen Sie unter Verwendung der vorliegenden Daten einen grobstrukturierten Arbeitsplan für den o. a. Arbeitsauftrag mit Angabe der wesentlichsten Arbeitsgänge (Schnittdaten, Werkzeugwahl, Schneidstoffe und Maschinenwahl). Schneidstoff: Drehwerkzeug P 30, Bohrer SS, Räumnadel SS.

b) Wählen Sie die geeignete Drehmaschine entsprechend der erforderlichen Leistung aus. Maschinenwirkungsgrad 80 %, Spanwinkel am Drehmeißel –18°, Einstellwinkel 35°, Werkzeug arbeitsscharf, Kühlemulsion.

c) Kontrollieren Sie, ob für das Aufbohren die vorhandene Maschinenleistung ausreichend ist, wenn der Maschinenwirkungsgrad 80 % beträgt. Werkzeug ist ein Wendelsenker mit 3 Schneiden, Spitzenwinkel 130°, Spanwinkel 20°, arbeitsscharf, Kühlemulsion.

d) Berechnen Sie für den Räumvorgang unter Verwendung einer geradverzahnten Räumnadel die Hauptschnittkraft und entscheiden Sie, ob die maximale Zugkraft der Räummaschine von 100 kN ausreicht. Spanraumzahl der Räumnadel C = 8, Vorschub (Schruppen) 0,1 mm, Vorschub (Schlichten) 0,03 mm, Spanwinkel 15°, Verschleiß 20 %, Schmierung durch Räumöl. Schnittgeschwindigkeit aus der Tabelle entnehmen – niedrigster Tabellenwert!

   Rücklaufgeschwindigkeit beträgt das 10-fache der Schnittgeschwindigkeit, Länge der Führung 20 mm, Länge des Endstücks 120 mm.

e) Ermitteln Sie die Auftragszeit zum Fertigen des gesamten Werkstücks (Drehen, Aufbohren, Bohren, Räumen) unter Berücksichtigung der folgenden Angaben: Einzustellende Drehzahl jeweils Grundreihe R 20, An- und Überlauf beim Drehen je 3 mm, Überlauf beim Bohren und Aufbohren 2 mm, für das Rüsten werden insgesamt 30 min angesetzt, Verteilzeit 10 %, Erholzeit 3 %.

3.7.1 Lösung zur Projektaufgabe

a) Arbeitsplan

	Werkzeug-Maschine	Werkzeug	a_p (mm)	f (mm)	v_c (m/min)
1. Drehen					
– Rohling spannen	P_a = 10 kW	P30			
– rechte Stirnseite planen		abgesetzter	2	0,25	
– Flansch auf ∅ 80 drehen		Seitendreh-			
– Werkstück umspannen und auf Länge 90 mm drehen		meißel	0,5	0,25	190
– Flanschrückseite planen					
Aufbohren		Wendel-			
– Bohrung von ∅ 15 auf ∅ 20 aufbohren	P_a = 10 kW	senker			
		(Aufbohrer)			
		SS-Stahl			
		∅ 20			
2. Bohren der 8 Flanschbohrungen		Wendel-		0,25	20
– Flanschbohrungen anreißen, körnen		bohrer			
		SS-Stahl			
– Werkstück spannen		∅ 10			
– Bohren, 8 × ∅ 10					
3. Räumen					
– Werkstück spannen	P_a = 10 kW	Räumnadel	6	0,1	1,5
		HSS			
– Passfedernut 6 × 5 × 90 räumen				0,03	1,5

b) Wahl der geeigneten Drehmaschine Maschinenantriebsleistung

$$P_a = \frac{F_c \cdot v_c}{\eta_M}$$

$F_c = b \cdot h \cdot k_{cKorr}$; F_c – Gesamtschnittkraft

$$f_h = \frac{1}{h^z}$$

$$f_h = \frac{1}{0{,}14^{0{,}14}} = 1{,}32$$

Anhang 4.2.1, 42CrMo4:

$\Rightarrow k_{c1.1} = 2720\ \text{N/mm}^2,\ z = 0{,}14$

$$b = \frac{a_p}{\sin\chi} = \frac{2\ \text{mm}}{\sin 35^\circ} = 3{,}49\ \text{mm}$$

$$h = f_z \cdot \sin\chi = 0{,}25\ \text{mm} \cdot \sin 35^\circ = 0{,}14\ \text{mm}$$

$$f_\gamma = 1 - \frac{\gamma_{tat} \cdot \gamma_0}{100} = 1 - \frac{-18° - 6°}{100} = 1,24$$

$$f_{vc} = \frac{1,38}{v_c^{0,07}} = \frac{1,38}{190^{0,07}} = 0,96$$

aus Anhang 4.2.3:
Vergütungsstahl (R_m = 1000 N/mm²)
$\Rightarrow v_c = 190 \text{ m / min}$

$f_f = 1$

$f_{st} = 1$

$f_{ver} = 1$

$f_{schn} = 1$

$f_{schm} = 0,9$; alle Korrekturfaktoren f dimensionslos

$$k_{cKorr} = k_{c1.1} \cdot f_n \cdot f_\gamma \cdot f_{vc} \cdot f_f \cdot f_{st} \cdot f_{ver} \cdot f_{schn} \cdot f_{schm}$$

$$k_{cKorr} = 2720 \text{ N/mm}^2 \cdot 1,32 \cdot 1,24 \cdot 0,96 \cdot 1 \cdot 1 \cdot 1 \cdot 1 \cdot 0,9 = 3847 \text{ N/mm}^2$$

$$F_c = 3,49 \text{ mm} \cdot 0,14 \text{ mm} \cdot 3847 \text{ N/mm}^2 = 1880 \text{ N}$$

$$P_a = 1880 \text{ N} \cdot 190 \text{ m/min} = 446500 \text{ N} \cdot \text{m/min} = 7441,67 \frac{\text{Nm}}{\text{s}} = \underline{\underline{7,4 \text{ kW}}}$$

Für den Fertigungsauftrag ist die Maschine C ⇒ P_a = 10 kW auszuwählen!

c) Maschinenantriebsleistung für das Aufbohren

$$P_a = \frac{F_{cz} \cdot v_c \cdot \left(1 + \frac{d}{D}\right) \cdot Z_E}{2 \cdot \eta_M}$$

$$f_z = \frac{f}{z} = \frac{0,25 \text{ mm}}{3} = 0,08 \text{ min}$$

$$F_{cz} = \frac{D - d}{2} \cdot f_z \cdot k_{cKorr}$$

$$\chi = \frac{\sigma}{2} = \frac{130°}{2} = 65°$$

$h = f_z \cdot \sin \chi$; Spandicke pro Schneide

$$h = 0,08 \cdot \sin \frac{130°}{2} = 0,07 \text{ mm}$$

$$f_h = \frac{1}{h_z^z} = \frac{1}{0,07^{0,14}} = 1,45$$

$$f_\gamma = 1 - \frac{\gamma_{tat}^{-80} \cdot \gamma_0}{100} = 1 - \frac{20° - 6°}{100} = 0,86$$

$$f_{vc} = \frac{2,023}{v_c^{0,153}} = \frac{2,023}{20^{0,153}} = 1,28$$

$$f_f = 1,05 + \frac{1}{d} = 1,05 + \frac{1}{20} = 1,1$$

aus Anhang 4.2.4:
$\Rightarrow v_c = 20 \text{ m / min}$

$f_{st} = 1,2$

$f_{ver} = 1$

$f_{schst} = 1,2$

$f_{schm} = 0,9$

$$k_{cKorr} = 2720\ \text{N/mm}^2 \cdot 1{,}45 \cdot 0{,}86 \cdot 1{,}28 \cdot 1{,}1 \cdot 1{,}2 \cdot 1 \cdot 1{,}2 \cdot 0{,}9 = 6189\ \text{N/mm}^2$$

$$F_{cz} = \frac{20\ \text{mm} - 15\ \text{mm}}{2} \cdot 0{,}08\ \text{mm} \cdot 6189\ \text{N/mm}^2 = 1238\ \text{N}$$

$$P_a = \frac{1238\ \text{N} \cdot 20\ \text{m/min} \cdot \left(1 + \frac{15\ \text{mm}}{20\ \text{mm}}\right) \cdot 3}{2 \cdot 0{,}8} = 81243{,}75\ \text{N} \cdot \text{m/min} = 1354{,}06\ \text{Nm/s} = \underline{\underline{1{,}35\ \text{kW}}}$$

Die Maschine C ⇒ $P_a = 10$ kW kann für das Aufbohren eingesetzt werden!

d) Räumen

Abmessungen der Räumnadel <u>Schruppen</u>

$$t_{min} = 3 \cdot \sqrt{l \cdot f_z \cdot C} = 3 \cdot \sqrt{90\ \text{mm} \cdot 0{,}1\ \text{mm} \cdot 8} = 25{,}45\ \text{mm} \qquad \text{gewählt} \Rightarrow t_{min} = 26\ \text{mm}$$

<u>Schlichten</u>

$$t_{min} = 3 \cdot \sqrt{l \cdot f_z \cdot C} = 3 \cdot \sqrt{90\ \text{mm} \cdot 0{,}03\ \text{mm} \cdot 8} = 13{,}94\ \text{mm} \qquad \text{gewählt} \Rightarrow t_{min} = 14\ \text{mm}$$

Zähnezahl für das Schruppen

$$z_1 = \frac{h_{ges} - 5 \cdot f_{z2}}{f_{z1}} = \frac{5\ \text{mm} - 5 \cdot 0{,}03\ \text{mm}}{0{,}1\ \text{mm}} = 48{,}5 \approx 49\ \text{Zähne}$$

Länge des Schneidenteils

$$a_2 = t_1 \cdot z_1 + t_2 \cdot (z_2 + z_3) = 26\ \text{mm} \cdot 49 + 14\ \text{mm} \cdot (5 + 5) = 1414\ \text{mm}$$

$z_2 = 5$ Zähne (Schlichten)
$z_3 = 5$ Zähne (Kalibrieren)

Anzahl der im Eingriff befindlichen Zähne

$$z_E = \frac{l}{t_{min\ Schruppen}} = \frac{90\ \text{mm}}{26\ \text{mm}} = 3{,}46 \approx 4\ \text{Zähne}$$

Räumkraft (Hauptschnittkraft)

$$F_c = a_p \cdot f_z \cdot k_{ckorr} \cdot z_E$$

Spanungsdichte pro Zahn

$$h_z \mathrel{\hat{=}} f_z = 0{,}1\ \text{mm}$$

$$f_h = \frac{1}{h_z} = \frac{1}{0{,}1^{0{,}14}} = 1{,}38$$

$$f_\gamma = 1 - \frac{\gamma_{tat} \cdot \gamma_0}{100} = 1 - \frac{15° - 6°}{100} = 0{,}91$$

$$f_{vc} = \left(\frac{100}{v_{ctats}}\right)^{0{,}1} \quad \text{bei } v_c < 20\ \text{m / min}$$

aus Anhang 4.2.5:
$\Rightarrow v_c = 2$ m / min

$$f_{vc} = \left(\frac{100}{2}\right)^{0{,}1} = 1{,}48$$

$$f_f = 1{,}05$$

$$f_{st} = 1{,}1$$

$f_{ver} = 1,2$

$f_{schn} = 1,2$

$f_{schm} = 0,85$; alle Korrekturfaktoren f dimensionslos

$k_{cKorr} = 2720 \text{ N/mm}^2 \cdot 1,38 \cdot 0,91 \cdot 1,48 \cdot 1,05 \cdot 1,1 \cdot 1,2 \cdot 1,2 \cdot 0,85 = 7147 \text{ N/mm}^2$

$F_c = 6 \text{ mm} \cdot 0,1 \text{ m} \cdot 7147 \text{ N/mm}^2 \cdot 4 = 17153 \text{ N} \approx \underline{\underline{17,2 \text{ kN}}}$

Die Räummaschine kann eingesetzt werden, weil $F_{c\,vorh} > F_{c\,tat}$ (100 kN > 17,2 kN) ist!

e) Auftragszeit

$T = t_r + m \cdot t_e$

$t_e = t_h + t_n + t_{er} + t_v$; alle t in [min]

Berechnung der einzelnen Prozesszeiten:

I. Planen der rechten Flanschseite

$$t_{h1} = \frac{L \cdot i}{f \cdot n} \qquad L = \frac{d_a - d_i}{2} + l_a + l_ü = \frac{84 \text{ mm} - 15 \text{ mm}}{2} + 3 \text{ mm} + 3 \text{ mm} = 40,5 \text{ mm}$$

$$n = \frac{v_c \cdot 1000}{d_a \cdot \pi} = \frac{190 \text{ m/min} \cdot 1000}{84 \text{ mm} \cdot \pi} = 720 \text{ min}^{-1}$$

$$t_{h1} = \frac{40,5 \text{ mm} \cdot 1}{0,25 \text{ mm} \cdot 710 \text{ min}^{-1}} = 0,228 \text{ min}$$

gewählt ⇒ $n = 710 \text{ min}^{-1}$
(Grundreihe R20, Anhang 4.2.2)

II. Längsdrehen des Flanschdurchmessers ∅ 84 mm auf ∅ 80 mm

$$t_{h2} = \frac{L \cdot i}{f \cdot n} = \frac{L \cdot d \cdot \pi \cdot i}{f \cdot v_c \cdot 1000} \qquad L = 17 \text{ mm} + 3 \text{ mm} + 3 \text{ mm} = 23 \text{ mm}$$

$d = 84$ mm

$v_c = 190$ m / min

$i = 1$

$a_P = 2$ min

$$t_{h2} = \frac{L \cdot d \cdot \pi \cdot i}{f \cdot v_c \cdot 1000} = \frac{23 \text{ mm} \cdot 84 \text{ mm} \cdot \pi \cdot 1}{0,25 \text{ mm} \cdot 190 \text{ m/min} \cdot 1000} = \underline{\underline{0,127 \text{ min}}}$$

III. Umspannen und Rückseite des Flansch planen

$$t_{h3} = \frac{L \cdot i}{f \cdot n} = \frac{15,5 \text{ mm} \cdot 1}{0,25 \text{ mm} \cdot 710 \text{ min}^{-1}} = 0,087 \text{ min}$$

$$L = \frac{d_a - d_i}{2} + l_ü = \frac{80 \text{ mm} - 55 \text{ mm}}{2} + 3 \text{ mm} = 15,5 \text{ mm}$$

IV. Flansch auf Länge 90 mm plandrehen

$$t_{h4} = \frac{L \cdot i}{f \cdot n} = \frac{18,5 \text{ mm} \cdot 2}{0,25 \text{ mm} \cdot 710 \text{ min}^{-1}} = 0,208 \text{ min}$$

$$L = \frac{d_a - d_i}{2} + l_a + l_ü = \frac{40 \text{ mm} - 15 \text{ mm}}{2} + 3 \text{ mm} + 3 \text{ mm} = 18,5 \text{ mm}$$

$i = 2$

Prozesszeit für Drehen:

$$t_{\text{hges}} = t_{n1} + t_{n2} + t_{n3} + t_{n4} = 0{,}228\ \text{min} + 0{,}127\ \text{min} + 0{,}087\ \text{min} + 0{,}208\ \text{min} = \underline{\underline{0{,}65\ \text{min}}}$$

V. Bohrung auf ∅ 20 aufbohren

$$t_{h5} = \frac{L \cdot i}{f \cdot n} = \frac{93{,}7\ \text{mm} \cdot 1}{0{,}25\ \text{mm} \cdot 315\ \text{min}^{-1}} = \underline{\underline{1{,}190\ \text{min}}}$$

$$L = l + l_a + l_ü$$

$$l_a = \frac{D-d}{3} = \frac{20\ \text{mm} - 15\ \text{mm}}{3} = 1{,}7\ \text{mm}$$

$$L = 90\ \text{mm} + 1{,}7\ \text{mm} + 2\ \text{mm} = 93{,}7\ \text{mm}$$

$$n = \frac{v_c \cdot 1000}{d \cdot \pi} = \frac{20\ \text{m/min} \cdot 1000}{20\ \text{mm}\ \pi} = 318\ \text{min}^{-1}$$

gewählt ⇒ $n = 315\ \text{min}^{-1}$
(Grundreihe R20, Anhang 4.2.2)

VI. 8 Flanschbohrungen herstellen

$$t_{h6} = \frac{L \cdot i}{f \cdot n} = \frac{21\ \text{mm} \cdot 8}{0{,}25\ \text{mm} \cdot 630\ \text{min}^{-1}} = \underline{\underline{1{,}067\ \text{min}}}$$

$$L = l + l_a + l_ü$$

$$l_a = x + 1\ \text{mm}$$

$$\sigma = 118°$$

$$x = \frac{d}{2 \cdot \tan\frac{\sigma}{2}} = \frac{10\ \text{mm}}{2 \cdot \tan 59°} = 3{,}0\ \text{mm}$$

$$L = 15\ \text{mm} + 4\ \text{mm} + 2\ \text{mm} = 21\ \text{mm}$$

$$n = \frac{v_c \cdot 1000}{d \cdot \pi} = \frac{20\ \text{m/min} \cdot 1000}{10\ \text{mm}\ \pi} = 637\ \text{min}^{-1}$$

gewählt ⇒ $n = 630\ \text{min}^{-1}$
(Grundreihe R20, Anhang 4.2.2)

VII. Prozesszeit beim Räumen

Arbeitshub

$$t_{h7} = \frac{H \cdot (v_c + v_r)}{v_c \cdot v_r} = \frac{1662\ \text{mm} \cdot (2\ \text{m/min} + 20\ \text{m/min})}{1000 \cdot 2\ \text{m/min} \cdot 20\ \text{m/min}} = \underline{\underline{0{,}914\ \text{min}}}$$

$$v_c = 2\ \text{m/min (aus Anhang 4.2.5)}$$

$$v_R = 10 \cdot v_c = 20\ \text{m/min}$$

$$H = 1{,}2 \cdot l + a_2 + a_3 + l_2 = 1{,}2 \cdot 90\ \text{mm} + 1414\ \text{mm} + 20\ \text{mm} + 120\ \text{mm} = 1662\ \text{mm}$$

VIII. Gesamte Prozesszeit I bis VII

$t_{hges} = t_{n1} + t_{n2} + t_{n3} + t_{n4} + t_{n5} + t_{n6} + t_{n7}$

$t_{hges} = 0{,}228 \text{ min} + 0{,}127 \text{ min} + 0{,}087 \text{ min} + 0{,}208 \text{ min} + 1{,}19 \text{ min} + 1{,}067 \text{ min} + 0{,}914 \text{ min} = 3{,}821 \text{ min} \approx \underline{\underline{3{,}82 \text{ min}}}$

Zeit je Einheit

$t_e = t_{hges} + t_v + t_{er}$ $\qquad t_v = 10\,\%$

$t_{er} = 3\,\%$

$$t_e = 3{,}82 \text{ min} + \frac{3{,}82 \cdot 10}{100} \text{ min} + \frac{3{,}82 \cdot 3}{100} \text{ min} = 4{,}317 \text{ min} \approx 4{,}32 \text{ min}$$

Auftragszeit

$T = t_r + m \cdot t_e$ $\qquad t_r = 30 \text{ min}$

$m = 1$

$T = 30 \text{ min} + 1 \cdot 4{,}32 \text{ min} = \underline{\underline{34{,}32 \text{ min}}}$

Anhang 4

4.1 Technische Tabellen und Diagramme für spanlose Formgebung

4.1.1 Gießen

Formschrägen für Modelle						
h_M [mm]	bis 10	über 10	über 18	über 30	über 50	über 80
α [°]	3	2	1,5	1	0,75	0,5
h_M [mm]	über 180	über 250	über 315	über 400	über 500	über 630
b_{FS} [mm]	1,5	2,0	2,5	3,0	3,5	4,5

4.1.2 Fließkurven von ausgewählten Werkstoffen

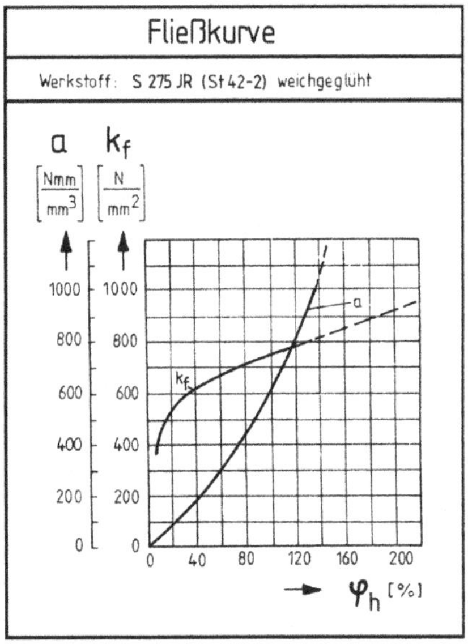

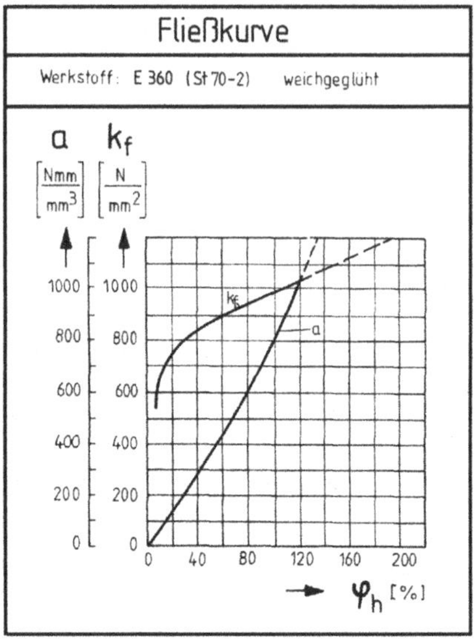

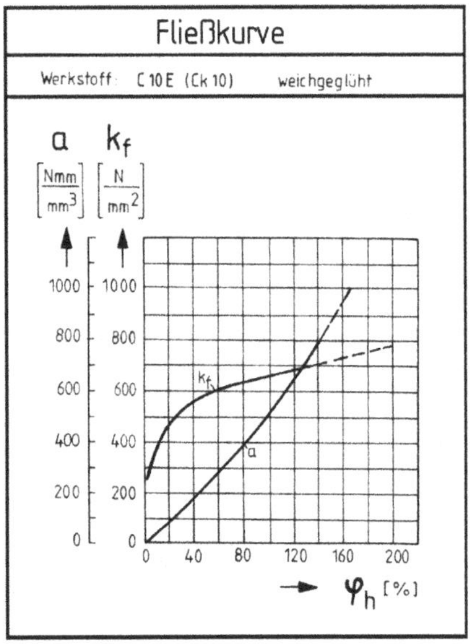

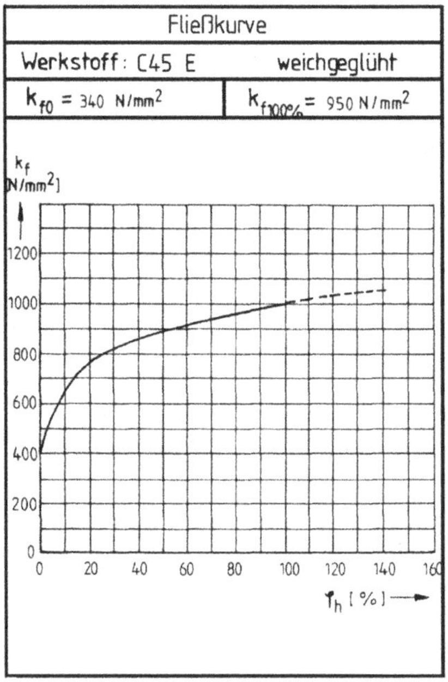

Fließkurven von Stahl C35

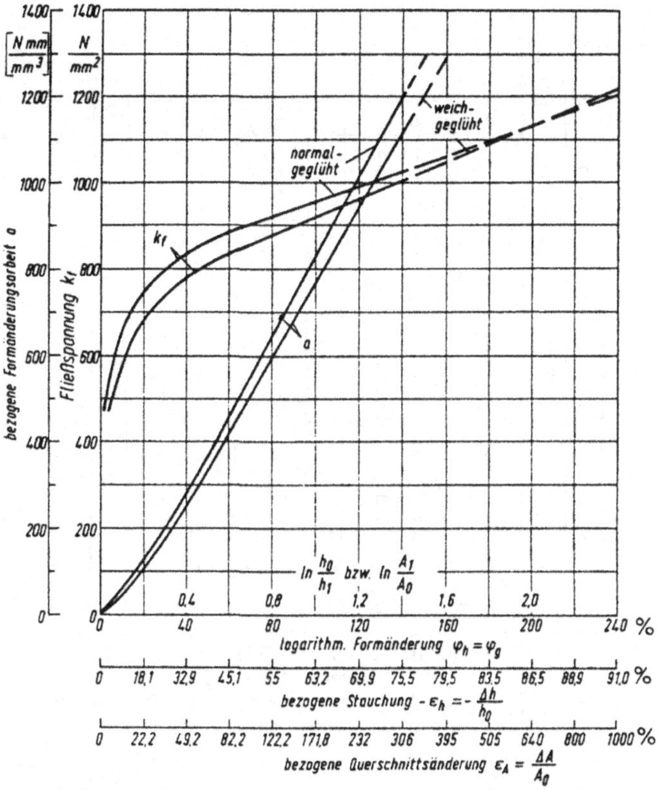

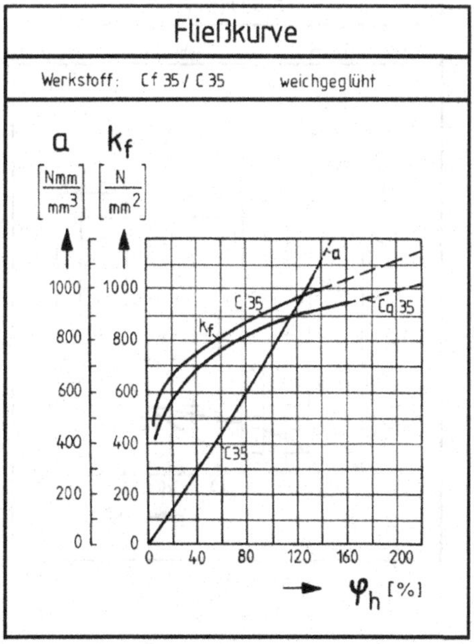

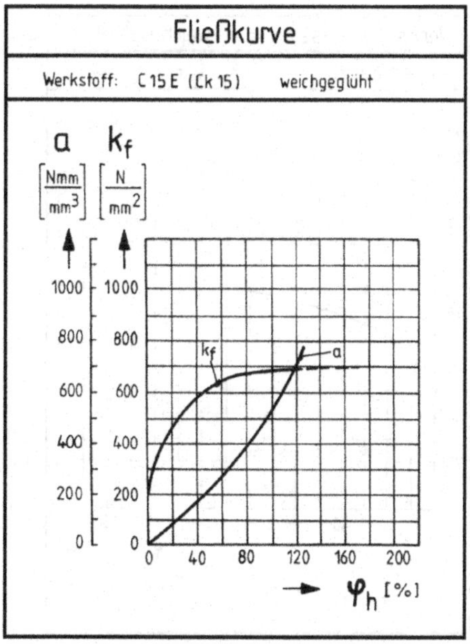

Fließkurve von Stahl 20 MnCr 5

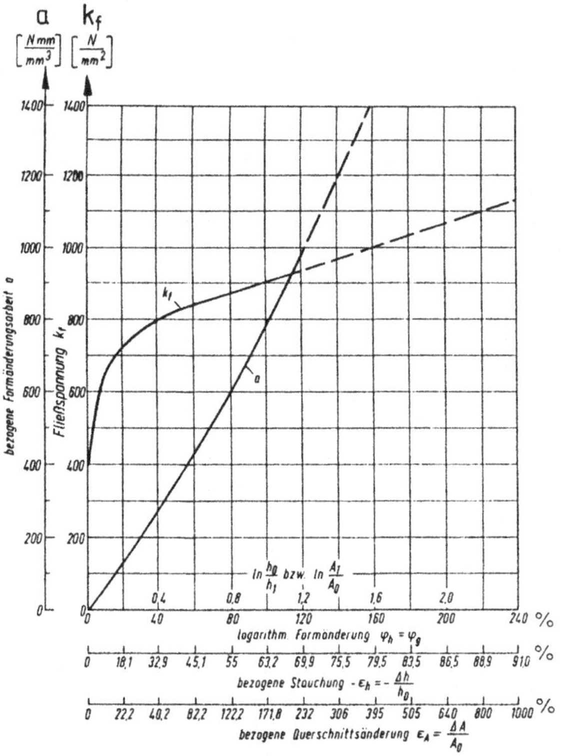

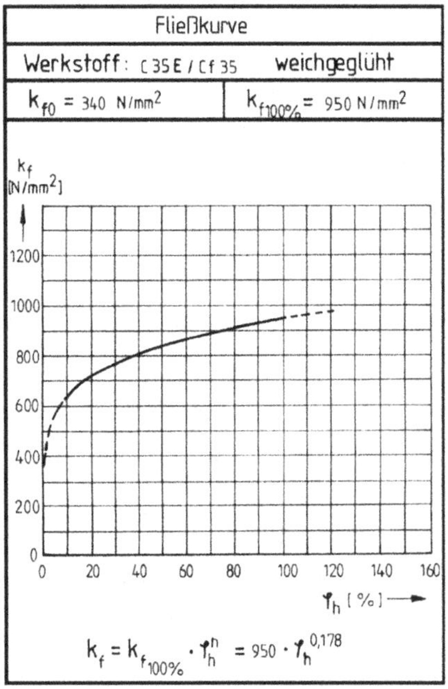

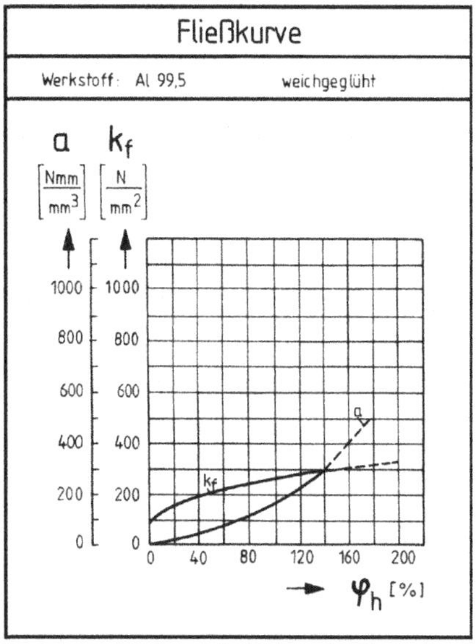

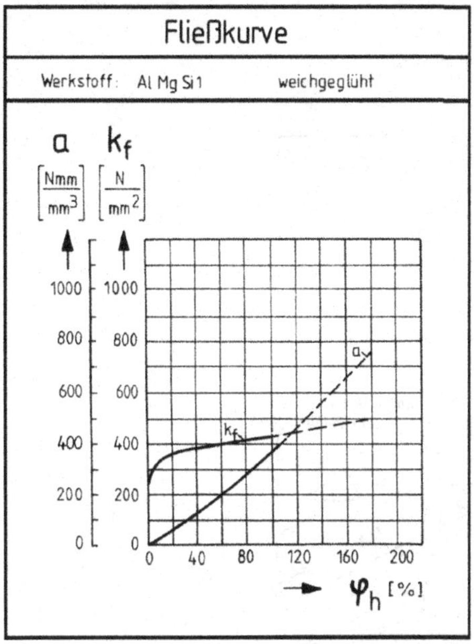
Fließkurve
Werkstoff: Al Mg Si 1
weichgeglüht
a [Nmm/mm³]
kf [N/mm²]
1000
800
600
400
200
0
0
40
80
120
160
200
φh [%]
a
kf

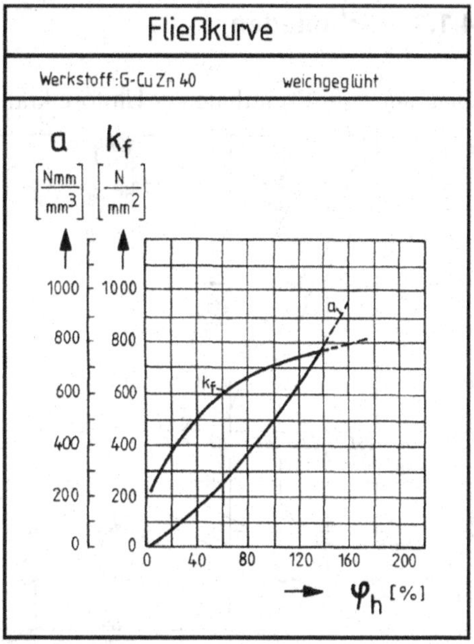
Fließkurve
Werkstoff: G-Cu Zn 40
weichgeglüht
a [Nmm/mm³]
kf [N/mm²]
1000
800
600
400
200
0
0
40
80
120
160
200
φh [%]
a
kf

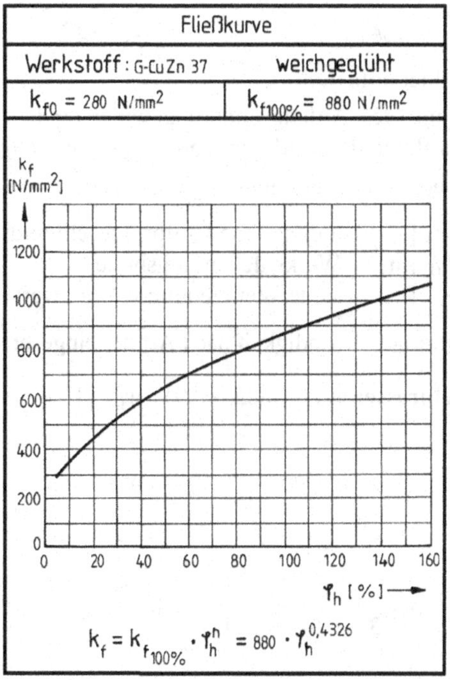
Fließkurve
Werkstoff: G-Cu Zn 37
weichgeglüht
kf0 = 280 N/mm²
kf100% = 880 N/mm²
kf [N/mm²]
1200
1000
800
600
400
200
0
0
20
40
60
80
100
120
140
160
φh [%]
kf = kf100% · φh^n = 880 · φh^0,4326

4.1.3 Schmieden

Diagramm zur Ermittlung der Umformkräfte

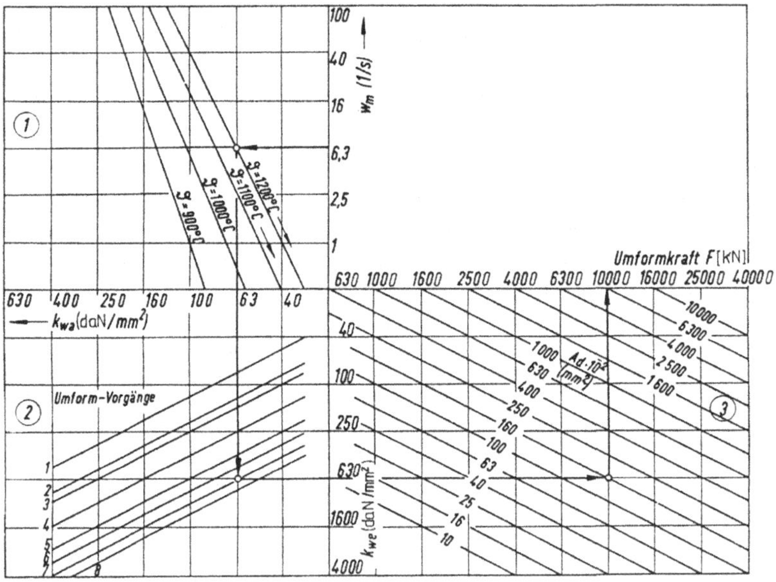

Das Schaubild ist in drei Felder aufgeteilt.

Feld 1: Dient der Ermittlung des Anfangsänderungswiderstandes k_{wa} in Abhängigkeit der Umformtemperatur ϑ und der mittleren Umformgeschwindigkeit w_m in 1/s.

w_m wird aus der anfänglichen Umformgeschwindigkeit w_0 ermittelt.

$$w_0 = \frac{v_c}{h_0}$$

w_0 [1/s] anfängliche Umformgeschwindigkeit
h_0 [m] Werkstückanfangshöhe
v_c [m/s] siehe Werkzeugmaschinenwert

Richtwerte für mittlere Umformgeschwindigkeit nach Art der eingesetzten Werkzeugmaschinen

Hammer und Reibspindelpresse: $w_m = (0{,}85 - 0{,}9) \cdot w_0 \quad [1/s]$

Hammer: Spindelpresse:

Hammer	Spindelpresse
$v_c = 5 - 7 \quad \left[\frac{m}{s}\right]$	$v_c = 0{,}3 - 0{,}4 \quad \left[\frac{m}{s}\right]$
$w_0 = 40 - 160 \quad \left[\frac{1}{s}\right]$	$w_0 = 4 - 25 \quad \left[\frac{1}{s}\right]$

Hydraulische Presse: $w_m = (1{,}3 - 1{,}6) \cdot w_0 \quad [1/s]$

$v_c = 0{,}2 - 0{,}5 \quad \left[\frac{m}{s}\right]$

$w_0 = 0{,}01 - 10 \quad \left[\frac{1}{s}\right]$

Kurbel- bzw. Exzenterpresse: $w_m = (0,3 - 0,4) \cdot w_0 \quad [1/s]$

$v_c = 0,4 - 0,6 \quad \left[\frac{m}{s}\right]$

$w_0 = 4 - 25 \quad \left[\frac{1}{s}\right]$

Feld 2: Jetzt kann K abgelesen werden, wenn man den entsprechenden Umformvorgang aus der Abbildung gewählt hat.

Umformvorgänge zur Ermittlung der Umformkräfte

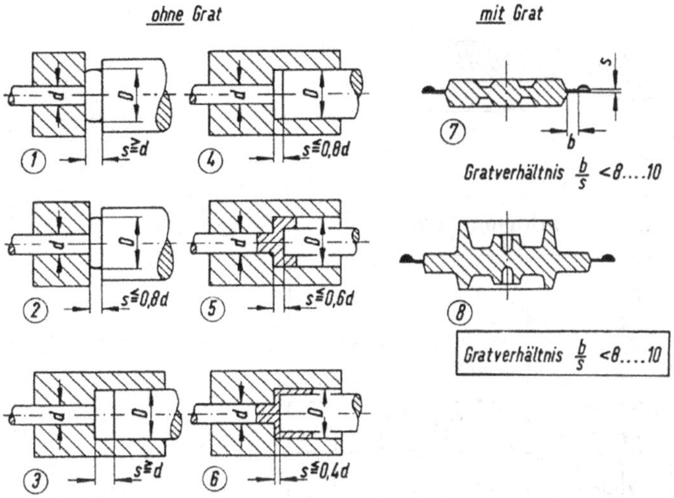

Feld 3: Mit Kenntnis der projizierten Werkstückkontur und der Gratfläche, also A_d, kann man sofort die maximale Umformkraft F ablesen.

Im Feld 3 wird die Querschnittsgerade A ermittelt. Vom Schnittpunkt k_{wa} und A_d senkrecht nach oben findet man die erforderliche Umformkraft F.

Die Form- und Gratflüsse beim Gesenkformen machen eine Berechnung durch den Praktiker nicht möglich. Deshalb wird auch die Umformarbeit aus Schaubildern abgelesen, die experimentell ermittelt wurden.

Allerdings müssen einige Größen bekannt sein, um mit dem Schaubild zu arbeiten:

- mittlere Umformgeschwindigkeit w_m [1/s],
- Umformtemperatur ϑ,
- Nummer des Umformvorganges nach folgender Abbildung,
- mittlere Formänderung $\varphi_m = \ln \frac{V}{A_d \cdot h_0}$ oder $\varphi_m = \ln \frac{A_{d_0}}{A_{d_1}}$,

  V [mm^3] Volumen des Gesenkschmiedestückes
  A_d [mm^2] Projektionsfläche des Schmiedestückes einschließlich Gratbahn
  h_0 [mm] Rohlingshöhe
- umgeformtes Volumen in 10^3 mm^3 (aus Werkstückgewicht berechenbar)

Umformvorgänge zur Ermittlung der Umformarbeit

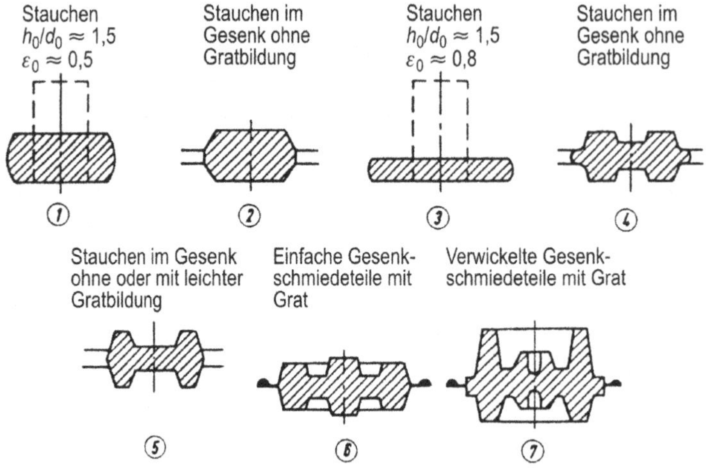

Umformvorgänge zur Ermittlung der Umformarbeit

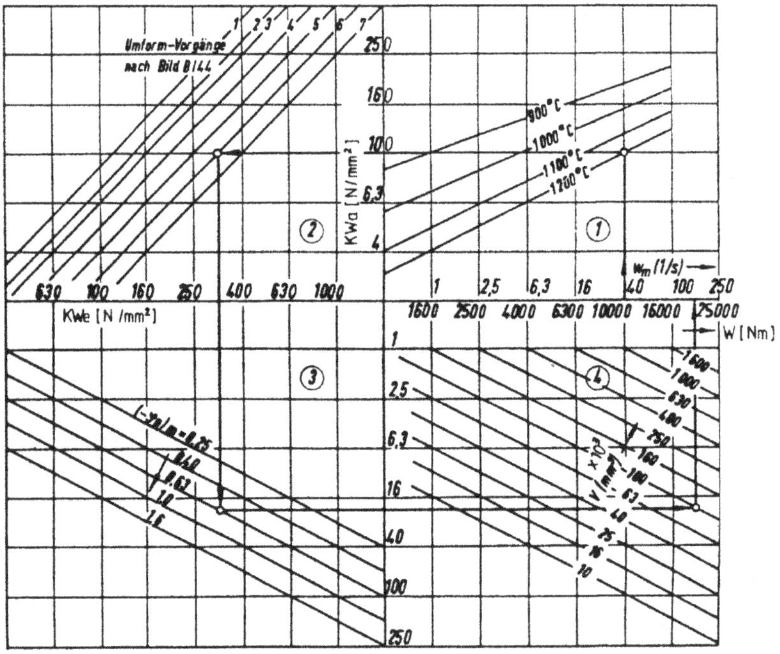

Formenordnung (Auszug aus Billigmann/Feldmann, Stauchen und Pressen)

Anwendungsbeispiele	Formengruppe	Erläuterung
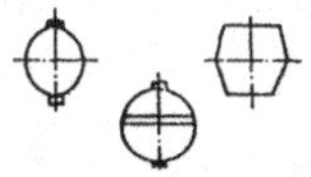	1.1	Kugelähnliche und würfelartige Teile, volle Naben mit kleinem Flansch, Zylinder und Teile ohne Nebenformelemente
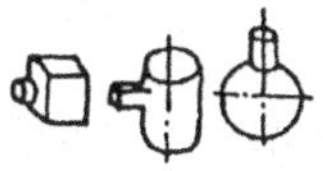	1.2	Kugelähnliche und würfelartige Teile, Zylinder mit einseitigen Nebenformelementen
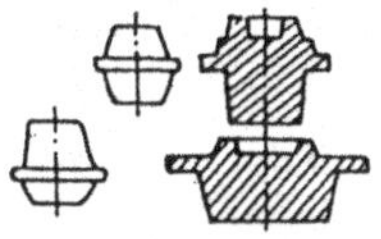	2.1	Naben mit kleinem Flansch, Formgebungteils durch Steigen des Werkstoffes im Obergesenk, teils durch Steigen im Untergesenk
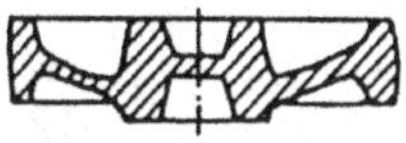	2.2	Rotationssymmetrische Schmiedestücke mit gelochten Naben und Außenkränzen. Gelochte Nabe und der Außenkranz sind durch dünne Zonen miteinander verbunden
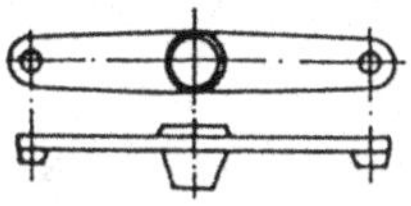	3.1	Zweiarmige Hebel mit vollem Querschnitt und Verdickungen in der Mitte und an beiden Enden, Teile müssen vorgeschmiedet werden, z. B. Fußpedale und Kupplungshebel
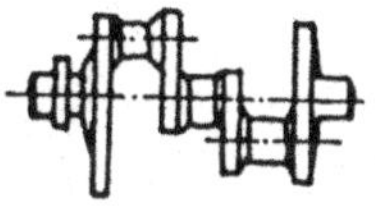	3.2	Sehr lange Schmiedestücke mit mehrmaligem großem Querschnittswechsel, an denen der Werkstoff stark steigen muss, Kurbelwellen mit angeschmiedeten Gegengewichten und mehr als 6 Kröpfungen. Gratanfall sehr hoch wegen mehrfachem Zwischenentgraten

Massenverhältnisfaktor W als $f(m_E$ und Formengruppe)

m_E [kg]		1,0	2,5	4,0	6,3	20	100
W	1	1,1	1,08	1,07	1,06	1,05	1,03
bei Formengruppe	2	1,25	1,19	1,17	1,15	1,08	1,06
	3	1,5	1,46	1,41	1,35	1,20	–

Formfaktor (y), Formänderungsgrad (η_F) und Gratbahnverhältnis (b/s) in Abhängigkeit von der Form des Gesenkschmiedeteiles

Form	Werkstück	y	η_F	b/s
a	Stauchen im Gesenk ohne Gratbildung 	4	0,5	3
b	Stauchen im Gesenk mit leichter Gratbildung 	5,5	0,45	4
c	Gesenkschmieden einfacher Teile mit Gratbildung 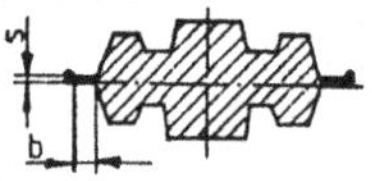	7,5	0,4	6-8
d	Gesenkschmieden schwieriger Teile mit Grat 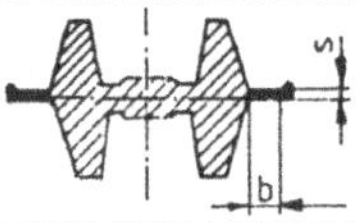	9	0,35	9-12

Basiswerte für Formänderungsfestigkeit k_{f1}

Basiswerte k_{f1} für $w_0 = 1\ s^{-1}$ bei den angegebenen Umformtemperaturen und Werkstoffexponenten m zur Berechnung von $k_f = f(w_0)$

$$k_f = k_{f1} \cdot w_0^m$$

Werkstoff		m	k_{f1} bei $h > 0 = 1\ s^{-1}$ [N/mm²]	T [° C]
	C15	0,154	99/84	
	C35	0,144	89/72	1100/1200
	C45	0,163	90/70	
St	C60	0,167	85/68	
	X 10 Cr 13	0,091	105/88	
	X 5 CrNi 18 9	0,094	137/116	1100/1250
	X 10 CrNi Ti 18 9	0,176	100/74	
	E-Cu	0,127	56	800
	CuZn 28	0,212	51	800
	CuZn 37	0,201	44	750
Cu	CuZn 40 Pb 2	0,218	35	650
	CuZn 20 Al	0,180	70	800
	CuZn 28 Sn	0,162	68	800
	CuAl 5	0,163	102	800

Werkstoff		m	k_{f1} bei $h > 0 = 1\ s^{-1}$ [N/mm²]	T [° C]
	Al 99,5	0,159	24	450
	AlMn	0,135	36	480
	AlCuMg 1	0,122	72	450
Al	AlCuMg 2	0,131	77	450
	AlMgSi 1	0,108	48	450
	AlMgMn	0,194	70	480
	AlMg3	0,091	80	450
	AlMg5	0,110	102	450
	AlZnMgCu 1,5	0,134	81	450

4.1.4 Strangpressen

Für die Lösungen aus dem Kapitel Strangpressen werden die nachfolgend aufgeführten Tabellen und Diagramme – aus 4.1.3 Schmieden – benötigt:

- Diagramm zur Ermittlung der Umformkräfte
- Abbildung Umformvorgänge zur Ermittlung der Umformkräfte
- Abbildung Umformvorgänge zur Ermittlung der Umformarbeit
- Diagramm Umformvorgänge zur Ermittlung der Umformarbeit
- Tabelle Formenordnung (Stauchen und Pressen)
- Tabelle Massenverhältnisfaktor W als $f(m_E$ und Formengruppe)
- Tabelle Formfaktor (y), Formänderungsgrad (η_F) und Gratbahnverhältnis (b/s) in Abhängigkeit von der Form des Gesenkschmiedeteiles
- Tabelle Basiswerte für Formänderungsfestigkeit k_{f1}

Zulässige Formänderungen, Presstemperaturen, Geschwindigkeiten und Pressbarkeit für vrschiedene Werkstoffe

Werkstoff		Presstemperatur in °C (Mittelwert)	Max. Pressgrat λ_{max}	$\varphi_{h_{zul.}}$	Geschwindigkeit		Pressbarkeit		
					Strang	Stempel			
					v_{str} in m/min	v_{st} in m/s für λ_{max}	gut	mittel	schlecht
Al	Al 99,5	430	1000	6,9	50 – 100	1,6	×		
	AlMg 1	440	150	5,0	30 – 75	8,3	×		
	AlMgSi 1	460	250	5,5	5 – 30	2,0		×	
	AlCuMg 1	430	45	3,8	1,5 – 3	1,1			×
Cu	E-Cu	850	400	6,0	300	12,5		×	
	CuZn 10 (Ms 90)	850	50	3,9	50 – 100	33			×
	CuZn 28 (Ms 72)	800	100	4,6	50 – 100	16,6		×	
	CuZn 37 (Ms 63)	775	250	5,5	150 – 200	13,3		×	
	CuSn 8	800	80	4,4	30	6,2			×
St	C15 C35 C45 C60	1200	90	4,5	360	66	×		
	100 Cr 6	1200	50	3,9	360	120	×		
	50 CrMo 4	1250	50	3,9	360	120	×		
Ti	TiA 15 Sn 2,5	950	100	4,6	360	60			×

4.1.5 Fließpressen und Stauchen

Diagramm 1: Nomogramm zur Ermittlung von Stempelkräften beim Voll-Vorwärtsfließpressen

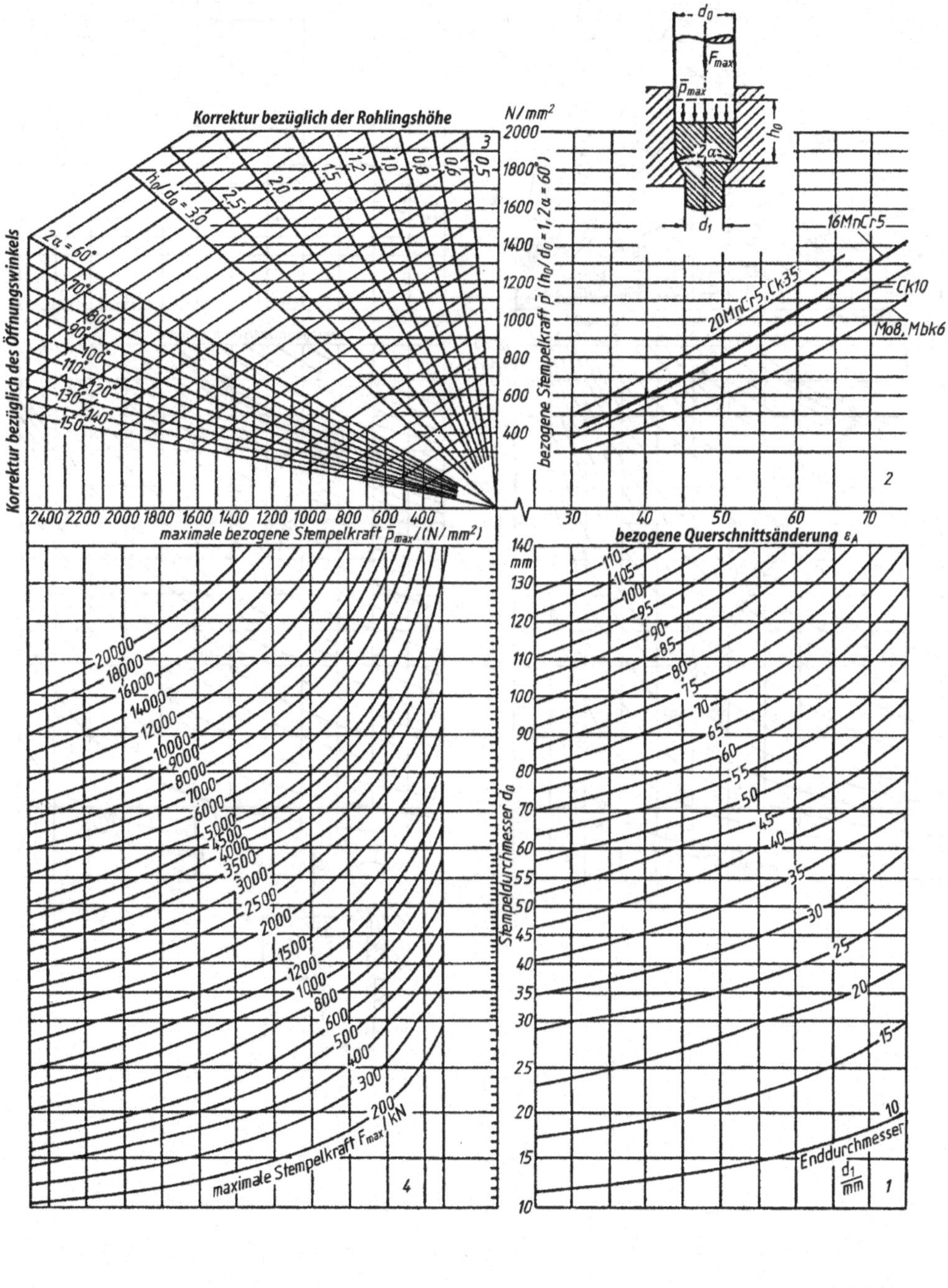

Diagramm 2: Nomogramm zur Ermittlung von Stempelkräften beim Voll-Vorwärtsfließpressen

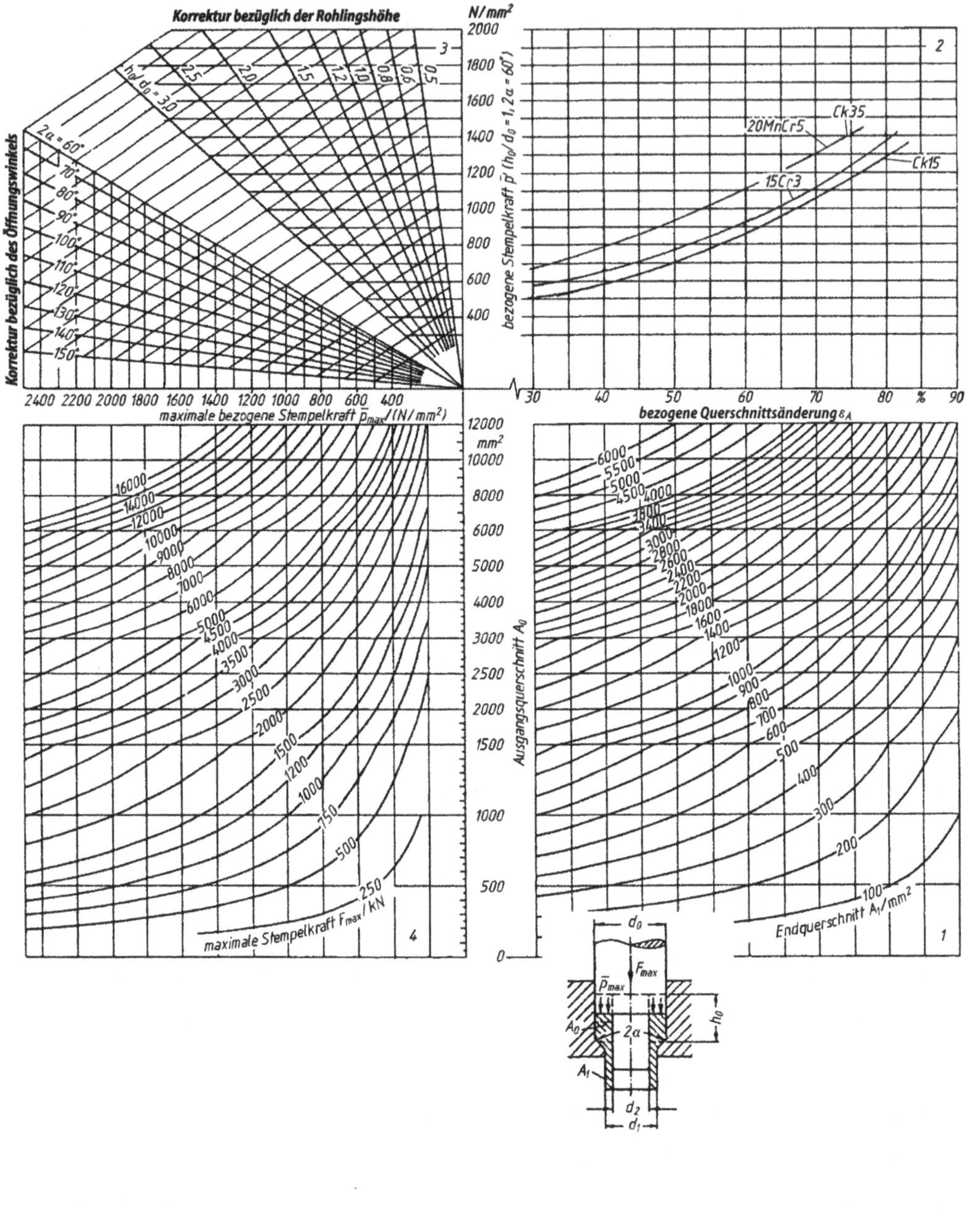

Diagramm 3: Nomogramm zur Ermittlung von Stempelkräften beim Rückwärtsfließpressen

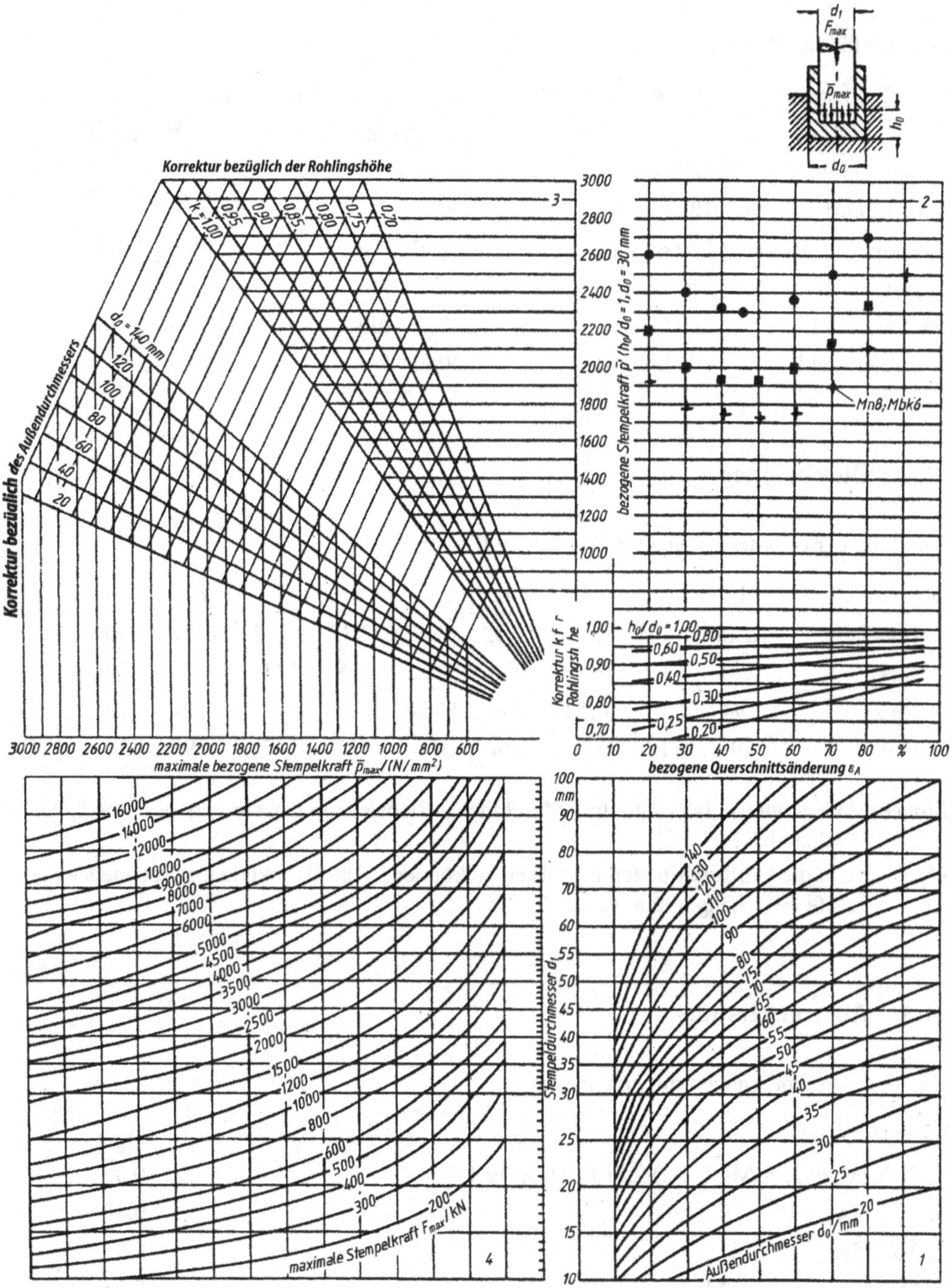

4.1.6 Prägen

k_w-Werte für das Massivprägen (N/mm²)

Werkstoff	R_m(N/mm/²)	k_w(N/mm²)	
		Gravurprägen	Vollprägen
Aluminium 99 %	80 bis 100	50 bis 80	80 bis 120
Aluminium-Leg.	180 bis 320	150	350
Messing Ms 63	290 bis 410	200 bis 300	1500 bis 1800
Kupfer weich	210 bis 240	200 bis 300	800 bis 1000
Stahl St 12; St 13	280 bis 420	300 bis 400	1200 bis 1500
Rostfreier Stahl	600 bis 750	600 bis 800	2500 bis 3200

4.1.7 Durchziehen

Ermittlung der erforderlichen Antriebsleistung (Lösung)

Stufe	1	2	3	4	5	6	7	8	9	10
d (mm)	18,46	17,04	15,73	14,52	13,40	12,37	11,42	10,54	9,73	9,0
F_Z (kN)	12,0	13,7	19,26	24,8	26,2	26,8	27,9	27,6	27,6	26,7
V (m/s)	5,94	6,97	8,18	9,6	11,28	13,23	15,53	18,23	21,39	25,0
P_a (kW)	89	119	196	298	369	443	542	629	738	834

Hinweis: Die theoretisch ermittelten Maschinenantriebsleistungen sind in der Praxis nicht realisierbar!

Folge: Um die Umformarbeiten ausführen zu können, muss der Werkstoff nach jeder Ziehstufe zwischengeglüht werden!

4.1.8 Abstreckziehen

Zulässige Formänderungen mit einem Ziehring

Werkstoff	φ_{hzul}
Al 99,8, Al 99,5, AlMg 1, AlMgSi 1, AlCuMg 1	0,35
CuZn 37 (Ms 63)	0,45
C10, C 15,Cq22-Cq35	0,45
Cq45, 16MnCr5, 42CrMo4	0,35

4.1.9 Tiefziehen – Rohlingsermittlung

Rechnerische Ermittlung des Zuschnittsdurchmessers

Voraussetzungen

Beispiel

Abb.

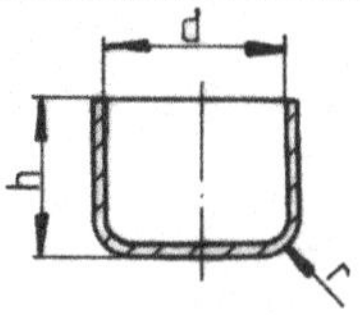

$$D = \sqrt{d^2 + 4\,dh}$$

Beispiel

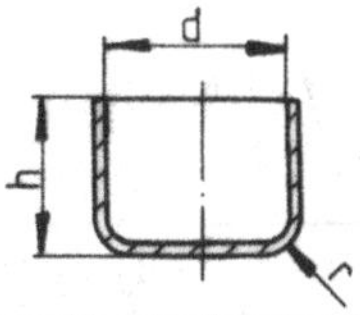

Gesucht wird der Rondendurchmesser D für einen Napf mit rundem Ansatz.

$$D = \sqrt{(d-2r)^2 + 4d(h-r) + 4\pi \cdot r\left(0{,}9003r + \frac{d-2r}{2}\right)}$$

Rondendurchmesser D für ausgewählte Ziehteile

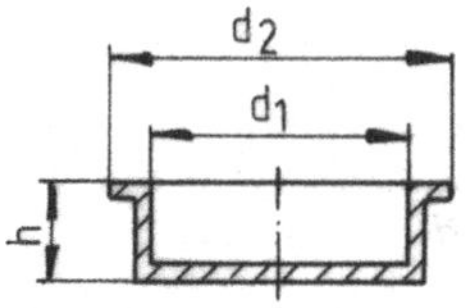

$$D = \sqrt{d_2^2 + 4\,d_1 h}$$

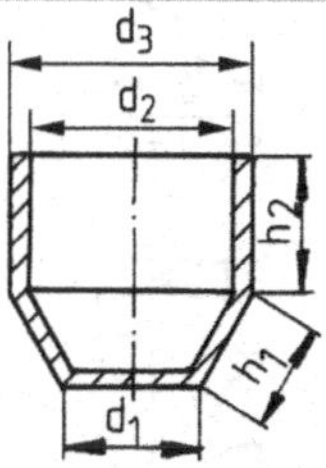

$$D = \sqrt{d_1^2 - d_2^2 + d_3^2 + 2h\,(d_1 + d_2)}$$

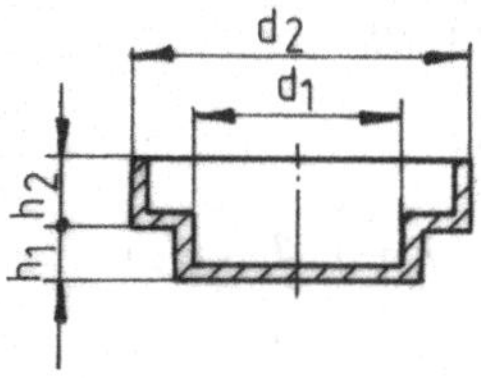

$$D = \sqrt{d_2^2 + 4\,(d_1 h_1 + d_2 h_2)}$$

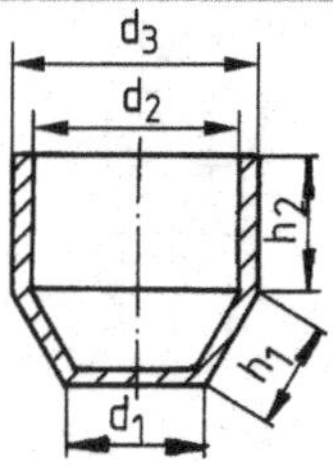

$$D = \sqrt{d_1^2 + 4\,d_2 h_2 + 2h_1(d_1 + d_2)}$$

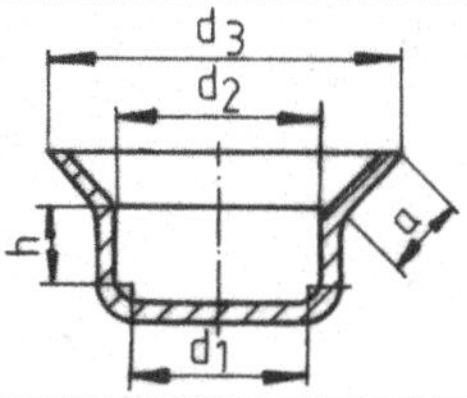

$$D = \sqrt{D_1^2 + 8r^2 + 2\pi r d_1 + 4\,d_2 h + 2a(d_2 + d_3)}$$

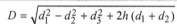

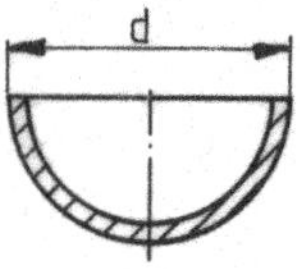

$$D = d\sqrt{2} = 1{,}4142\,d$$

Typische Werkstückformen mit jeweiliger Formel zur Ermittlung des Rondendurchmessers *D*

Werkstückendform	Rondendurchmeser D
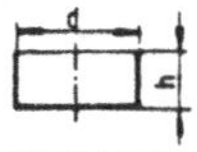	$\sqrt{d^2 + 4\,dh}$
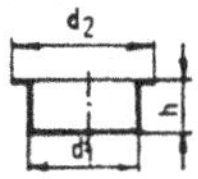	$\sqrt{d_2^2 + 4\,d_1 h}$
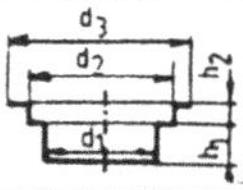	$\sqrt{d_3^2 + 4\,(d_1 h_1 + d_2 h_2)}$
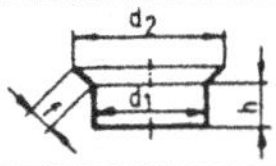	$\sqrt{d_1^2 + 4 d_1 h_1 + 2f \cdot (d_1 + d_2)}$
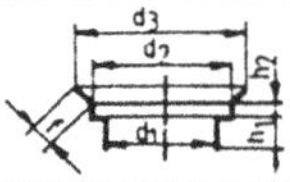	$\sqrt{d_2^2 + 4(d_1 h_1 + d_2 h_2) + 2f \cdot (d_2 + d_3)}$
	$\sqrt{2d^2} = 1{,}4\,d$
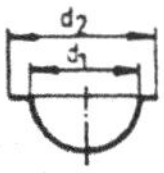	$\sqrt{d_1^2 + d_2^2}$
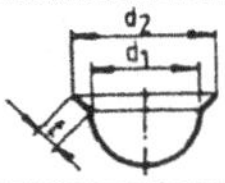	$1{,}4\sqrt{d_1^2 + f(d_1 + d_2)}$
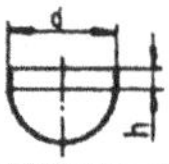	$1{,}4\sqrt{d^2 + 2\,dh}$
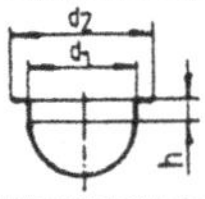	$\sqrt{d_1^2 + d_2^2 + 4\,d_1 h}$
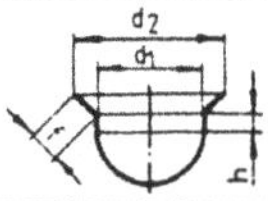	$1{,}4\sqrt{d_1^2 + 2\,d_1 h + f(d_1 + d_2)}$
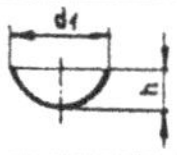	$\sqrt{d^2 + 4h^2}$

4.1.10 Tiefziehen – Berechnungsgrundlagen

Größtes Ziehverhältnis β (Grenzziehverhältnis)

Das größte Ziehverhältnis β ist der reziproke Wert von m

$$\beta_{\text{tat}} = \frac{D}{d} = \frac{\text{Rondendurchmesser}}{\text{Stempeldurchmesser}} \qquad \beta_{0\text{zul}} \geq \beta_{\text{tat}}$$

Größtes zulässiges Ziehverhältnis im **1. Zug**

$$\beta_0 = \frac{D}{d}$$

Das **zulässige** Grenzziehverhältnis β für den **1. Zug** lässt sich auch rechnerisch bestimmen:

Für **gut ziehfähige** Werkstoffe, z. B. **St 1403, CuZn 37**

$$\beta_{0\text{zul}} = 2{,}15 - \frac{d}{1000 \cdot s}$$

Für weniger gut ziehfähige Werkstoffe, z. B. St 1203

$$\beta_{0\text{zul}} = 2{,}0 - \frac{1{,}1 \cdot d}{1000 \cdot s}$$

$\beta_{0\text{zul}}$ zul. Ziehverhältnis
d [mm] Stempeldurchmesser
s [mm] Blechdicke

Zulässige Ziehverhältnisse im Weiterschlag (2. und 3. Zug)

Für Tiefziehbleche wie St 1203; St 1303 liegt das zulässige Ziehverhältnis im Mittel bei

$$\beta_1 = 1{,}2 \text{ bis } 1{,}3$$

Dabei ist beim **2. Zug** der höhere und **beim 3. Zug** der kleinere Wert anzunehmen.

z. B. beim 2. Zug $\beta_{1\text{zul}} = 1{,}3$, beim 3. Zug $\beta_{1\text{zul}} = 1{,}2$ } **ohne** Zwischenglühen

Wird nach dem 1. Zug **zwischengeglüht**, dann erhöhen sich die Werte um ca. 20 %. Man kann für den **2. Zug** annehmen:

$$\beta_{1\text{zul}} = 1{,}6$$

Mittlere Werte für $\beta_{0\text{zul}}$ z. B. für WUSt 1403, USt 1303, MS 63, Al 99,5

d/s	30	50	100	150	200	250	300	350	400	450	500	600
$\beta_{0\text{zuh}}$	2,1	2,05	2,0	1,95	1,9	1,85	1,8	1,75	1,7	1,65	1,6	1,5

Korrekturfaktor $n = f(\beta_{tat})$

n	0,2	0,3	0,5	0,7	0,9	1,1	1,3
$\beta_{tat} = \dfrac{D}{d}$	1,1	1,2	1,4	1,6	1,8	2,0	2,2

Maximale Zugfestigkeiten R_m ausgewählter Tiefziehbleche

Werkstoff	DCO2G1 (St 1303)	DC04 (St 1404)	CuZn 28 (Ms 72)	Al 99,5 (F10)
$R_{m\,max}$ [N/mm^2]	400	380	300 Tiefziehgüte	100 halbhart

Werkstoffaktor k zur Bestimmung des Ziehfaktors w

Werkstoff	Stahl	hochwarmfeste Legierungen	Aluminium	sonst. NE-Metalle
k	0,07	0,2	0,02	0,04

4.1.11 Biegen

Korrekturfaktor für ausgewählte Werkstoffe

Werkstoff	
Al 99,5	$c = 0,6$
Cu	$c = 0,25$
S275JR (St 44-2)	$c = 0,5$

Diagramm 1:

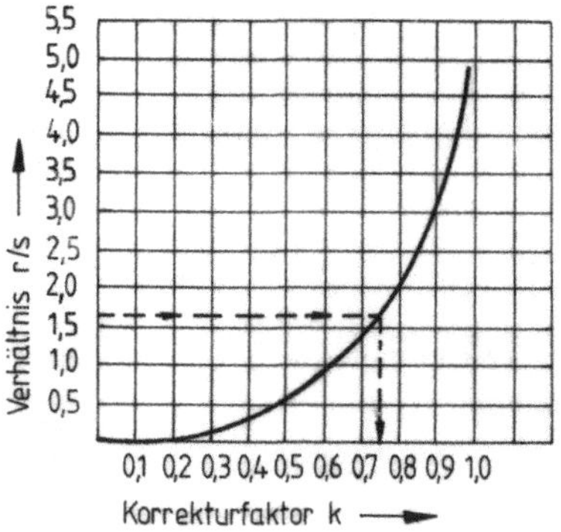

4.2 Technische Tabellen und Diagramme für spanende Formgebung

4.2.1 Spezifische Schnittkräfte

Spezifische Schnittkräfte (Auswahl)

Werkstoff Bezeichnung DIN	R_m/R_e (HB) d_aN/mm²	$k_{c1.1}$ N/m m²	$1 - z$ (1 – m)
S245JR (St37-2)	38,5/20,4	2340	0,77
S 275JR (St 44-2)	54/25,9	1770	0,75
E 295 (St 50-2)	52	1990	0,74
E 335 (St 60-2)	62	2110	0,83
E 360 (St 70-2)	83,2	2430	0,84
C22	50	1800	0,84
C45		1550	0,75
C60	73,3/34,4	1500	0,84
C35		1380	0,66
C45E (Ck 45)	67	2220	0,86
C60E (Ck 60)	77	2130	0,82
9 S 20 weichgegl.	43(125)	1600	0,90
15 CrMo5	59	2290	0,83
16 Mn Cr 5	53,2/34,8	1600	0,81
18CrNi8 N	60(178)	2690	0,82
30CrNiMo8	76,6/48,3	2300	0,81
34 Cr Mo 4	80	2240	0,79
37 Mn Si 5	72,6/48,6	2000	0,88
42 Cr Mo 4	108(309)	2720	0,86
45 W Cr V 7	71,1	3000	0,81
50 Cr V4	60	2220	0,74
55 Ni Cr 13	82,6	3910	0,92
55 Ni Cr Mo V 6	73,0/47,1	3260	0,87
55 Ni Mo V 6 weichgegl.	94	1740	0,76
55 Ni Cr Mn. V 6 verg.	(352)	1920	0,76
100 Cr 6	64/35,3	3130	0,77
105 WCr 6	74,4/45,2	2880	0,76
210 Cr46 N		1790	0,63

Werkstoff Bezeichnung DIN	R_m/R_e (HB) d_aN/mm²	$k_{c1.1}$ N/m m²	1 – *z* (1 – m)
X 6 Cr Ni Mo Nb 1810	60	1270	0,73
X 8 Ni Co Cr Ti 55 20 20 ausgeh.	131	2400	0,79
Ni Co 20 Cr 15 Mo Al Ti lösungsg.		2000	0,71
Ni Co 20 Cr 15 Mo Al Ti ausgeh.	127	1950	0,71
Nimonic NCK 20 TAU	110(240)	1710	0,71
CuZn30		430	0,62
EN-GJL-200		1030	0,75
EN-GJL-250	(200)	1160	0,74
EN-GJL-300		1130	0,70
Meehanite A	36	1270	0,74
Meehanite E	22	1320	0,74
Meehanite M	(300)	1320	0,74
GE-240	30 … 40	1600	0,83
GE-260	50 … 70	1800	0,84
G-Al Si 10 Mg	25 (95)	440	0,73
G-Al Si 6 Cu 4	17(93,5)	460	0,73
G-Al Mg 5	16(71)	450	0,84
GK-Mg Al 9	13 (60)	240	0,66

4.2.2 Lastdrehzahlen für Werkzeugmaschinen (DIN 804)

Drehzahlreihen

Nennwerte (min^{-1})						
					Abgeleitete Reihen	
Grundreihe R 20	R20/2		R 20/3 (.. 2800 ..)		R20/4 (.. 1400 ..)	R20/4 (.. 2800 ..)
$\varphi = 1,12$	$\varphi = 1,25$		$\varphi = 1,4$		$\varphi = 1,6$	$\varphi = 1,6$
1	2		3		4	5
100						
112	112	11,2				112
125			125			
140	140			1400	140	
160		16				
180	180		180			180
200				2000		
224	224	22,4			224	
250			250			
280	280			2800		280
315		31,5				
355	355		355		355	
400				4000		
450	450	45				450
500			500			
560	560			5600	560	
630		63				
710	710		710			710
800				8000		
900	900	90			900	
1000			1000			

4.2.3 Richtwerte für das Drehen

Schnittgeschwindigkeiten v_c für Stähle beim Drehen mit Hartmetall

Werkstoff	Festigkeit oder Härte (N/mm²)	Schneidstoff	a_p (mm)	Vorschub f(mm) 0,1	0,16	0,25	0,4	0,63	1,0
S185 (St 33) S275 JR (St 44-2) C15 C22 Bau- und Einsatzstahl	440 – 500	P 10	1	450	420	400	380	---	---
			2	450	400	370	350	---	---
			4	---	370	350	330	310	300
		P20	1	440	400	390	380	---	---
			2	380	350	330	310	290	---
			4	350	330	310	290	270	250
		P30	1	---	---	---	---	---	---
			2	---	350	330	300	280	---
			4	---	320	300	280	240	220
E295 (St 50-2) C35 C45 C35E (Ck35) Bau- und Einsatz-Vergütungsstahl	500 – 800	P 10	1	370	340	320	300	---	---
			2	340	310	290	280	260	
			4	320	290	280	260	240	---
		P20	1	320	290	270	250	---	---
			2	290	270	250	230	210	---
			4	280	250	230	210	190	180
16MnCr5 20MnCr85 Werkzeug- und Vergütungsstahl	1600 – 2000 HB	P30	1	---	---	---	---	---	---
			2	---	260	230	200	180	---
			4	---	240	210	190	170	150
E335 (St 60-2) C45E (Ck45) C60E (Ck60) Bau- und Vergütungsstahl	750 – 900	P10	1	330	290	260	230	---	---
			2	310	270	240	220	200	---
			4	280	250	220	200	180	170
		P20	1	300	270	240	220	---	---
			2	270	240	220	200	180	---
			4	250	220	200	180	160	140
50CrV4 42CrMo4 50CrMo4 Vergütungsstahl	1000 – 1400	P30	1	---	---	---	---	---	---
			2	---	220	190	160	140	120
			4	---	200	170	140	130	110

4.2.4 Richtwerte für das Bohren

Richtwerte für das Bohren mit Wendelbohrern aus Schnellarbeitsstahl für Bohrtiefen $i = 5d$

Werkstoffe	v_C (m/min)		Bohrerdurchmesser d in mm						
	(Mittelwerte)		2,5	4	6,3	10	16	25	40
unlegierte Baustähle bis 700 N7 mm^2	32	n	4000	2500	1600	1000	630	400	250
z. B. C 10, C 15, C 35, 9S20 K, 35S20		f	0,05	0,08	0,12	0,18	0,25	0,32	0,4
z. B. S 275 JR, C 35		n	2500	1600	1000	630	400	250	160
unleg. Baustahl > 700 N/mm^2		f	0,05	0,08	0,12	0,18	0,25	0,32	0,4
legierter Stahl bis 1000 N/mm^2	20	n	1600	1000	630	400	250	160	100
z. B. C 45, C 45, 34 Cr 4, 22 NrCr 14,		f	0,04	0,06	0,1	0,14	0,18	0,25	0,32
25CrMo5, 45S20, 20 MnMo4		n	2500	1600	1000	630	400	250	160
legierter Stahl > 1000 N/mm^2									
z. B. 36CrNiMo4, 20 MnCr5,	12	f	0,08	0,12	0,2	0,28	0,38	0,5	0,63
50CrMo4, 37MnSi5									
		n	2000	1350	800	500	320	200	125
			(4000)	(2500)	(1600)	(1000)	(630)	(400)	(250)
		f	0,06	0,1	0,16	0,22	0,3	0,4	0,5
			(0,03)	(0,05)	(0,08)	(0,11)	(0,15)	(0,2)	(0,25)
		n	8000	5000	3200	2000	1250	800	500
		f	0,08	0,12	0,2	0,28	0,38	0,5	0,63
		n	5000	3200	2000	1250	800	500	320
		f	0,06	0,1	0,16	0,22	0,3	0,4	0,5
		n	8000	5000	3200	2000	1250	800	500
		f	0,08	0,12	0,2	0,28	0,38	0,5	0,63
		n	6300	4000	2500	1600	1000	630	400
		f	0,08	0,12	0,2	0,28	0,38	0,5	0,63

4.2.5 Richtwerte für das Räumen

Schnittgeschwindigkeiten v_c (m/min) beim Räumen

Werkstoff	Innenräumen	Außenräumen
S275 JR (St 44-2) E335 (St 60-2)	4 – 6	8 – 10
legierte Stähle bis 1000 N/mm^2	1,5 – 2	4 – 6
Stahlguss	2 – 2,5	5 – 7
Grauguss	2 – 3	5 – 7

4.2.6 Richtwerte für das Schleifen

Effektiver Kornabstand λ_{Ke} (mm) in Abhängigkeit von der Zustellung a_c (mm) und der Körnung der Schleifscheibe

a_c (mm)	Schlichten				Schruppen		
Körnung	0,003	0,004	0,005	0,006	0,01	0,02	0,03
60	39	38	37	36	33	23	15
80	47	46	45	44	40	31	24
100	54	53	52	51	48	38	30
120	60	59	58	57	53	44	37
150	64	63	62	61	56	48	40

Korrekturfaktor k in Abhängigkeit von der Körnung und der Mittenspandicke

h_m (mm) Körnung	0,001	0,002	0,003	0,004
40	5,1	4,3	4,0	3,6
60	4,5	3,9	3,5	3,2
80	4,0	3,6	3,2	3,0
120	3,4	3,0	2,8	2,5
180	3,0	2,6	2,4	2,2
280	2,5	2,2	2,0	1,9

Literaturverzeichnis

Billigmann, J.; *Feldmann, H.D.*: Stauchen und Pressen.
2. Aufl., München, Hanser, 1973

Degner, W.; *Lutze, H.*; *Smejkal, E.*: Spanende Formgebung.
15. Aufl., München, Hanser, 2002

Flimm, J.: Spanlose Formgebung.
7. Aufl., München, Hanser, 1996

Grüning, K.: Umformtechnik.
4. Aufl., Braunschweig/Wiesbaden, Vieweg, 1995

Krist, Th.: Formeln und Tabellen Zerspantechnik.
23. Aufl., Braunschweig/Wiesbaden, Vieweg, 1996

Paucksch, E. et al.: Zerspantechnik.
12. Aufl., Wiesbaden, Vieweg + Teubner, 2008

Reichard, A.: Fertigungstechnik 1.
16. Aufl., Hamburg, Handwerk u. Technik, 2010

Schal, W.: Fertigungstechnik 2.
11. Aufl., Hamburg, Handwerk u. Technik, 2012

Hellwig, W.; Kolbe, M.: Spanlose Fertigung: Stanzen.
10. Aufl., Wiesbaden, Springer Vieweg, 2012

Schmoeckl, D.: Umformtechnik I + II.
Kolleg. TH Darmstadt, 1987

Tschätsch, H.; Dietrich, J.: Praxis der Zerspantechnik.
10. Aufl., Wiesbaden, Vieweg + Teubner, 2011

Tschätsch, H.; Dietrich, J.: Praxis der Umformtechnik.
11. Aufl., Wiesbaden, Springer Vieweg, 2013

Sachverzeichnis